直感 Deep Learning

Python × Kerasで
アイデアを形にするレシピ

Antonio Gulli, Sujit Pal　著
大串 正矢、久保 隆宏、中山 光樹　訳

Deep Learning with Keras

Implement neural networks with Keras on Theano and TensorFlow

Antonio Gulli

Sujit Pal

BIRMINGHAM - MUMBAI

訳者まえがき

囲碁で人工知能が世界チャンピオンに勝つ、新しい天体が人工知能により発見されるなど、ディープラーニングは驚異的な成果を上げています。またスマートフォンやセンサーデバイスの普及により、ユーザーや周辺環境についての大量のデータが手に入るようになり、それらを利用した新しいサービスや既存のサービスの改善事例も登場してきています。このような環境の中、自分のビジネスにもぜひディープラーニングを活用したい、と思う方が増えてきていると思います。

ディープラーニングや機械学習についてはすでにすばらしい教材がたくさんあります。書籍をはじめ、Courseraといったオンラインの講座も充実しており、理論的な面について学びやすい環境になってきています。またさまざまなディープラーニング用のフレームワークが公開されており、その使用方法が記述された記事や書籍もたくさんあるので、ディープラーニングを手元で実装するハードルも下がってきています。

しかし、理論は理解でき、簡単なサンプルを作ることもできるが、実際に直面する問題に適用できない、という課題が顕在化してきていると感じます。

実務においては、素早く、しかも理解しやすい実装を行うことが開発、そして運用の面で重要になってきます。これにはただ実装できるだけでなく、「直感的」であり、かつ「学習コストが低い」フレームワークが最適です。この2つの点を満たすのが、本書で紹介する「Keras」というフレームワークです。

本書ではKerasを用いて、画像の認識や生成、自然言語からの特徴抽出、また強化学習など幅広い分野のタスクを実装する方法を紹介します。これらさまざまなユースケースを理解することで、実際に取り組む課題を解決するための近道となると思います。理論だけでなく実際の実装コードも掲載しており、この中ではTensorBoardを用いた学習状況の可視化など、実務で使うテクニックも取り入れています。

本書が、実問題に対して限られた時間で最大の成果を出すための一助となれば幸いです。

2018 年 4 月

訳者代表　**大串 正矢**

まえがき

本書『直感 Deep Learning』は、ソフトウェアエンジニアとデータサイエンティストが最新のニューラルネットワーク、人工知能、ディープラーニングの技術を学び、実践するための入門書です。

本書について

Keras は Google 製の TensorFlow などをバックエンドにして動作するライブラリです。本書は実際に Keras を用いて書かれた、20 以上のさまざまなタイプのデータを扱うディープラーニングのコードを提供しており、その動作、また理論的な背景について解説をしています。

読者は、本書を通じて単純な線形回帰や多層パーセプトロンだけでなく、より洗練された畳み込みネットワーク（CNN)、敵対的生成ネットワーク（GAN）といったネットワークまで、段階を追って学んでいくことができます。これらは教師あり学習のネットワークですが、本書では自己符号化器や生成モデルといった教師なし学習のネットワークもカバーしています。リカレントニューラルネットワーク（RNN）やその拡張である LSTM（long short term memory）についても詳しく解説します。さらに本書では、Keras の幅広い機能を超え、ユースケースに合わせてカスタマイズするための functional API を紹介します。これには、ネットワークをブロックのように組み合わせてより複雑なネットワークを構築する方法も含まれます。また、ディープラーニングを利用した強化学習を取り扱う章もあり、そこではゲームをプレイする人工知能を作成します。

実用的な実装例として、新聞記事のカテゴリ分類、テキストの構文解析、評判分析、テキスト生成、品詞タグ付けといったタスクを行うコードを含んでいます。画像データについては、手書きの数字や、さまざまな種類の画像の分類を扱っています。強化学習では、自律的にゲームをプレイして学習するQ-learning（Q学習）ネットワークを構築しています。

実験は本書の本質です。提供されているコードの入力パラメータ、ネットワークの形状、損失関数、および最適化アルゴリズムを変更することによって、精度がどのように上下するのかぜひ試してみてください。これにより読者自身の理解が深まります。また、CPU上での学習とGPU上での学習との比較もいくつか提供しています。

人工知能、機械学習、ディープラーニングについて

人工知能（artificial intelligence：AI）はとても大きな研究分野で、そこでは学習による認識能力の獲得、外部環境への積極的な介入、帰納的および演繹（えんえき）的推論、画像認識、音声認識、問題解決、知識表現といったことが議論されています（詳細については、S. Russell、P. Norvigの『Artificial Intelligence: A Modern Approach』Prentice Hall（邦題『エージェントアプローチ人工知能 第2版』共立出版）を参照してください）。ざっくり言えば、人工知能とは典型的な人間の知的行動を機械に模倣させることです。技術的な面では、人工知能は情報工学、数学、統計といった分野から要素技術を得ています。

機械学習（machine learning：ML）は人工知能の一部であり、特定のタスクを行うためにプログラムを書くのではなく、機械を学習させてタスクを遂行させることを目的とした分野です（詳細については、C.M. Bishopの『Pattern Recognition and Machine Learning』Springer（邦題『パターン認識と機械学習〈上/下〉』丸善出版）を参照してください）。実際、機械学習の背景にあるアイデアは、データ自体からアルゴリズムを学習させ、予測を行わせることを可能にするというものです。機械学習は大きく3つのカテゴリに分けられます。ひとつは「教師あり学習」というタイプで、これは機械に入力データとそれに対する望ましい出力を与えることで、未知のデータに対しても意味のある予測ができるように学習させるというものです。もうひとつは「教師なし学習」と呼ばれるもので、これは入力データのみを与え、外部からの指示なしに意味のある構造を自ら見つけさせるというものです。最後は「強化学習」で、機械にエージェントとして環境の中で行動させることで、報酬を得られる行動が何かを学習させるというものです。

ディープラーニング（deep learning：DL）は機械学習の手法の一部であり、人間の脳におけるニューロンの構造にヒントを得て作成された、**人工ニューラルネット**

ワーク（artificial neural network：ANN）を用いたものです（詳細については、Y. Bengio の "Learning Deep Architectures for AI", *Foundations and Trends in Machine Learning*, vol.2, 2009 を参照してください）。ディープラーニングにおける「深い（ディープ）」の意味にはあまり定まった定義はなく、どの程度の深さ（層の多さ）なのかは変わってきています。4 年前は 10 層のレイヤーでも「深い」ネットワークとみなすのに十分でしたが、現在は数百のレイヤーを持ったネットワークを「深い」ネットワークとみなすのが一般的になっています。

図 1　人工知能におけるディープラーニングの位置づけ

ディープラーニングは比較的少ない優れた手法で、異なる数多くのドメイン（画像認識、自然言語、動画、音声認識など）で何十年も破られていなかった最高精度の値を大幅に更新し、機械学習に大きなインパクトをもたらしました（詳細については、C.D. Manning の "Computational Linguistics and Deep Learning", *Computational Linguistics*, vol.41, 2015 を参照してください）。ディープラーニングの成功は手法そのものだけでなく、ImageNet に代表される大規模なデータセットが整備されたこと、高速な数値演算を可能にする GPU などが低コストで手に入るようになったことも、大きな要因となっています。Google、Microsoft、Amazon、Apple、Facebook などの著名な企業だけでなく、多くの人々が膨大な量のデータを分析するために、日々ディープラーニングを利用しています。しかしながら、その専門知識は純粋な学術研究の領域や、大企業の中でのみ求められるものではなくなってきています。ディープラーニングはもはや現代のソフトウェア開発に不可欠な技術であり、読者はすべからく修得すべきです。この本では、数学についての広い知識は必要としませんが、Python によるプログラミング経験があることを前提としています。

本書の構成

1 章　ニューラルネットワークの基礎

ニューラルネットワークの基本を学びます。

2 章　Keras のインストールと API

ローカルマシンへの Keras のインストール方法を示します。また、Keras の API の概要について解説します。

3 章　畳み込みニューラルネットワーク

畳み込みニューラルネットワーク（CNN）の仕組みを解説します。これはディープラーニングで成功を収めた最初のモデルであり、現在ではもともとの画像処理のドメインだけでなく、それを超えてテキスト、動画、音声といった異なるドメインにおいても適用されている手法です。

4 章　GAN と WaveNet

敵対的生成ネットワーク（GAN）は、まるで人が作成したかのようなデータを生成する技術です。また、人間の声や楽器の音を高精度で再現する WaveNet についても解説します。

5 章　単語分散表現

単語間の関係性を発見し、類似した単語をグループ化するディープラーニングの手法として、単語分散表現について解説します。

6 章　リカレントニューラルネットワーク

単語が並んだ文のような、連続したデータを処理するのに適したリカレントニューラルネットワーク（RNN）について解説します。

7 章　さまざまなディープラーニングのモデル

Keras の functional API を利用した複雑なモデル、回帰ネットワーク、自己符号化器（オートエンコーダー）といったさまざまなモデルについて解説します。

8章　AIによるゲームプレイ

ディープラーニングを強化学習に適用する方法について解説するとともに、アーケードゲームをプレイし、報酬によって学習していくエージェントをKerasで構築する方法を紹介します。

9章　総括

本書で取り上げたトピックをおさらいします。

付録A　GPUを考慮した開発環境の構築

日本語版オリジナルの付録Aでは、ディープラーニングを高速に行うために不可欠なGPUについて解説します。

必要条件

スムーズに各章を進めるには以下のソフトウェアが必要になります。その他のライブラリで必要なものは章ごとに用意した`requirements.txt`に記述しています。

- numpy 1.12.1以上
- TensorFlow 1.4.0以上
- Keras 2.0.8以上
- matplotlib 2.1.0以上
- scikit-learn 0.18.1以上
- scipy 1.0.0
- h5py 2.7.1

ハードウェアのスペックは以下が必要になります。

- 32ビットまたは64ビットアーキテクチャ
- 最低2GHzのCPU、4GBのメモリ
- 最低10GBのハードディスクの空き容量

本書日本語版の検証に使用した環境

日本語版で検証に使用した各ソフトウェアのバージョン、およびハードウェアは次のとおりです。

ソフトウェア

- Pycharm-community-2017.1
- Python 3.6.0（付録 A では Docker 環境での簡易的な確認のため 3.5.2）
- TensorFlow 1.8.0
- Keras 2.1.6（4 章では他のライブラリとの関係があるため 2.1.2）
- h5py 2.7.1
- numpy 1.14.0
- scipy 1.0.0
- quiver-engine 0.1.4.1.4
- matplotlib 2.1.1
- picklable_itertools 0.1.1 以上
- sacred 0.6.10 以上
- tqdm 4.8.4 以上
- q 2.6 以上
- gensim 3.2.0
- nltk 3.2.5
- scikit-learn 0.19.1
- pandas 0.22.0
- Pillow 4.3.0
- gym 0.10.5
- pygame 1.9.3
- html5lib 0.9999999
- keras-adversarial 0.0.3
- PyYAML 3.12
- requests 2.14.2

GPU を使用する場合

- tensorflow-gpu 1.8.0
- cuda 9.0
- cuDNN 7.0.5

CPU 用と GPU 用の `requirements.txt` を章ごとに用意してあります。次のコマンド例のように実行すれば、必要なライブラリをインストールできます。

```
$ pip install -r requirements.txt
```

動作確認済みハードウェア

- Ubuntu 16.04 LTS（GPU：GeForce GTX 1080）
- 64 ビットアーキテクチャ
- Intel Core i7-6700 CPU @ 3.40GHz
- 16GB の RAM
- ハードディスクの空き容量は少なくとも 10GB

巻末の「付録 A GPU を考慮した開発環境の構築」で、GPU を考慮した開発環境の構築について補足していますので参考にしてください。

対象読者

あなたが機械学習を扱ったことのあるデータサイエンティスト、もしくはディープラーニングにある程度触れているソフトウェア開発者であれば、この本は Keras を使ってディープラーニングを行うための良い入門書となるでしょう。なお、本書を読むにあたっては Python に関する知識が必要です。

この本では、さまざまな種類の情報を区別するため、多くのテキストスタイルを使用しています。以下で、各スタイルとその意味について示します。

文中のコード、データベーステーブル名、フォルダ名、ファイル名、ファイル拡張子、パス名、ダミーURL、およびTwitterハンドルネームは次のように等幅書体で表記します。

> さらに、学習データを `Y_train` と `Y_test` とに分割します。

コードブロックは次のように表記します。

```
from keras.models import Sequential
model = Sequential()
model.add(Dense(12, input_dim=8, kernel_initializer="random_uniform"))
```

コマンドライン入力または出力は、次のように表記します。

```
$ pip install quiver_engine
```

新しい用語や重要な単語は太字で表記します。

> **人工ニューラルネットワーク**（略して**ニューラルネットワーク**）は機械学習モデルの一種であり、哺乳類の中枢神経の研究から影響を受けました。

画面上に表示されるメニューやダイアログボックスなどの単語は、次のように表記します。

> 最後にインストール方法として、パッケージ管理を考慮して［deb（network）］を選択します。

ヒントやコツを表します。

注意あるいは警告を表します。

翻訳者による補足説明を表します。

サンプルコードのダウンロード

英語版のサンプルコードは以下から入手できます。

https://github.com/PacktPublishing/Deep-Learning-with-Keras

日本語版のサンプルコードは以下から入手できます。

https://github.com/oreilly-japan/deep-learning-with-keras-ja

意見と質問

本書（日本語翻訳版）の内容については最大限の努力をもって検証、確認をしていますが、誤りや不正確な点、誤解や混乱を招くような表現、単純な誤植などに気づかれることがあるかもしれません。そうした場合、以後の版で改善するためにお知らせいただければ幸いです。将来の改訂に関する提案なども歓迎いたします。連絡先は次のとおりです。

株式会社オライリー・ジャパン
電子メール japan@oreilly.co.jp

本書の Web ページには次のアドレスでアクセスできます。

https://www.oreilly.co.jp/books/9784873118260
https://www.packtpub.com/big-data-and-business-intelligence/deep-learning-keras（英語）
https://github.com/PacktPublishing/Deep-Learning-with-Keras（原書コード）

オライリーに関するその他の情報については、次のオライリーの Web サイトを参照してください。

https://www.oreilly.co.jp/
https://www.oreilly.com/（英語）

謝辞

Antonio より

慈悲深い精神でいつも喜んで助けてくれる、すばらしく才能のある同僚にして共著者、Sujit Pal に感謝したいと思います。共同での執筆に対する彼の継続的な献身に助けられ、本書はとても価値のあるものになりました。

使い方を学ぶのに多くの時間を費やすことなく、簡単に扱えるすばらしいディープラーニングのライブラリである Keras を開発してくれた François Chollet、そして Keras のコントリビューターの方々にも感謝したいと思います。

また、Packt Publishing の編集者である Divya Poojari、Cheryl Dsa、Dinesh Pawar、Packt Publishing および Google 社のレビュアーの方々からの支援と数々の貴重な意見に感謝したいと思います。彼らなしではこの書籍は作り上げることができませんでした。

私にこの本を書くことを勧めてくれ、絶えずレビューを行ってくれた Google での私の上司である Brad、そして同僚である Mike と Corrado にも感謝したいと思います。

ワルシャワの Same Fusy、Herbaciarnia i Kawiarnia（http://www.samefusy.pl/）に感謝します。私は数百の異なるメニューの中から選んだ一杯のお茶を前にして、この本を書くための最初のインスピレーションを得ました。この場所には不思議な力があります。創造性を刺激する場所を探しているなら、ここを訪問することを強くお勧めします。

そして、少数民族/多様性に関わる奨学金へこの書籍のロイヤルティのすべてを寄付したいという私の希望を支持してくれた Google の HRBP に感謝します。

私が困っていたとき、私をサポートしてくれた友人の Eric、Laura、Francesco、Ettore、Antonella に感謝します。長年にわたる友情は本物で、みんな私にとっての親友です。

Google に入ることを勧めてくれた息子の Lorenzo、新しいものを見つけることに熱心な息子の Leonardo、そして私の人生を毎日笑顔のあるものにしてくれる娘の Aurora に感謝します。最後に、私の父 Elio と私の母 Maria の愛情に感謝します。

Sujitより

共著者であるAntonio Gulliがこの本を書く際に私を誘ってくれたことに感謝したいと思います。それはすばらしい機会で、多くの学びと経験を私に与えてくれました。それに、彼がもし誘ってくれなかったら、私は今、文字どおりここにいなかったでしょう。

ディープラーニングを紹介し、その可能性を信じさせてくれたElsevier研究所の取締役であるRon Daniel、主査のBradley P Allenに感謝します。

多くの犠牲を伴うことなく、簡単に扱えるすばらしいディープラーニングのツールキットであるKerasを開発してくれたFrançois Chollet、そしてKerasのコントリビューターの方々にも感謝したいと思います。

また、Packt Publishingの編集者であるDivya Poojari、Cheryl Dsa、Dinesh Pawar、Packt PublishingおよびGoogle社のレビュアーの方々からの支援と数々の貴重な意見に感謝したいと思います。彼らなしではこの書籍は作り上げることができませんでした。

長年の付き合いになる同僚や上司、特に私のキャリアにおけるチャレンジを支えてくれた方々に感謝したいと思います。

最後に、ここ数か月、家族の時間よりも書籍執筆を優先することを許してくれた私の家族に感謝したいと思います。家族が、本書にそれだけの価値があると認めてくれることを願っています。

目次

1章 ニューラルネットワークの基礎

人工ニューラルネットワーク（略して**ニューラルネットワーク**）は機械学習モデルの一種であり、哺乳類の中枢神経の研究から影響を受けました。各ネットワークは相互接続された**ニューロン**で構成されており、特定の条件を満たしたときにメッセージを交換します。これは、専門用語で**発火**と呼ばれています。

1950年代後半に初期の研究が始まり、パーセプトロンが生まれました。パーセプトロンは2層のネットワークであり、単純な演算に用いることを目的としていました（詳細については、F. Rosenblattの“The Perceptron: A Probabilistic Model for Information Storage and Organization in the Brain”, *Psychological Review*, vol.65, pp.386-408, 1958を参照してください）。

1960年代後半には、多層のネットワークを効率的に学習するために用いられる**誤差逆伝播法**（backpropagation）というアルゴリズムが導入されました（詳細については、P.J. Werbosの“Backpropagation through Time: What It Does and How to Do It”, *Proceedings of the IEEE*, vol.78, pp.1550-1560, 1990やG.E. Hinton、S. Osindero、Y.W. Tehの“A Fast Learning Algorithm for Deep Belief Nets”, *Neural Computing*, vol.18, pp.1527-1554, 2006を参照してください）。

ある研究では、これらの手法は通常引用されている論文よりもさらに前にルーツがあると主張しています（詳細については、J. Schmidhuberの“Deep Learning in Neural Networks: An Overview”, *Neural Networks*, vol.61, pp.85-117, 2015を参照してください）。

1980年代までは、ニューラルネットワークは学術研究の話題が中心でした。しかし、2000年代半ばにGeoffrey Hintonがネットワークを高速に学習できる画期的なアルゴリズムを提唱したあと、再び注目を浴びるようになりました。さらにGPUの導入によって大規模な数値計算が可能になったことも後押しになりました。

これらの改善により、現在の**ディープラーニング**（深層学習）への道が切り開かれました。現在のディープラーニングは、ニューラルネットワークの層が非常に深いのがひとつの特徴です。その特徴により、より抽象的な特徴を学習できるようになりました。わずか数年前は3〜5層のネットワークのことを**ディープ**と呼んでいましたが、今では100〜200層のネットワークのことをディープと呼びます。

これらの洗練された抽象化を介した学習は、人間の脳で何百万年かけて進化してきた視覚のモデルに似ています。人間の視覚システムは実際に複数の異なる層で構成されています。私たちの視覚は脳の下部後部に位置している**視覚皮質V1**と呼ばれる脳の領域に接続されています。これらの領域は多くの哺乳類で共通の基本的な特性や視覚的な方向、空間周波数、色のわずかな変化を識別する役割を持っています。V1は約1.4億ものニューロンで構成され、その間に100億の接続があると推定されています。V1は次に他の領域であるV2、V3、V4、V5およびV6に接続され、より複雑な画像処理および形状、顔、動物などのより洗練された概念の認識がさらに行われます。これらの組織化は数億年にわたって膨大な数の試みが行われた結果です。160億の視神経細胞があることが推定されており、人間の皮質の約10〜25%を視神経細胞が占めていると推定されています（詳細については、S. Herculano-Houzelの“The Human Brain in Numbers: A Linearly Scaled-up Primate Brain”, *Frontiers in Human Neuroscience*, vol.3, 2009を参照してください）。ディープラーニングは、人間の視覚野が層をベースとして組織化されていることことからインスピレーションを得ています。初期の浅い層では画像の基本性質を学び、より深い層ではより洗練された概念を学ぶのです。

本書は画像識別から画像生成、自然言語処理、強化学習までカバーしており、Kerasベースでコード化されたネットワークを提供しています。Kerasはディープラーニング計算用の小規模かつ効率的なPythonライブラリであり、GoogleのTensorFlow（https://www.tensorflow.org/）などをバックエンドとして利用します。それでは始めましょう。

本章では次のトピックをカバーしています。

- パーセプトロン
- 多層パーセプトロン
- 活性化関数
- 勾配降下法
- 確率的勾配降下法

- 誤差逆伝播法（バックプロパゲーション）

1.1 パーセプトロン

パーセプトロンはシンプルなアルゴリズムです。入力は、入力特徴もしくは単純特徴量と呼ばれる n 個の値 $(x_1, x_2, ..., x_n)$ を持つ入力ベクトル x です。出力は 1（yes）あるいは 0（no）です。数式では以下のように定義されます。

$$f(x) = \begin{cases} 1 & wx + b > 0 \\ 0 & \text{otherwise} \end{cases}$$

ここで、w を重みベクトルとすると、wx は重みベクトルと入力ベクトルの内積 $\sum_{j=1}^{m} w_j x_j$ として表せます。b はバイアスを表しています。初等幾何学を学んだことがあるなら、$wx + b$ は b と w に割り当てられた値に応じて、位置が変化する境界超平面を定義していることがわかるでしょう。x が境界面より上の値であればポジティブ、それ以外はネガティブになります。非常に単純なアルゴリズムです。パーセプトロンは 1 か 0 しか出力できず、その中間の値を出力することはできません。もし w と b の値を決定する方法を定義できれば、yes（1）または no（0）を出力できるようになります。これは以下で説明する学習のプロセスです。

1.1.1 最初の Keras のコードの例

Keras の初期ブロックはモデルであり、最も単純なモデルは Sequential モデルと呼ばれます。Keras の Sequential モデルはニューラルネットワークの層を積み上げて作成します。

ブロックのように組み合わせてニューラルネットワークの構造（モデル）を作成するので、本書ではモデル作成の一要素を「ブロック」と表現しています。

以下のコードでは入力が 8 次元、出力が 12 次元の層を定義しています。

```
from keras.models import Sequential
model = Sequential()
model.add(Dense(12, input_dim=8, kernel_initializer='random_uniform'))
```

各ニューロンは特定の重みで初期化できます。Kerasにはいくつかの選択肢がありますが、そのうち最も一般的なものは次のとおりです。

`random_uniform`
: 重みを任意の小さい値の範囲（–0.05から0.05）の範囲でランダムに初期化されます。言い換えると規定の範囲内の値が集まっているような状態に近いことを指します。

`random_normal`
: 平均が0、分散が0.05の正規分布に基づいて重みの初期化を行います。正規分布に詳しくない方は左右対称なベル型の曲線を思い浮かべてください。

`zero`
: すべての重みを0で初期化します。

すべての初期化の方法を確認したい方はhttps://keras.io/initializations/を参照してください。

1.2　多層パーセプトロン：最初のネットワークの例

本章では多層のネットワークを定義します。歴史的な話として、線形層をひとつ持つモデルにパーセプトロンという名前を与えたので、多数の層を持つネットワークのことを**多層パーセプトロン**（multilayer perceptron：MLP）と呼んでいます。**図1-1**の画像は入力層が1層、中間層が1層、出力層が1層の一般的なニューラルネットワークを示したものです。

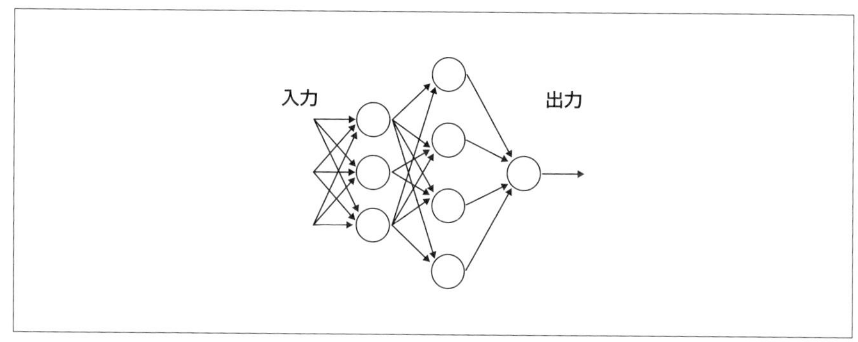

図1-1　入力層が 1 層、中間層が 1 層、出力層が 1 層のニューラルネットワークの例

図1-1 では、各ノードが最初の層から入力を受け取り、あらかじめ定義された局所的な決定境界に基づいて発火します。次に第 1 層の出力は第 2 層の入力に渡され、単一のニューロンで構成される最終層まで渡されます。興味深い点としては、この階層化された構成は先ほど述べた人間の視覚とパターンが似ていることです。

決定境界の一例を**図1-2** に示します。scikit-learn で提供されている Setosa、Versicolour、Virginica の 3 種類で構成される Iris データセットを対象として、そのデータを決定境界で分類した結果です（詳細については、http://scikit-learn.org/stable/auto_examples/tree/plot_iris.html は参照してください）。ディープラーニングでは各ノードがこのような決定境界を引くように発火しています。

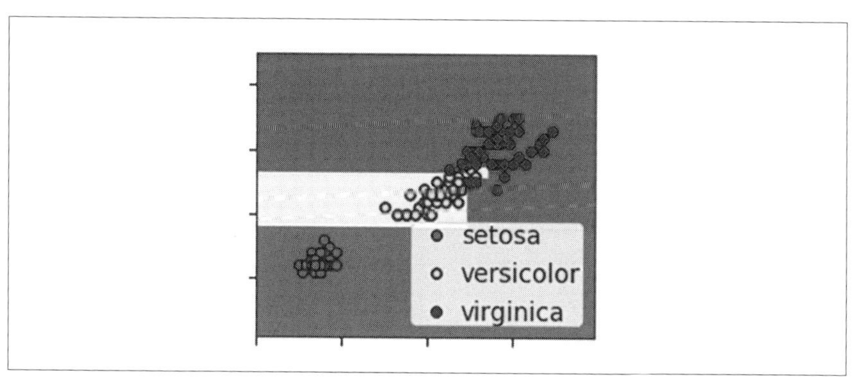

図1-2　Iris データセットのデータにおける決定境界

ニューラルネットワークは全結合層であり、層内の各ニューロンは、前の層にあるすべてのニューロンと次の層のすべてのニューロンに接続されていることを意味します。

1.2.1 パーセプトロンの学習における問題と解決策

単一のニューロンのケースを考えてみましょう。重み w とバイアス b の値としては何が最適でしょうか。理想的には学習データを用意し、ネットワークが出力と学習データ間の誤差を最小化するように重みとバイアスの値を最適化すればよさそうです。より具体的に説明するため、猫の画像セットと猫を含まない別の画像セットがあると仮定しましょう。簡略化のため、各ニューロンには単一のピクセルが入力されるとします。コンピューターがこれらの画像処理を行っている間、各ニューロンの重みとバイアスを調整して猫以外として間違って認識される画像が少なくなるようにします。これらのアプローチは非常に直感的ですが、重みとバイアスをわずかに変化させた際に、出力もわずかに変化する必要があります。

もし出力が大きく変化するなら、子供が少しずつ学んでいくような**漸次学習**(progressive learning）ができません（もし、改善していることを知り得なければ、すべての可能な方向に物事を試す、しらみつぶし探索を行うことになります）。残念ながらパーセプトロンは少しずつ改善する行動はとれません。パーセプトロンは0もしくは1の大幅な変化であり、それは**図1-3**のグラフに示すように学習には役に立ちません。

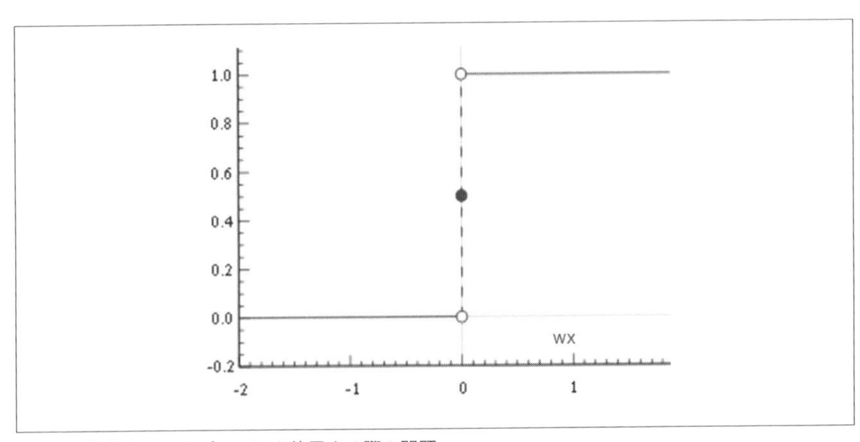

図1-3 単純なパーセプトロンを使用する際の問題

もっとスムーズな異なる手法が必要です。不連続でなく 0 から 1 まで漸次（ぜんじ）的に変化する関数です。数学的には微分可能な連続関数が必要なことを意味しています。

1.2.2　活性化関数：シグモイド

シグモイド関数は以下のように定義されます。

$$\sigma(x) = \frac{1}{1+e^{-x}}$$

シグモイド関数は次のグラフに示されるように、入力 $(-\infty, \infty)$ が得られたときに $(0, 1)$ の小さな値の範囲で変化する出力を得ます。数学的にはこの関数は連続です。典型的なシグモイド関数は**図1-4** のグラフで示されます。

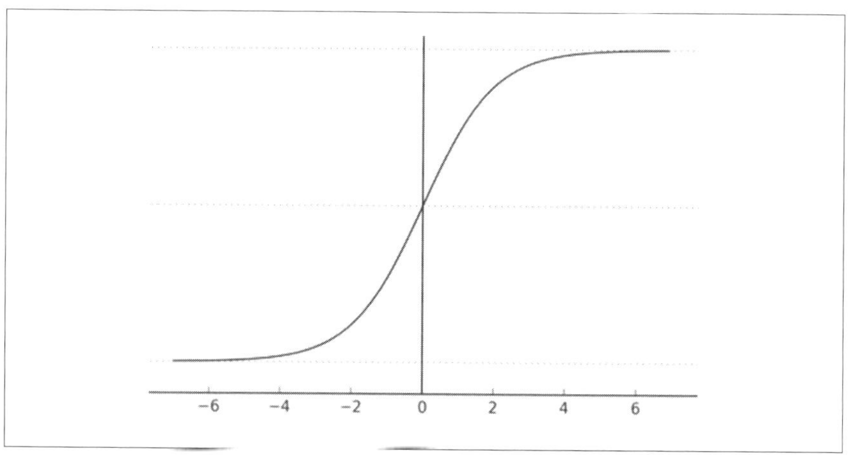

図1-4　シグモイド関数

ニューロンはシグモイドを非線形関数 $\sigma(z = wx + b)$ として計算に使用できます。$z = wx + b$ が非常に大きい正の値の場合、e^{-z} は $e^{-z} \to 0$ になります。したがって、$\sigma(z)$ は $\sigma(z) \to 1$ になります。一方で、$z = wx + b$ が非常に大きい負の値の場合、$e^{-z} \to \infty$ なので $\sigma(z) \to 0$ です。言い換えるとシグモイド関数を用いたニューロンはパーセプトロンと似てはいますが、変化が緩やかであり、出力値は `0.5539` や `0.123191` のような値になります。この意味では、シグモイド関数を用いたニューロンは曖昧な答えが可能です。

1.2.3 活性化関数：ReLU

シグモイド関数はニューラルネットワークにおいて使われる唯一の活性化関数ではありません。最近では、もっとシンプルで良い結果が得られる**正規化線形関数**（rectified linear unit：**ReLU**）と呼ばれる関数があります。ReLU は $f(x) = \max(0, x)$ で定義され、**図1-5** のグラフに示すような非線形関数として表せます。このグラフを見ると関数の出力は、マイナスの入力に対してはすべて 0、プラスの入力に対しては線形に増加することがわかります。

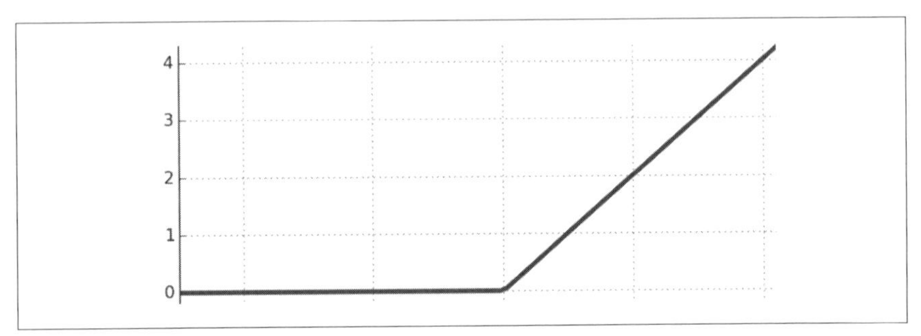

図1-5　ReLU 関数

1.2.4 活性化関数

シグモイドと ReLU は一般的にニューラルネットワークの専門用語で**活性化関数**（activation function）と呼ばれています。「1.3.6 最適化アルゴリズムの変更」では、シグモイド関数や ReLU 関数の緩やかな変化が、学習アルゴリズムの開発において重要な要素であることを確認します。これらの学習アルゴリズムでは、重みを徐々に変化させ、ネットワークの出力誤差を減らすことが求められます。活性化関数 σ を、入力ベクトル $(x_1, x_2, ..., x_m)$、重みベクトル $(w_1, w_2, ..., w_m)$、バイアス b、総和 $\sum$ とともに使用した例を**図1-6** に示します。

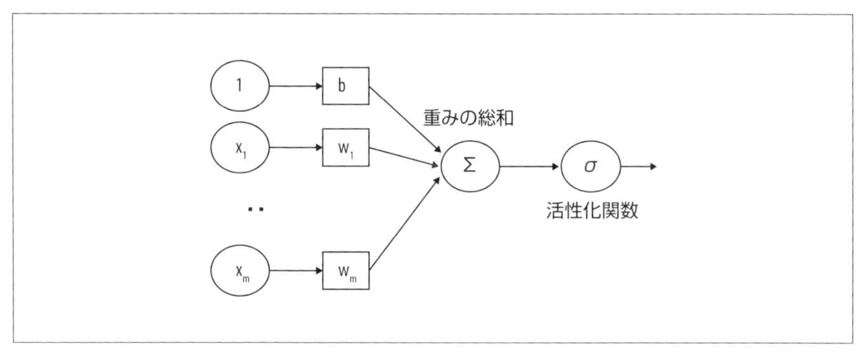

図1-6 入力と重み、バイアスと活性化関数の関係

Keras がサポートしている活性化関数は https://keras.io/activations/ で確認できます。

1.3 実例：手書き数字認識

本節では手書き数字を認識できるネットワークを構築します。手書き数字を認識するために、手書き数字のデータセットである MNIST（http://yann.lecun.com/exdb/mnist/）を用います。MNIST には 6 万件の学習データと 1 万件の評価データが含まれています。学習データには人手で正解が付与されています。たとえば、手書きで記述された 3 という数字に対しては、ラベルとして 3 が付与されています。

機械学習では、正解データが付与されたデータセットを利用できる場合、**教師あり学習**（supervised learning）の一形態を適用できます。今回の場合、ネットワークをチューニングするために学習データセットを使用します。また、評価データセットにも各画像に対応する正解ラベルが付与されています。ネットワークはこれを未知のものとしてラベルを予測し、ネットワークが正しく数字を認識できているかを評価します。したがって、評価データセットをネットワークの学習に使用してはいけません。

MNIST の画像は**図1-7** のようなグレースケールで 28 × 28 のピクセルで構成されています。

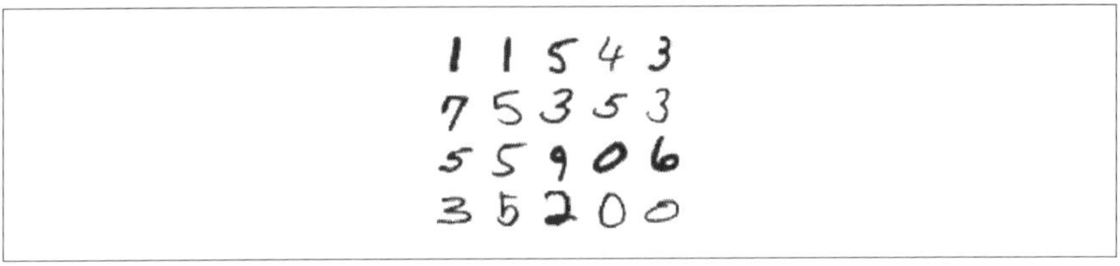

図1-7 手書き数字画像

1.3.1 one-hot エンコーディング：OHE

多くの場合、認識すべき（数値以外の）カテゴリを数値に変換すると扱いやすくなります。たとえば、カテゴリが0〜9の数字dであるとしましょう。このとき、カテゴリはd番目だけ1でそれ以外がすべて0である10次元の2進ベクトルとして表現できます。この表現方法はone-hot エンコーディング（OHE）と呼ばれ、学習アルゴリズムが数値を扱うことに特化しているデータマイニングの分野で非常に一般的な手法です。

1.3.2 Kerasによるシンプルなネットワークの定義

ここではKerasを用いてMNISTの手書き数字を認識するネットワークを構築します。まずは簡単なネットワークを構築し、徐々に改善していきます。

KerasにはMNISTのデータセットを読み込み、学習データと評価データに分割するための機能が組み込まれています。データは、GPU計算のために`float32`のデータ型であり、0から1の間に正規化済みです。

まずは、学習データと評価データを`X_train`と`X_test`に格納し、そのラベルを`Y_train`と`Y_test`に格納します。そして、それらのデータをone-hot エンコーディングします。

では実際のコードを見てみましょう。

```
from __future__ import print_function
import numpy as np
from keras.datasets import mnist
from keras.models import Sequential
from keras.layers import Dense, Activation
from keras.optimizers import SGD
from keras.utils import np_utils

np.random.seed(1671)  # for reproducibility
```

```
# network and training
NB_EPOCH = 200
BATCH_SIZE = 128
VERBOSE = 1
NB_CLASSES = 10 # number of outputs = number of digits
OPTIMIZER = SGD() # SGD optimizer, explained later in this chapter
N_HIDDEN = 128
VALIDATION_SPLIT=0.2 # how much TRAIN is reserved for VALIDATION

# data: shuffled and split between train and test sets
#
(X_train, y_train), (X_test, y_test) = mnist.load_data()
#X_train is 60000 rows of 28x28 values --> reshaped in 60000 x 784
RESHAPED = 784
#
X_train = X_train.reshape(60000, RESHAPED)
X_test = X_test.reshape(10000, RESHAPED)
X_train = X_train.astype('float32')
X_test = X_test.astype('float32')
# normalize
#
X_train /= 255
X_test /= 255
print(X_train.shape[0], 'train samples')
print(X_test.shape[0], 'test samples')
# convert class vectors to binary class matrices
Y_train = np_utils.to_categorical(y_train, NB_CLASSES)
Y_test = np_utils.to_categorical(y_test, NB_CLASSES)
```

入力は画像のピクセル単位で与えられるため、$28 \times 28 = 784$ 個のニューロンを持っており、それぞれがMNISTの画像の各ピクセルに割り当てられています。

典型的には各ピクセルに関連する値は $[0, 1]$ の値の範囲に正規化されます。ここでは各ピクセルの値を取り得る最大値の255で除算することを意味します。出力は10クラスで、それぞれが数字（0から9）に対応します。

最終層には活性化関数としてソフトマックス関数を用いています。この関数はシグモイド関数を一般化したものと考えることができます。ソフトマックス関数はK次元の任意の実数のベクトルをK次元の $(0, 1)$ の範囲の値のベクトルに変換します。今回の場合、1層前の10個のニューロンから得られた10個の出力を集計します。

```
# 10 outputs
# final stage is softmax
model = Sequential()
model.add(Dense(NB_CLASSES, input_shape=(RESHAPED,)))
```

```
model.add(Activation('softmax'))
model.summary()
```

モデルを定義したあと、モデルを実行するためにコンパイルする必要があります。コンパイルする際にはいくつかのオプションを与えることができます。

- モデルの学習時の重み更新に使用する最適化アルゴリズムを選択する必要があります。
- 損失関数を選ぶ必要があります。それは最適化アルゴリズムが重み空間を最適な方向に導くために使用されます（損失関数は目的関数とも呼ばれ、最適化のプロセスは損失の最小化プロセスと定義されます）。
- 学習したモデルを評価する必要があります。

よく使われる損失関数として次のものがあります。その他、Keras がサポートしている損失関数は https://keras.io/objectives/ で確認できます。

MSE

予測した値と真の値の平均二乗誤差です。数学的に平均二乗誤差を定義してみましょう。n 個の予測ベクトル γ と n 個の観測ベクトル Y があると仮定すると、以下のように定義できます。

$$MSE = \frac{1}{n}\sum_{i=1}^{n}(\gamma - Y)^2$$

これらの損失関数は各予測の誤りの平均を出します。二乗することで、予測値が真の値より大きく異なる場合に違いがより明確になります。

バイナリクロスエントロピー

バイナリクロスエントロピーの定義は、モデルが予測した値を p、真の値を t とすると以下のようになります。

$$-t\log(p) - (1-t)\log(1-p)$$

この損失関数は 2 値クラスの予測に適しています。

カテゴリカルクロスエントロピー

これは複数クラスの対数損失を計算します。モデルが予測した値を $p_{i,j}$、真の値を $t_{i,j}$ とすると以下のようになります。

$$L_i = -\sum_j t_{i,j} \log(p_{i,j})$$

この損失関数は複数クラスの予測に適しています。この損失関数は、特に指定しない場合、出力の活性化関数としてソフトマックス関数を前提としています。

いくつかの評価関数を以下に挙げます。Keras がサポートしている評価関数は https://keras.io/metrics/ で確認できます。

精度

ターゲットに対する正しい予測の割合です。

適合率

選択した項目がどれぐらい複数クラス分類に関連しているかを示しています。

再現率

複数クラス分類において、特定のクラスに関する精度を示しています。

ここで学習データと検証データにおける精度などを可視化できる TensorBoard を設定するモジュールを別ファイルで作成します。

```
import os
from time import gmtime, strftime
from keras.callbacks import TensorBoard

def make_tensorboard(set_dir_name=''):
    tictoc = strftime("%a_%d_%b_%Y_%H_%M_%S", gmtime())
    directory_name = tictoc
    log_dir = set_dir_name + '_' + directory_name
```

```
    os.mkdir(log_dir)
    tensorboard = TensorBoard(log_dir=log_dir)
    return tensorboard
```

make_tensorboard 関数はディレクトリ名を引数として取ります。この関数の中では、ディレクトリ名が一意になるように時間情報を付与し、tensorboard の内容を出力するためのディレクトリを作成します。作成したディレクトリ名を設定した TensorBoard クラスのインスタンスを返り値として返却します。
Keras では callbacks を使用することで、学習中の処理を変更したり、学習中に学習結果を保存したりできます。今回は学習中の精度を測りたいため、先ほどのモジュールで作成した tensorboard を次のように callbacks に設定します。list 型になっているのは、複数の callbacks を設定できるためです。

```
callbacks = [make_tensorboard(set_dir_name='keras_MINST_V1')]
```

評価関数は損失関数と似ていますが、モデルの学習には使用されず、評価にだけ使用される点が異なります。評価関数はモデルのコンパイル時に設定します。

```
model.compile(loss='categorical_crossentropy', optimizer=OPTIMIZER,
↪   metrics=['accuracy'])
```

モデルをコンパイルし、fit 関数に以下のようなパラメータを与えることで学習が始まります。

エポック
モデルが学習データセットに対して学習した回数です。学習ごとに最適化アルゴリズムは損失関数の値を最小化するように重みを調整します。

バッチサイズ
これは最適化アルゴリズムが重みを更新する際に、データをいくつ使用するかを表しています。

モデルの学習はとても簡単です。たとえば、NB_EPOCH 回学習させる場合は以下のようにパラメータを設定します。

```
model.fit(X_train, Y_train,
batch_size=BATCH_SIZE, epochs=NB_EPOCH,
callbacks=callbacks,
verbose=VERBOSE, validation_split=VALIDATION_SPLIT)
```

学習データの一部を検証データとして使います。この考え方の良いところは、学習時に学習データの一部を検証データとして使用することで性能の評価をできる点です。本書で取り扱うすべての機械学習タスクはこの考え方に沿っています。

学習後に未知のデータを含む評価データでモデルを評価することができます。この方法により、損失関数によって得られる最小値と、評価関数によって得られる最良値を得ることができます。

当然のことながら、学習データと評価データは厳密に分ける必要があります。すでに学習に使用されているデータをモデルの評価に使用することは意味がありません。学習とは既知の事象を記憶することではなく、本質的には初見の観察物を一般化しようとするプロセスです。

```
score = model.evaluate(X_test, Y_test, verbose=VERBOSE)
print("Test score:", score[0])
print('Test accuracy:', score[1])
```

以上で、Kerasにおけるニューラルネットワークの定義は完了です。短いコードを書くことで、手書き数字を認識できるようになりました。コードを実行して性能を確認してみましょう。

1.3.3　Kerasのシンプルなネットワークを動作させてベースラインとして設定

ではこのコードを実行すると何が起きるか確認しましょう。

```
keras@a1e1b1be7b55:/src/ch01$ python keras_MINST_V1.py
Using TensorFlow backend:
60000 train samples
10000 test samples
_________________________________________________________________
Layer (type)                 Output Shape              Param #
=================================================================
dense_1 (Dense)              (None, 10)                7850
_________________________________________________________________
activation_1 (Activation)    (None, 10)                0
```

```
=================================================================
Total params: 7,850
Trainable params: 7,850
Non-trainable params: 0
_________________________________________________________________
Train on 48000 samples, validate on 12000 samples
2018-07-11 08:18:38.795001: I
tensorflow/core/platform/cpu_feature_guard.cc:140] Your CPU supports
instructions that this TensorFlow binary was not compiled to use: AVX2
FMA
Epoch 1/200
48000/48000 [==============================] - 0s - loss: 1.3633 - acc:
0.6796 - val_loss: 0.8904 - val_acc: 0.8246
Epoch 2/200
48000/48000 [==============================] - 0s - loss: 0.7913 - acc:
0.8272 - val_loss: 0.6572 - val_acc: 0.8546
Epoch 3/200
48000/48000 [==============================] - 0s - loss: 0.6436 - acc:
0.8497 - val_loss: 0.5625 - val_acc: 0.8681
Epoch 4/200
48000/48000 [==============================] - 0s - loss: 0.5717 - acc:
0.8602 - val_loss: 0.5098 - val_acc: 0.8765
Epoch 5/200
48000/48000 [==============================] - 0s - loss: 0.5276 - acc:
0.8678 - val_loss: 0.4758 - val_acc: 0.8826
```

まず、モデルのアーキテクチャを出力します。アーキテクチャを出力することで、使われている層の種類、出力の形状、最適化するパラメータの数、およびそれらの接続方法を確認できます。今回はネットワークの学習には48,000のサンプルを使用し、検証用には12,000のサンプルを使用します。学習が完了したら、10,000のサンプルで評価します。この実行結果を見るとわかるように、Kerasは内部的にはTensorFlowを計算のバックエンドシステムとして使用しています。今のところ、学習中に内部で起きていることについての説明には立ち入りませんが、各エポックが終了するたびに精度が向上することがわかります。

TensorFlowをソースからコンパイルして最適化のオプションを設定していない場合には、以下のような警告が発生します。

```
2018-07-11 08:18:38.795001: I tensorflow/core/platform/cpu_fe
ature_guard.cc:140] Your CPU supports instructions that this
TensorFlow binary was not compiled to use: AVX2 FMA
```

マシンがこれらのオプションを実行可能であればソースからビルドし

た TensorFlow を使用したほうが高速になります。ソースからビルドした TensorFlow を使用したい場合はリンク先（https://www.tensorflow.org/install/install_sources）を参考にしてください。Docker 環境での TensorFlow のソースからのビルド方法はリンク先（https://www.kabuku.co.jp/developers/tensorflow_source_build）を参考にしてください。訳者の環境ではビルドに 1〜2 時間程度かかったので、簡易的に試したい場合はソースからのビルドはお勧めしません。また、実行環境によって使用可能なオプションが異なります。

学習が終了したら、評価データセットを用いてモデルを評価します。学習データセットに対しては 92.30%、検証データセットでは 92.41%、評価データセットでは 92.27% の精度を達成できました。この結果は、10 文字中 1 文字程度、手書き数字を誤って認識するということを意味しています。人間のほうが明らかに良い精度になるでしょう。以下では評価データセットの精度を見ます。

```
Epoch 198/200
48000/48000 [==============================] - 0s - loss: 0.2763 - acc:
0.9231 - val_loss: 0.2758 - val_acc: 0.9236
Epoch 199/200
48000/48000 [==============================] - 0s - loss: 0.2762 - acc:
0.9229 - val_loss: 0.2757 - val_acc: 0.9241
Epoch 200/200
48000/48000 [==============================] - 0s - loss: 0.2761 - acc:
0.9230 - val_loss: 0.2756 - val_acc: 0.9241
 7648/10000 [=====================>........] - ETA: 0s
Test score: 0.27738585037
Test accuracy: 0.9227
```

1.3.4 隠れ層の追加による精度向上

ここまででベースラインの精度として、学習データに対して 92.30%、検証データに対して 92.41%、評価データに対して 92.27% が得られました。この数字は出発点としては良いですが、これより良い精度を出すことは難しくありません。その方法を見ていきましょう。

最初の改善として、ネットワークに層を追加します。今回は、入力層の次に N_HIDDEN のニューロンと relu 活性化関数を持つ全結合層を追加します。この追加された層は隠れ層と呼ばれます。その理由は入力や出力に直接つながっていないからです。最初の隠れ層の後ろに 2 番目の隠れ層があります。また N_HIDDEN のニューロンが続き、関連する数字が認識されたときに発火する 10 個のニューロンを持つ出力層が続きます。次のコードはこの新しいネットワークを定義しています。

```
from __future__ import print_function
import numpy as np
from keras.datasets import mnist
from keras.models import Sequential
from keras.layers import Dense, Activation
from keras.optimizers import SGD
from keras.utils import np_utils
from make_tensorboard import make_tensorboard


np.random.seed(1671)  # for reproducibility

# network and training
NB_EPOCH = 20
BATCH_SIZE = 128
VERBOSE = 1
NB_CLASSES = 10   # number of outputs = number of digits
OPTIMIZER = SGD()  # optimizer, explained later in this chapter
N_HIDDEN = 128
VALIDATION_SPLIT = 0.2  # how much TRAIN is reserved for VALIDATION

# data: shuffled and split between train and test sets
(X_train, y_train), (X_test, y_test) = mnist.load_data()

# X_train is 60000 rows of 28x28 values --> reshaped in 60000 x 784
RESHAPED = 784
#
X_train = X_train.reshape(60000, RESHAPED)
X_test = X_test.reshape(10000, RESHAPED)
X_train = X_train.astype('float32')
X_test = X_test.astype('float32')

# normalize
X_train /= 255
X_test /= 255
print(X_train.shape[0], 'train samples')
print(X_test.shape[0], 'test samples')

# convert class vectors to binary class matrices
Y_train = np_utils.to_categorical(y_train, NB_CLASSES)
Y_test = np_utils.to_categorical(y_test, NB_CLASSES)

# M_HIDDEN hidden layers
# 10 outputs
# final stage is softmax
```

```
model = Sequential()
model.add(Dense(N_HIDDEN, input_shape=(RESHAPED,)))
model.add(Activation('relu'))
model.add(Dense(N_HIDDEN))
model.add(Activation('relu'))
model.add(Dense(NB_CLASSES))
model.add(Activation('softmax'))
model.summary()

model.compile(loss='categorical_crossentropy',
              optimizer=OPTIMIZER,
              metrics=['accuracy'])

callbacks = [make_tensorboard(set_dir_name='keras_MINST_V2')]

model.fit(X_train, Y_train,
          batch_size=BATCH_SIZE, epochs=NB_EPOCH,
          callbacks=callbacks,
          verbose=VERBOSE, validation_split=VALIDATION_SPLIT)

score = model.evaluate(X_test, Y_test, verbose=VERBOSE)
print("\nTest score:", score[0])
print('Test accuracy:', score[1])
```

このコードを実行して、定義したネットワークでどのくらいの精度を得られるか確認してみましょう。2つの隠れ層を追加したことで、精度は学習データで94.55%、検証データで94.97%、評価データで94.63%まで向上しました。これは先ほどのネットワークより評価データにおいて2.4%向上できたことを意味しています。層を増やしたにもかかわらず、エポック数も200回から20回へと劇的に減らすことができています。以前より良くなりましたが、さらなる改善をしてみましょう。

もし、もっと良い結果を求めるのなら、いろいろ試して結果を見てみましょう。2つの隠れ層の代わりにひとつだけの隠れ層を試してみたり、2つ以上の隠れ層を試してみたりしてください。この実験は練習として残しておきます。以下は、前の例の出力です。

```
keras@a1e1b1be7b55:/src/ch01$ python keras_MINST_V2.py
Using TensorFlow backend-->
60000 train samples
10000 test samples
_________________________________________________________________
Layer (type)                 Output Shape              Param #
=================================================================
dense_1 (Dense)              (None, 128)               100480
_________________________________________________________________
```

```
activation_1 (Activation)    (None, 128)             0
_________________________________________________________________
dense_2 (Dense)              (None, 128)             16512
_________________________________________________________________
activation_2 (Activation)    (None, 128)             0
_________________________________________________________________
dense_3 (Dense)              (None, 10)              1290
_________________________________________________________________
activation_3 (Activation)    (None, 10)              0
=================================================================
Total params: 118,282
Trainable params: 118,282
Non-trainable params: 0
_________________________________________________________________
Train on 48000 samples, validate on 12000 samples
2018-07-11 08:22:30.651016: I
tensorflow/core/platform/cpu_feature_guard.cc:140] Your CPU supports
instructions that this TensorFlow binary was not compiled to use: AVX2
FMA
Epoch 1/20
48000/48000 [==============================] - 0s - loss: 1.4829 - acc:
0.6231 - val_loss: 0.7584 - val_acc: 0.8287
Epoch 2/20
48000/48000 [==============================] - 0s - loss: 0.6049 - acc:
0.8463 - val_loss: 0.4550 - val_acc: 0.8851
Epoch 3/20
48000/48000 [==============================] - 0s - loss: 0.4398 - acc:
0.8800 - val_loss: 0.3710 - val_acc: 0.9019
Epoch 4/20
48000/48000 [==============================] - 0s - loss: 0.3767 - acc:
0.8952 - val_loss: 0.3322 - val_acc: 0.9081
Epoch 5/20
48000/48000 [==============================] - 0s - loss: 0.3415 - acc:
0.9025 - val_loss: 0.3055 - val_acc: 0.9147
Epoch 6/20
48000/48000 [==============================] - 0s - loss: 0.3175 - acc:
0.9084 - val_loss: 0.2881 - val_acc: 0.9182
Epoch 7/20
48000/48000 [==============================] - 0s - loss: 0.2990 - acc:
0.9136 - val_loss: 0.2728 - val_acc: 0.9223
Epoch 8/20
48000/48000 [==============================] - 0s - loss: 0.2839 - acc:
0.9179 - val_loss: 0.2608 - val_acc: 0.9266
Epoch 9/20
48000/48000 [==============================] - 0s - loss: 0.2714 - acc:
0.9218 - val_loss: 0.2505 - val_acc: 0.9298
Epoch 10/20
48000/48000 [==============================] - 0s - loss: 0.2602 - acc:
0.9252 - val_loss: 0.2430 - val_acc: 0.9309
```

```
Epoch 11/20
48000/48000 [==============================] - 0s - loss: 0.2501 - acc:
0.9286 - val_loss: 0.2341 - val_acc: 0.9334
Epoch 12/20
48000/48000 [==============================] - 0s - loss: 0.2409 - acc:
0.9301 - val_loss: 0.2271 - val_acc: 0.9353
Epoch 13/20
48000/48000 [==============================] - 1s - loss: 0.2325 - acc:
0.9334 - val_loss: 0.2227 - val_acc: 0.9367
Epoch 14/20
48000/48000 [==============================] - 1s - loss: 0.2253 - acc:
0.9353 - val_loss: 0.2147 - val_acc: 0.9396
Epoch 15/20
48000/48000 [==============================] - 0s - loss: 0.2181 - acc:
0.9375 - val_loss: 0.2083 - val_acc: 0.9411
Epoch 16/20
48000/48000 [==============================] - 0s - loss: 0.2116 - acc:
0.9393 - val_loss: 0.2030 - val_acc: 0.9431
Epoch 17/20
48000/48000 [==============================] - 0s - loss: 0.2055 - acc:
0.9414 - val_loss: 0.1981 - val_acc: 0.9445
Epoch 18/20
48000/48000 [==============================] - 0s - loss: 0.1996 - acc:
0.9431 - val_loss: 0.1932 - val_acc: 0.9458
Epoch 19/20
48000/48000 [==============================] - 0s - loss: 0.1941 - acc:
0.9432 - val_loss: 0.1894 - val_acc: 0.9468
Epoch 20/20
48000/48000 [==============================] - 0s - loss: 0.1890 - acc:
0.9455 - val_loss: 0.1850 - val_acc: 0.9497
 8416/10000 [========================>.....] - ETA: 0s
Test score: 0.18599786316
Test accuracy: 0.9463
```

1.3.5 ドロップアウトによる精度向上

現在のベースラインの精度は学習データ 94.55%、検証データ 94.97%、評価データ 94.63% です。2 番目の改善として、ドロップアウト層を使用します。ドロップアウト層では、全結合層を伝播する値を、確率的に伝播させないという処理を行います。これにより、機械学習においてよく行われている正則化と同じ効果を期待できます。ドロップアウトにより性能を向上できるのです。

```
from __future__ import print_function
import numpy as np
from keras.datasets import mnist
from keras.models import Sequential
```

```
from keras.layers import Dense, Dropout, Activation
from keras.optimizers import SGD
from keras.utils import np_utils
from make_tensorboard import make_tensorboard


np.random.seed(1671)  # for reproducibility

# network and training
NB_EPOCH = 20
BATCH_SIZE = 128
VERBOSE = 1
NB_CLASSES = 10   # number of outputs = number of digits
OPTIMIZER = SGD()  # optimizer, explained later in this chapter
N_HIDDEN = 128
VALIDATION_SPLIT = 0.2  # how much TRAIN is reserved for VALIDATION
DROPOUT = 0.3

# data: shuffled and split between train and test sets
(X_train, y_train), (X_test, y_test) = mnist.load_data()

# X_train is 60000 rows of 28x28 values --> reshaped in 60000 x 784
RESHAPED = 784
#
X_train = X_train.reshape(60000, RESHAPED)
X_test = X_test.reshape(10000, RESHAPED)
X_train = X_train.astype('float32')
X_test = X_test.astype('float32')

# normalize
X_train /= 255
X_test /= 255
print(X_train.shape[0], 'train samples')
print(X_test.shape[0], 'test samples')

# convert class vectors to binary class matrices
Y_train = np_utils.to_categorical(y_train, NB_CLASSES)
Y_test = np_utils.to_categorical(y_test, NB_CLASSES)

# M_HIDDEN hidden layers
# 10 outputs
# final stage is softmax

model = Sequential()
model.add(Dense(N_HIDDEN, input_shape=(RESHAPED,)))
model.add(Activation('relu'))
model.add(Dropout(DROPOUT))
model.add(Dense(N_HIDDEN))
model.add(Activation('relu'))
```

```
model.add(Dropout(DROPOUT))
model.add(Dense(NB_CLASSES))
model.add(Activation('softmax'))
model.summary()

model.compile(loss='categorical_crossentropy',
              optimizer=OPTIMIZER,
              metrics=['accuracy'])

callbacks = [make_tensorboard(set_dir_name='keras_MINST_V3')]

model.fit(X_train, Y_train,
          batch_size=BATCH_SIZE, epochs=NB_EPOCH,
          callbacks=callbacks,
          verbose=VERBOSE, validation_split=VALIDATION_SPLIT)

score = model.evaluate(X_test, Y_test, verbose=VERBOSE)
print("\nTest score:", score[0])
print('Test accuracy:', score[1])
```

前回と同様に20エポックの学習を行った結果、このネットワークの精度は学習データ91.32%、検証データが94.22%、評価データが94.03%でした。

```
keras@a1e1b1be7b55:/src/ch01$ python keras_MINST_V3.py
Using TensorFlow backend-->
60000 train samples
10000 test samples
_________________________________________________________________
Layer (type)                 Output Shape              Param #
=================================================================
dense_1 (Dense)              (None, 128)               100480
_________________________________________________________________
activation_1 (Activation)    (None, 128)               0
_________________________________________________________________
dropout_1 (Dropout)          (None, 128)               0
_________________________________________________________________
dense_2 (Dense)              (None, 128)               16512
_________________________________________________________________
activation_2 (Activation)    (None, 128)               0
_________________________________________________________________
dropout_2 (Dropout)          (None, 128)               0
_________________________________________________________________
dense_3 (Dense)              (None, 10)                1290
_________________________________________________________________
activation_3 (Activation)    (None, 10)                0
=================================================================
Total params: 118,282
Trainable params: 118,282
```

```
Non-trainable params: 0
_________________________________________________________________
Train on 48000 samples, validate on 12000 samples
2018-07-11 08:24:24.791899: I
tensorflow/core/platform/cpu_feature_guard.cc:140] Your CPU supports
instructions that this TensorFlow binary was not compiled to use: AVX2
FMA
Epoch 1/20
48000/48000 [==============================] - 1s - loss: 1.7404 - acc:
0.4539 - val_loss: 0.9293 - val_acc: 0.8124
Epoch 2/20
48000/48000 [==============================] - 1s - loss: 0.9232 - acc:
0.7229 - val_loss: 0.5400 - val_acc: 0.8652
Epoch 3/20
48000/48000 [==============================] - 1s - loss: 0.6935 - acc:
0.7881 - val_loss: 0.4298 - val_acc: 0.8883
Epoch 4/20
48000/48000 [==============================] - 0s - loss: 0.5947 - acc:
0.8208 - val_loss: 0.3790 - val_acc: 0.8977
Epoch 5/20
48000/48000 [==============================] - 0s - loss: 0.5347 - acc:
0.8393 - val_loss: 0.3456 - val_acc: 0.9041
Epoch 6/20
48000/48000 [==============================] - 0s - loss: 0.4977 - acc:
0.8525 - val_loss: 0.3232 - val_acc: 0.9106
Epoch 7/20
48000/48000 [==============================] - 0s - loss: 0.4616 - acc:
0.8629 - val_loss: 0.3048 - val_acc: 0.9129
Epoch 8/20
48000/48000 [==============================] - 0s - loss: 0.4386 - acc:
0.8688 - val_loss: 0.2896 - val_acc: 0.9171
Epoch 9/20
48000/48000 [==============================] - 0s - loss: 0.4181 - acc:
0.8762 - val_loss: 0.2776 - val_acc: 0.9198
Epoch 10/20
48000/48000 [==============================] - 0s - loss: 0.3990 - acc:
0.8837 - val_loss: 0.2657 - val_acc: 0.9234
Epoch 11/20
48000/48000 [==============================] - 0s - loss: 0.3819 - acc:
0.8876 - val_loss: 0.2552 - val_acc: 0.9257
Epoch 12/20
48000/48000 [==============================] - 0s - loss: 0.3688 - acc:
0.8920 - val_loss: 0.2466 - val_acc: 0.9283
Epoch 13/20
48000/48000 [==============================] - 0s - loss: 0.3571 - acc:
0.8943 - val_loss: 0.2389 - val_acc: 0.9299
Epoch 14/20
48000/48000 [==============================] - 0s - loss: 0.3466 - acc:
0.8992 - val_loss: 0.2320 - val_acc: 0.9323
```

```
Epoch 15/20
48000/48000 [==============================] - 0s - loss: 0.3359 - acc:
0.9015 - val_loss: 0.2261 - val_acc: 0.9340
Epoch 16/20
48000/48000 [==============================] - 1s - loss: 0.3244 - acc:
0.9055 - val_loss: 0.2180 - val_acc: 0.9353
Epoch 17/20
48000/48000 [==============================] - 0s - loss: 0.3142 - acc:
0.9085 - val_loss: 0.2122 - val_acc: 0.9377
Epoch 18/20
48000/48000 [==============================] - 0s - loss: 0.3103 - acc:
0.9095 - val_loss: 0.2075 - val_acc: 0.9389
Epoch 19/20
48000/48000 [==============================] - 1s - loss: 0.3019 - acc:
0.9119 - val_loss: 0.2018 - val_acc: 0.9409
Epoch 20/20
48000/48000 [==============================] - 0s - loss: 0.2931 - acc:
0.9132 - val_loss: 0.1974 - val_acc: 0.9422
 8320/10000 [=======================>......] - ETA: 0s
Test score: 0.199443507597
Test accuracy: 0.9403
```

学習データの精度は評価データの精度を超えるべきです。そうでないときは、十分に学習していないことになります。その場合は学習回数を大幅に増やしてみましょう。250エポックの学習を行うと、精度は学習データで98.08%、検証データで97.74%、評価データで97.8%になりました。

```
Epoch 248/250
48000/48000 [==============================] - 0s - loss: 0.0633 - acc:
0.9804 - val_loss: 0.0803 - val_acc: 0.9768
Epoch 249/250
48000/48000 [==============================] - 1s - loss: 0.0636 - acc:
0.9800 - val_loss: 0.0804 - val_acc: 0.9776
Epoch 250/250
48000/48000 [==============================] - 0s - loss: 0.0616 - acc:
0.9808 - val_loss: 0.0801 - val_acc: 0.9774
 8192/10000 [=======================>......] - ETA: 0s
Test score: 0.0773662713654
Test accuracy: 0.978
```

学習データと評価データの精度がエポック数に対してどのように増加するかを観察することは大切です。**図1-8**と**図1-9**のグラフを見てください。この2つの曲線はおおむね250エポックで最大値に到達しています。したがって、これ以降は訓練する必要がないことを示しています。

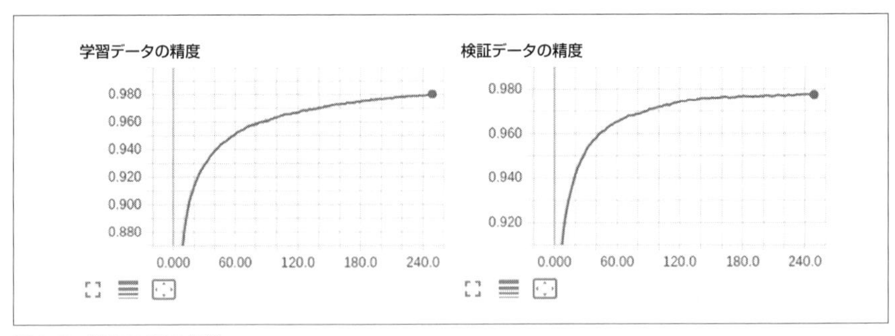

図1-8　精度の学習曲線

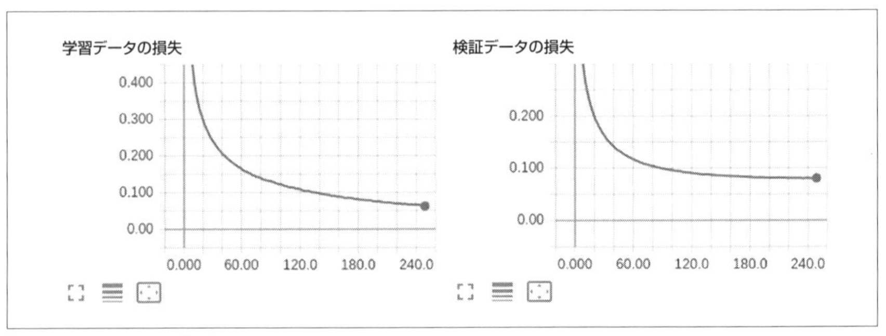

図1-9　損失の学習曲線

隠れ層にドロップアウトを使用すると、多くの場合において汎化性能を向上させることができます。これは評価データに含まれる未知の例に対してもより良い予測を行えることを意味します。直感的には、ドロップアウトによって、各ニューロンは近傍のニューロンに頼れなくなるので、ニューロンはより賢くなります。評価の際はドロップアウトは行いません。なぜなら高度にチューニングされたニューロンを使用できるからです。要するに、ドロップアウト関数を適用することでネットワークがどのように動作するかを試すことは、一般的に良いアプローチです。

1.3.6　最適化アルゴリズムの変更

これまでネットワークを定義して使用してきました。どのようにネットワークが学習されるかを直感的に理解しておくことは重要です。よく使われる学習手法のひとつである勾配降下法に焦点を当ててみましょう。**図1-10**のグラフのように、1変数 w の一般的なコスト関数 $C(w)$ を想像してみましょう。

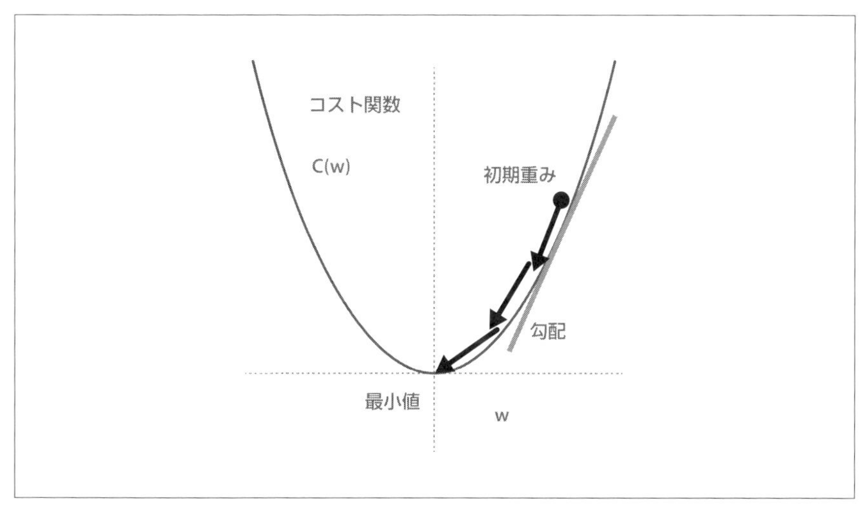

図1-10　勾配降下法

勾配降下法は山の谷底へ下っている登山者のように見えます。この山は関数 C によって表現されており、谷底は最小値 C_{min} で表せます。登山者は w_0 のポイントからスタートします。その登山者は徐々に移動します。各ステップ r における傾きは増加方向の最大値です。

数学的にはこの方向はステップ r で到達した w_r で評価された偏微分値 $\frac{\partial c}{\partial w}$ です。したがって反対方向 $-\frac{\partial c}{\partial w}(w_r)$ を取ることで登山者は谷のほうに移動することができます。それぞれのステップで、登山者は次のステップの前に足幅を決定します。これは勾配降下法の専門用語である学習率 $\eta \geqq 0$ です。η が小さいと学習が遅くなり、大きすぎると谷底を見失います。

シグモイドは連続関数であり、微分可能です。シグモイド関数の導関数を確認しましょう。まず、シグモイド関数は以下のような形をしていました。

$$\sigma(x) = \frac{1}{1+e^{-x}}$$

シグモイド関数の導関数は以下のように表せます。

$$\frac{d\sigma(x)}{dx} = \sigma(x)(1-\sigma(x))$$

ReLU は、$x=0$ では微分不可能です。そこで、ひと工夫します。$x=0$ における微分値を0か1にしてしまうのです。これにより、ReLUを定義域全体に拡張できます。最終的に、ReLU（$y = \max(0, x)$）の導関数は以下のようになります。

$$\frac{dy}{dx} = \begin{cases} 0 & x \leqq 0 \\ 1 & x > 0 \end{cases}$$

導関数が得られれば勾配降下法の技術によってネットワークを最適化できます。Kerasは TensorFlow などのバックエンドを使用して導関数の計算を行っているため、実装や計算の心配をする必要はありません。活性化関数を選択するだけで、導関数を計算してくれます。

ニューラルネットワークは、本質的には数千、ときには数百万のパラメータを持つ関数を合成したものです。ニューラルネットワークの各層では、関数が計算され、学習時にその誤差が最小化されるようにします。誤差逆伝播法の説明をする際には、最小化は今回の単純な例に比べると複雑であることがわかります。しかし、行われていることが複雑でも、谷底へ下ることで誤差を最小化するイメージは変わりません。

Kerasは高速な勾配降下法として知られている**確率的勾配降下法**（stochastic gradient descent：SGD）に加え、より発展的な**RMSprop**と**Adam**を実装しています。RMSpropとAdamはSGDが持つ加速度成分に加えて運動量（速度成分）の概念が含まれています。これによりコスト計算の収束が高速になります。Kerasがサポートしている最適化アルゴリズムの完全なリストは https://keras.io/optimizers/ にあります。デフォルトではSGDが設定されています。最適化アルゴリズムを変更するのは簡単です。RMSpropとAdamを試してみましょう。

```
from keras.optimizers import RMSprop, Adam

OPTIMIZER = RMSprop()
```

これだけです。以下のようにして、テストしてみましょう。

```
keras@a1e1b1be7b55:/src/ch01$ python keras_MINST_V4.py
Using TensorFlow backend-->
60000 train samples
10000 test samples
_________________________________________________________________
Layer (type)                 Output Shape              Param #
=================================================================
dense_1 (Dense)              (None, 128)               100480
_________________________________________________________________
```

```
activation_1 (Activation)    (None, 128)              0
_________________________________________________________________
dropout_1 (Dropout)          (None, 128)              0
_________________________________________________________________
dense_2 (Dense)              (None, 128)              16512
_________________________________________________________________
activation_2 (Activation)    (None, 128)              0
_________________________________________________________________
dropout_2 (Dropout)          (None, 128)              0
_________________________________________________________________
dense_3 (Dense)              (None, 10)               1290
_________________________________________________________________
activation_3 (Activation)    (None, 10)               0
=================================================================
Total params: 118,282
Trainable params: 118,282
Non-trainable params: 0
_________________________________________________________________
Train on 48000 samples, validate on 12000 samples
2018-07-11 08:25:18.861267: I
tensorflow/core/platform/cpu_feature_guard.cc:140] Your CPU supports
instructions that this TensorFlow binary was not compiled to use: AVX2
FMA
Epoch 1/20
48000/48000 [==============================] - 1s - loss: 0.4782 - acc:
0.8572 - val_loss: 0.1859 - val_acc: 0.9448
Epoch 2/20
48000/48000 [==============================] - 1s - loss: 0.2264 - acc:
0.9315 - val_loss: 0.1363 - val_acc: 0.9607
Epoch 3/20
48000/48000 [==============================] - 1s - loss: 0.1758 - acc:
0.9472 - val_loss: 0.1162 - val_acc: 0.9663
Epoch 4/20
48000/48000 [==============================] - 1s - loss: 0.1507 - acc:
0.9556 - val_loss: 0.1167 - val_acc: 0.9668
Epoch 5/20
48000/48000 [==============================] - 1s - loss: 0.1346 - acc:
0.9604 - val_loss: 0.1031 - val_acc: 0.9710
Epoch 6/20
48000/48000 [==============================] - 1s - loss: 0.1228 - acc:
0.9629 - val_loss: 0.0971 - val_acc: 0.9728
Epoch 7/20
48000/48000 [==============================] - 1s - loss: 0.1135 - acc:
0.9657 - val_loss: 0.0990 - val_acc: 0.9724
Epoch 8/20
48000/48000 [==============================] - 1s - loss: 0.1074 - acc:
0.9681 - val_loss: 0.0988 - val_acc: 0.9724
Epoch 9/20
48000/48000 [==============================] - 1s - loss: 0.0981 - acc:
```

```
0.9700 - val_loss: 0.0989 - val_acc: 0.9740
Epoch 10/20
48000/48000 [==============================] - 1s - loss: 0.0952 - acc:
0.9715 - val_loss: 0.0985 - val_acc: 0.9732
Epoch 11/20
48000/48000 [==============================] - 1s - loss: 0.0874 - acc:
0.9734 - val_loss: 0.0958 - val_acc: 0.9758
Epoch 12/20
48000/48000 [==============================] - 1s - loss: 0.0872 - acc:
0.9739 - val_loss: 0.0940 - val_acc: 0.9752
Epoch 13/20
48000/48000 [==============================] - 1s - loss: 0.0835 - acc:
0.9762 - val_loss: 0.0977 - val_acc: 0.9749
Epoch 14/20
48000/48000 [==============================] - 1s - loss: 0.0800 - acc:
0.9758 - val_loss: 0.1029 - val_acc: 0.9759
Epoch 15/20
48000/48000 [==============================] - 1s - loss: 0.0789 - acc:
0.9766 - val_loss: 0.1002 - val_acc: 0.9764
Epoch 16/20
48000/48000 [==============================] - 1s - loss: 0.0763 - acc:
0.9774 - val_loss: 0.0987 - val_acc: 0.9768
Epoch 17/20
48000/48000 [==============================] - 1s - loss: 0.0737 - acc:
0.9779 - val_loss: 0.1073 - val_acc: 0.9753
Epoch 18/20
48000/48000 [==============================] - 1s - loss: 0.0742 - acc:
0.9784 - val_loss: 0.1059 - val_acc: 0.9764
Epoch 19/20
48000/48000 [==============================] - 1s - loss: 0.0706 - acc:
0.9789 - val_loss: 0.1060 - val_acc: 0.9770
Epoch 20/20
48000/48000 [==============================] - 1s - loss: 0.0703 - acc:
0.9793 - val_loss: 0.1060 - val_acc: 0.9770
 7968/10000 [======================>.......] - ETA: 0s
Test score: 0.103407158525
Test accuracy: 0.9777
```

結果からわかるように、RMSpropのほうがSGDより早く収束しています。20エポック学習させたときの精度は学習データで97.93%、検証データで97.70%、評価データで97.77%でした。念のため、エポック数を変更した際の精度と損失の変化を**図1-11**と**図1-12**のグラフで確認しましょう。2章で説明するTensorboardの可視化機能の中のスムージング機能により、実際の値（濃い線）とスムージングされた値（薄い線）が表示されています。今回は比較的安定して学習していますが、不安定な学習のケースもあります。そのような場合は、スムージング機能を用いて全体の傾向を把握しやすくできます。スムージングの値は Tensorboard 上で変更可能です。

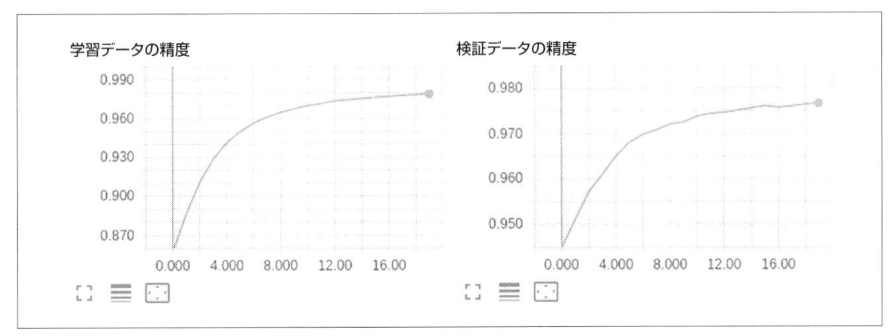

図 1-11　RMSprop を使用した場合の「精度」の学習曲線

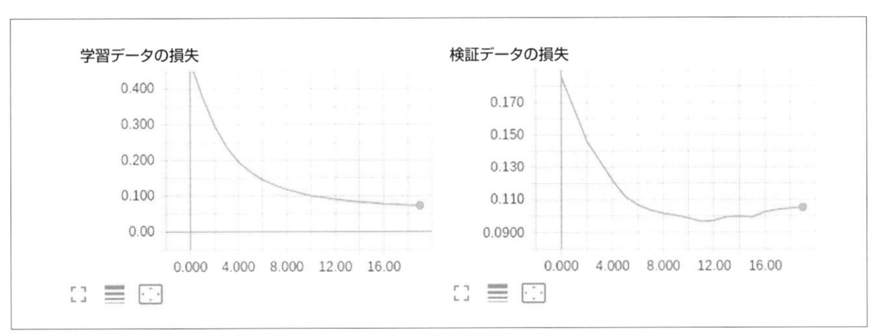

図 1-12　RMSprop を使用した場合の「損失」の学習曲線

では次に別の最適化アルゴリズムである Adam を試してみましょう。次のように簡単に設定できます。

```
OPTIMIZER = Adam()
```

Adam でテストしてみましょう。

```
keras@dce9957313dd:/src/ch01$ python keras_MINST_V4.py
Using TensorFlow backend.
Downloading data from https://s3.amazonaws.com/img-datasets/mnist.npz
11436032/11490434 [============================>.] - ETA: 0s60000 train
samples
10000 test samples
_________________________________________________________________
Layer (type)                 Output Shape              Param #
```

```
=================================================================
dense_1 (Dense)              (None, 128)              100480
_________________________________________________________________
activation_1 (Activation)    (None, 128)              0
_________________________________________________________________
dropout_1 (Dropout)          (None, 128)              0
_________________________________________________________________
dense_2 (Dense)              (None, 128)              16512
_________________________________________________________________
activation_2 (Activation)    (None, 128)              0
_________________________________________________________________
dropout_2 (Dropout)          (None, 128)              0
_________________________________________________________________
dense_3 (Dense)              (None, 10)               1290
_________________________________________________________________
activation_3 (Activation)    (None, 10)               0
=================================================================
Total params: 118,282
Trainable params: 118,282
Non-trainable params: 0
_________________________________________________________________
Train on 48000 samples, validate on 12000 samples
2018-07-11 08:27:23.209877: I
tensorflow/core/platform/cpu_feature_guard.cc:140] Your CPU supports
instructions that this TensorFlow binary was not compiled to use: AVX2
FMA
Epoch 1/20
48000/48000 [==============================] - 1s - loss: 0.5185 - acc:
0.8430 - val_loss: 0.1864 - val_acc: 0.9440
Epoch 2/20
48000/48000 [==============================] - 1s - loss: 0.2330 - acc:
0.9305 - val_loss: 0.1427 - val_acc: 0.9577
Epoch 3/20
48000/48000 [==============================] - 1s - loss: 0.1806 - acc:
0.9460 - val_loss: 0.1144 - val_acc: 0.9653
Epoch 4/20
48000/48000 [==============================] - 1s - loss: 0.1527 - acc:
0.9536 - val_loss: 0.1071 - val_acc: 0.9693
Epoch 5/20
48000/48000 [==============================] - 1s - loss: 0.1315 - acc:
0.9604 - val_loss: 0.1003 - val_acc: 0.9697
Epoch 6/20
48000/48000 [==============================] - 1s - loss: 0.1193 - acc:
0.9624 - val_loss: 0.0867 - val_acc: 0.9740
Epoch 7/20
48000/48000 [==============================] - 1s - loss: 0.1065 - acc:
0.9677 - val_loss: 0.0855 - val_acc: 0.9746
Epoch 8/20
48000/48000 [==============================] - 1s - loss: 0.0977 - acc:
```

```
0.9703 - val_loss: 0.0840 - val_acc: 0.9756
Epoch 9/20
48000/48000 [==============================] - 1s - loss: 0.0900 - acc:
0.9719 - val_loss: 0.0859 - val_acc: 0.9751
Epoch 10/20
48000/48000 [==============================] - 1s - loss: 0.0849 - acc:
0.9734 - val_loss: 0.0797 - val_acc: 0.9770
Epoch 11/20
48000/48000 [==============================] - 1s - loss: 0.0791 - acc:
0.9747 - val_loss: 0.0861 - val_acc: 0.9767
Epoch 12/20
48000/48000 [==============================] - 1s - loss: 0.0767 - acc:
0.9749 - val_loss: 0.0814 - val_acc: 0.9773
Epoch 13/20
48000/48000 [==============================] - 1s - loss: 0.0722 - acc:
0.9770 - val_loss: 0.0790 - val_acc: 0.9760
Epoch 14/20
48000/48000 [==============================] - 1s - loss: 0.0689 - acc:
0.9783 - val_loss: 0.0861 - val_acc: 0.9767
Epoch 15/20
48000/48000 [==============================] - 1s - loss: 0.0671 - acc:
0.9785 - val_loss: 0.0827 - val_acc: 0.9774
Epoch 16/20
48000/48000 [==============================] - 1s - loss: 0.0641 - acc:
0.9792 - val_loss: 0.0834 - val_acc: 0.9757
Epoch 17/20
48000/48000 [==============================] - 1s - loss: 0.0586 - acc:
0.9807 - val_loss: 0.0829 - val_acc: 0.9769
Epoch 18/20
48000/48000 [==============================] - 1s - loss: 0.0578 - acc:
0.9811 - val_loss: 0.0788 - val_acc: 0.9782
Epoch 19/20
48000/48000 [==============================] - 1s - loss: 0.0570 - acc:
0.9816 - val_loss: 0.0824 - val_acc: 0.9778
Epoch 20/20
48000/48000 [==============================] - 1s - loss: 0.0562 - acc:
0.9811 - val_loss: 0.0799 - val_acc: 0.9777
 0192/10000 [=======================>......] - ETA: 0s
Test score: 0.0736798412849
Test accuracy: 0.9796
```

結果を見ると、Adamのほうが少し良い結果になっています。20エポック学習させたときの精度は学習データで98.11%、検証データで97.77%、評価データで97.96%です。**図1-13**と**図1-14**にそのグラフを示します。

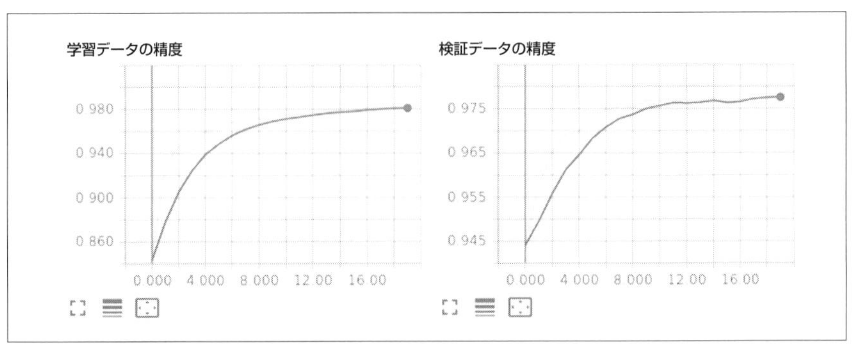

図1-13　Adam を使用した場合の「精度」の学習曲線

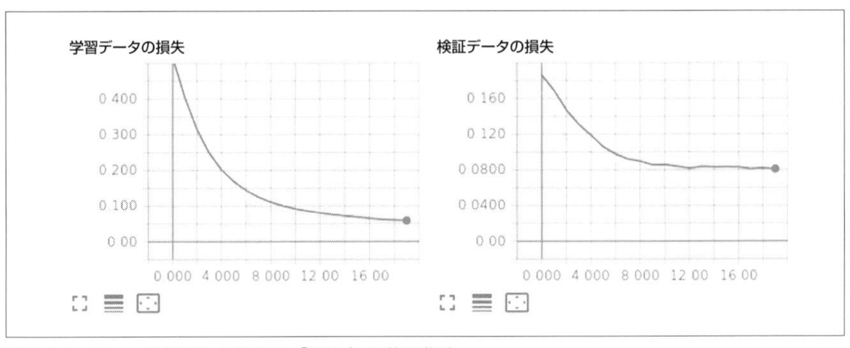

図1-14　Adam を使用した場合の「損失」の学習曲線

これまでに、5つのモデルを試してきました。最初のベースラインとなる精度は92.30%でしたが、徐々に改善してきました。

ここまではモデルを徐々に変更し、性能を向上させてきました。しかし、このままではこれ以上の性能向上は見込めません。ここまでは、ドロップアウト率を30%に設定していました。他のドロップアウト率における評価データの精度を調査してみましょう。**図1-15**では、最適化アルゴリズムはAdamを用いています。

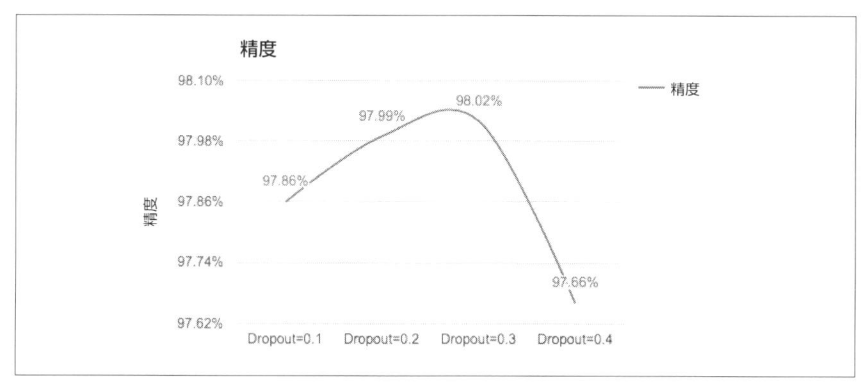

図1-15　精度とドロップアウトの関係性

1.3.7　学習エポックの増加

他の方法を試みてましょう。学習回数を20回から200回に増やしてみます。その結果、計算時間は10倍になったものの精度は向上しませんでした。この試み自体は失敗ですが、学習時間の増加が精度向上に必要ではないことを学べました。学習には必ずしも計算時間を費やす必要はありません。より賢い方法を使うべきです。**図1-16**のグラフで、これまでの5つのモデルおよびAdamを用いて学習回数を200回にしたモデルにおける性能の変化を見てみましょう。

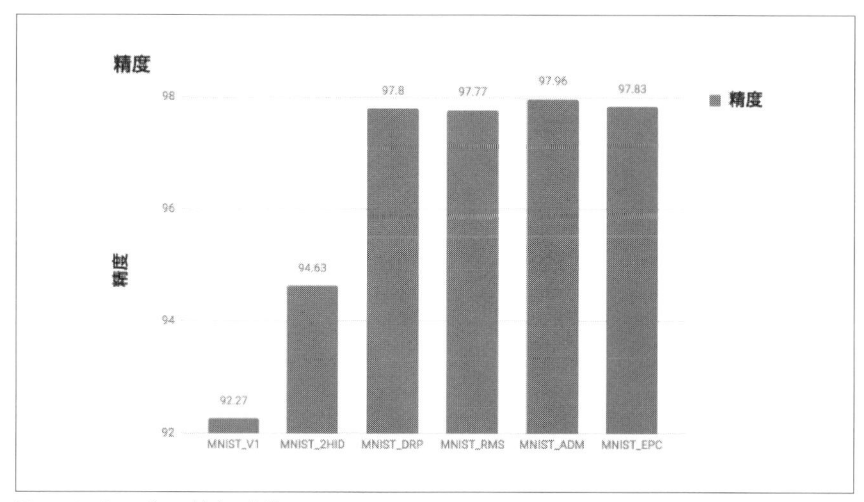

図1-16　各モデルの精度の比較

1.3.8 学習率の制御

次の試みでは最適化アルゴリズムの学習率を変更してみます。**図1-17** のように学習率を変化させてグラフをプロットしてみると、学習率の最適な値は 0.001 に近い値であることがわかります。そして、この値は最適化アルゴリズムのデフォルト値です。このことは、Adam はデフォルト状態でも良い仕事をしてくれるということを意味しています。

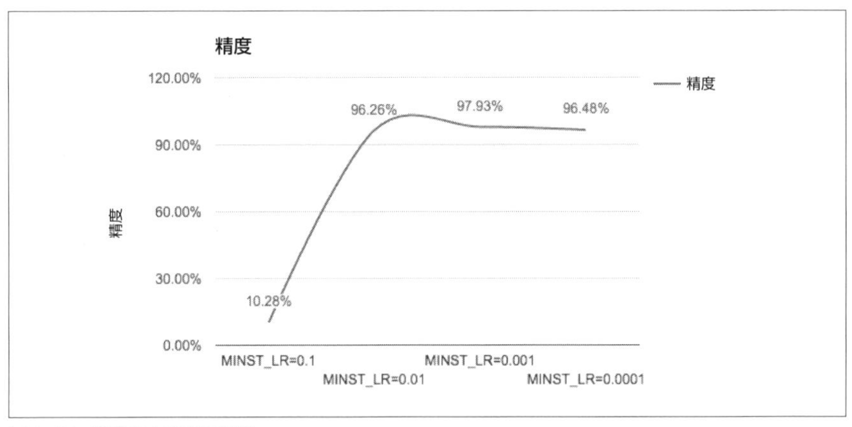

図1-17 学習率と精度の関係

1.3.9 内部隠れ層の増加

別の試みとして隠れ層のニューロン数を変化させてみます。ニューロン数を増加させたときの実験結果を**図1-18** のグラフに示しました。グラフを見ると、ニューロン数を増やすことで、最適化するパラメータの数が増え、モデルの複雑性が増加していることがわかります。また、パラメータ数が増えると、実行時間も増加します。そしてネットワークが拡大するにつれ、ネットワークサイズを増やして得られる効果は減少しています。

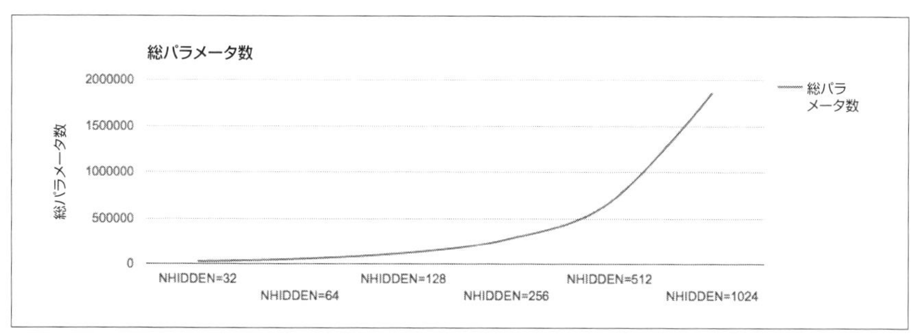

図1-18　隠れ層とパラメータ数

図1-19のグラフではニューロン数を変化させたときの各エポックに必要な時間を示しています。

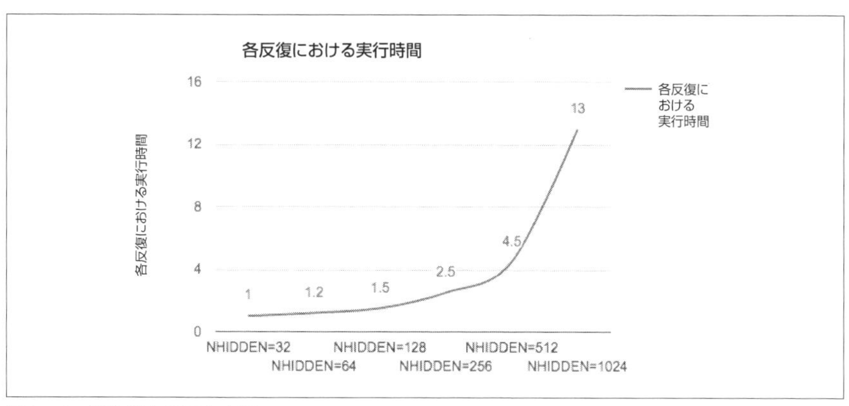

図1-19　隠れ層と必要な時間

図1-20のグラフではニューロン数を変化させたときの精度を示しています。

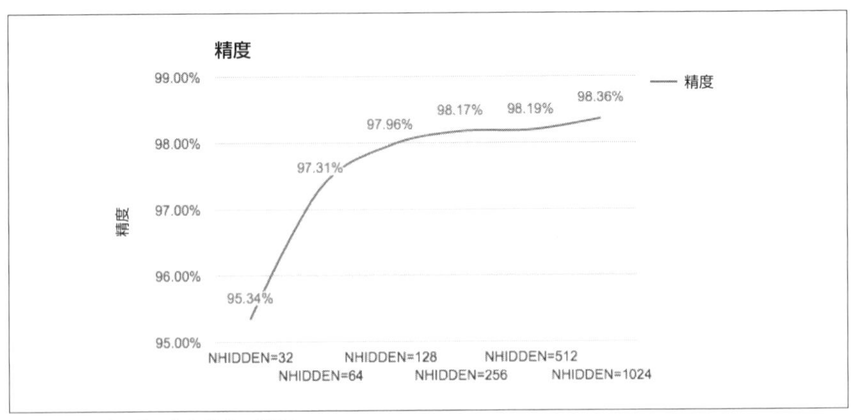

図1-20 隠れ層の数と精度の関係

1.3.10 バッチ計算サイズの増加

勾配降下法は、与えられた学習データ全体を用いてコスト関数の最小化を試みます。一方で、確率的勾配降下法は勾配降下法を少し変形した手法です。この手法ではBATCH_SIZE分のデータを用いてコスト関数の最小化を試みます。このパラメータを変更することで、どのように性能が変化するか確認してみましょう。**図1-21**のようにBATCH_SIZE=128が最適な精度を示しています。

図1-21 バッチサイズと精度の関係

1.3.11 手書き数字認識の実験の要約

これまでの結果をまとめてみましょう。5つの異なる変数によって性能を92.27%から97.96%に向上できました。ここでは最初に単純なネットワークを定義しました。その際、隠れ層を追加することで性能を向上させました。そのあとは、ドロップアウトの追加、最適化アルゴリズムの変更を通して評価データセットの性能を向上させました。現在の結果を**表1-1**にまとめてみました。

表1-1 MNISTにおける各実験のまとめ

モデルと精度	学習	検証	評価
Simple	92.30%	92.41%	92.27%
Two hidden（128）	94.55%	94.97%	94.63%
Dropout（30%）	98.08%	97.74%	97.8%（200エポック）
RMSprop	97.93%	97.70%	97.77%（20エポック）
Adam	98.11%	97.77%	97.96%（20エポック）

しかし、次の2つの実験では著しい改善は見られませんでした。

- ニューロン数の増加
- エポック数の増加

隠れ層のニューロン数を増やすとモデルはより複雑になり、多くの計算時間が必要になります。しかし、性能はわずかにしか向上しませんでした。学習エポック数を増やした場合も同様の結果になりました。最後に、最適化アルゴリズムのBATCH_SIZEを変更しました。

1.3.12 正則化 ―― 過学習を避ける

直感的には、良い機械学習のモデルであれば、学習データについても誤差は小さくなるでしょう。これは数学的には、学習データにおける損失関数を最小化することと同義です。このことは次の式で表せます。

$$\min : \{loss(TrainingData|Model)\}$$

しかし、これでは十分ではありません。モデルは学習データに固有な関係性を捉えるため、過度に複雑なモデルになってしまいます。モデルの複雑性の増加は2つの悪影響をもたらします。ひとつは、複雑なモデルは実行時間が長くなる点です。もうひとつは、複雑なモデルは学習データに対しては高い性能を示すものの、検証データに対しては低い性能を示す点です。この理由は、学習データに固有な関係性を記憶して、未知のデータに対して汎化できていないためです。繰り返しになりますが、学習は記憶よりも汎化のほうが重要です。**図1-22**のグラフは学習データと検証データの損失の減少を表しています。これを見ると、検証データでは過学習により、ある点から損失が増加していることが確認できます。

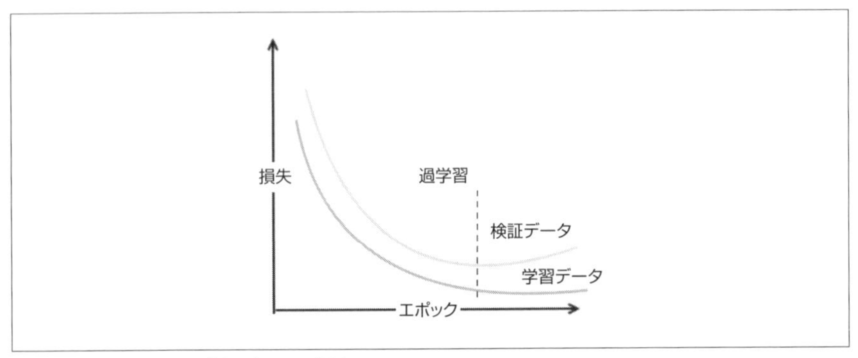

図1-22 学習データと検証データの損失

経験則として、学習中に検証データの損失が一旦下がったあとに増加したら、それは過度に学習している兆候です。この現象を簡潔に説明するため、機械学習では**過学習**（overfitting、**過剰適合**とも言います）という単語が使われています。

過学習の問題を解決するため、どのようにモデルが複雑になるかを捉える必要があります。何か解決策があるでしょうか。モデルはただの重みのベクトルです。したがってモデルの複雑さはゼロでない重みの数として簡潔に表すことができます。言い換えれば、$M1$ と $M2$ の 2 つのモデルが損失関数の点でほぼ同じ性能を達成しているなら、最も単純なモデル、すなわちゼロでない重みの数が最小のモデルを選ぶべきです。先ほどの式に、単純なモデルを持つことの重要性を制御するためのハイパーパラメータ $\lambda \geqq 0$ を導入します。

$$\min : \{loss(TrainingData|Model)\} + \lambda * complexity(Model)$$

機械学習では以下の 3 種類の正則化がよく用いられます。

L1 正則化（ラッセル回帰として知られている）
: モデルの複雑さを重みの絶対値の合計で表現

L2 正則化（リッジ回帰として知られている）
: モデルの複雑さを重みの二乗和で表現

エラスティックネット正則化

モデルの複雑さをL1とL2正則化の技術を組み合わせて表現

正則化は重みやモデル活性化とは独立して適用できます。

したがって、正則化は特に明らかな過学習の兆候がある場合に、ネットワークの性能向上のための良い方法になり得ます。正則化の効果を試す実験は読者の練習のためにとっておきます。

KerasはL1、L2、エラスティックネット正則化をサポートしています。正則化は簡単に行えます。たとえばl2正則化をカーネル（重みW）に対して行いたいときは以下のようにします。

```
from keras import regularizers
model.add(Dense(64, input_dim=64,
↪   kernel_regularizer=regularizers.l2(0.01)))
```

正則化についての説明はhttps://keras.io/regularizers/を参照してください。

1.3.13　ハイパーパラメータチューニング

これまでの実験でネットワークを微調整する感覚を得られました。しかし、今回うまくできたことが、他の場合にもうまくいくかというとそうではありません。実際には、与えられたネットワークを多数のパラメータに対して最適化する必要があります。パラメータとしては、隠れ層のニューロン数やバッチサイズ、エポック数など数多くのものがあります。

ハイパーパラメータチューニングはコスト関数を最小化するための最適なパラメータの組合せを探索するプロセスです。このための基礎的なアイデアを説明します。n個のパラメータがあるとしましょう。これはn次元空間を定義していると考えることができます。ハイパーパラメータチューニングの目標は、この空間内からコスト関数を最適化する点を見つけることです。そのためのひとつの方法は、空間をグリッドで区切り、各グリッドの頂点をチェックすることです。言い換えるとパラメータをバケットに分割し、さまざまなハイパーパラメータの組合せを全探索の要領でチェックします。

1.3.14　予測結果

学習後のモデルはもちろん予測にも使用可能です。予測は非常に簡単に行えます。

以下のようにすれば予測できます。

keras_MINST_V4.py のコードで作成したテストデータに対する予測は下記のようになります。

```
# calculate predictions
predictions = model.predict(X_test)
```

入力が与えられたとき、予測を含むいくつかの種類の出力を計算することができます。

`model.evaluate()`
: 損失の値を計算するときに使います。

`model.predict_classes()`
: 出力カテゴリを計算して使用するのに使います。

`model.predict_proba()`
: クラス確率を計算して使用するのに使います。

1.4 誤差逆伝播法の実践的な全体像

多層パーセプトロンは誤差逆伝播と呼ばれるプロセスを通して学習します。このプロセスは誤りを早期に検出して徐々に改善する手法と言えます。誤差逆伝播がどのように動作するか確認しましょう。

ニューラルネットワークの各層には、入力に対して出力を決定するための重みがあります。加えてニューラルネットワークは複数の隠れ層を持つことができます。

初めに、すべての重みにランダムな値が割り当てられます。次に学習データの各入力に対してネットワークが活性化されます。値は入力層から隠れ層、そして予測が行われる出力層まで伝播されます（**図1-23**では、いくつかの値を点線で示していますが、実際にはすべての値がネットワークを介して順方向に伝播しています）。

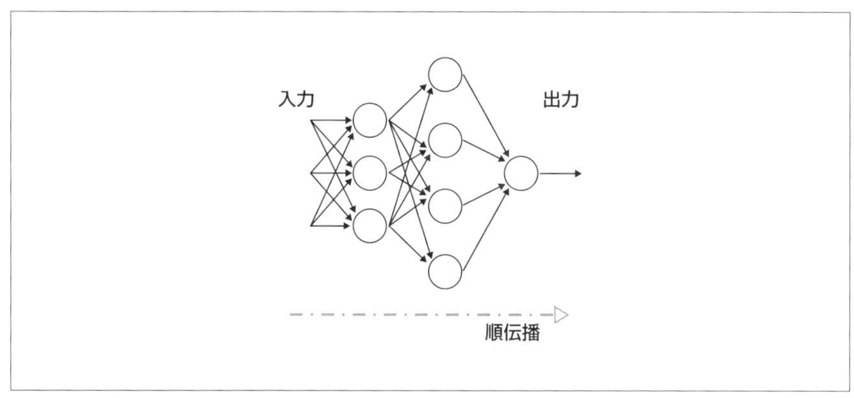

図1-23　順伝播

学習時には正解を知っているので、予測との誤差を計算することができます。誤差逆伝播で重要な点は、誤差を逆伝播することと、勾配降下法のような最適化アルゴリズムを用いて重みを調整することです。これらは誤差の低減を目標としています（**図1-24**）。

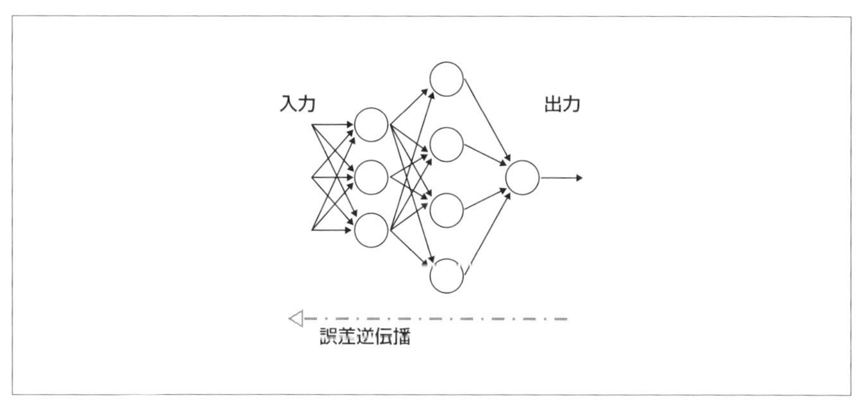

図1-24　誤差逆伝播

入力から出力への順伝播と誤差の逆伝播のプロセスは、誤差が所定のしきい値より低くなるまで繰り返されます。全体の処理を**図1-25**に示します。

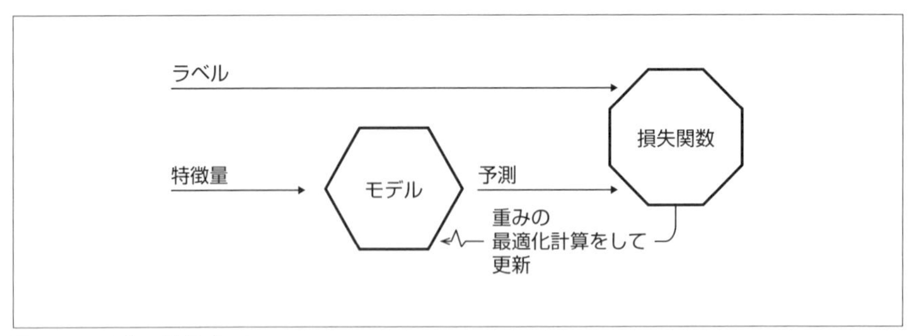

図1-25 全体の学習プロセス

特徴量は入力を表し、ラベルは学習を推進するために使用されます。モデルは損失関数が徐々に最小化されるように更新します。ニューラルネットワークでは、単一のニューロンの出力ではなく、各層で調整された重み集合が重要となります。したがって、ネットワークは正確に予測されるラベルが増えるように内部の重みを徐々に調整します。もちろん、適切な特徴量を設定し、質の高いラベル付きデータを使用することは学習プロセスにおけるバイアスを最小化するための基本です。

1.5 ディープラーニングのアプローチについて

手書き数字認識に取り組んだことで、精度が高くなるほど性能改善は難しくなることがわかりました。さらなる改善のためには新しい考え方が必要です。欠けているものについて考えてみましょう。

直感的には、画像の局所的な情報を用いていません。特にコードの以下の部分で、手書き数字を表すビットマップをフラットなベクトルに変換しているため、局所的な空間情報を失っています。

```
#X_train is 60000 rows of 28x28 values --> reshaped in 60000 x 784
X_train = X_train.reshape(60000, 784)
X_test = X_test.reshape(10000, 784)
```

人間の脳ではこのようなことはしていません。人間の視覚は多層の皮質に基づいていることを思い出してください。各皮質では局所的な情報を保持しつつ、より構造化された情報を認識しています。初めに単一のピクセルを見てから、単純な幾何学的形状を認識し、オブジェクト、顔、人体、動物といった、より複雑な要素を認識します。

「3章 畳み込みニューラルネットワーク」では**畳み込みニューラルネットワーク**

(convolutional neural network：CNN) と呼ばれるニューラルネットワークを確認します。CNN では局所性を保持しつつ、抽象的なレベルでの学習も行えます。1 層では単純なパターンしか学習できませんが、多層になると複雑なパターンを学習できます。CNN について議論する前に、Keras のアーキテクチャについて次章で説明し、さらなる機械学習の概念もトピックとして取り上げます。

1.6　まとめ

本章ではニューラルネットワークの基礎を学びました。より具体的にはパーセプトロンとは何か、多層パーセプトロンとは何か、Keras でニューラルネットワークを定義する方法、良いベースラインを構築して段階的に性能向上する方法、ハイパーパラメータ空間を微調整する方法です。加えて、シグモイドや ReLU のような活性化関数が何であるかを直感的に理解しました。また、勾配降下法や確率的勾配降下法、Adam や RMSprop などのより洗練されたアプローチに基づいて誤差逆伝播法を使用してネットワークを学習させてみました。

次章では Keras のインストール方法および Keras が提供する API について説明します。

2章
KerasのインストールとAPI

前章では、ニューラルネットワークの基本原理について説明し、MNIST の手書き数字を認識できるネットワークをいくつか示しました。

本章では、Keras および TensorFlow のインストール方法について説明します。まず、ローカルでの環境構築方法を説明します。次に、Docker コンテナ上への環境構築方法について説明します。

インストール方法を説明したあとは、Keras API の概要と頻繁に使用する機能について紹介します。紹介する機能は、モデルの読み込みと保存、`EarlyStopping`、履歴の保存、チェックポイントの作成、TensorBoard と Quiver の有効化です。

まとめると、本章の最後までに以下のトピックを説明します。

- Keras のインストールと設定
- Keras のアーキテクチャ

2.1 Kerasのインストール

以下では、Keras をインストールする方法を説明します。

2.1.1 ステップ1：依存ライブラリのインストール

まず、Keras を動作させるために必要なライブラリをインストールします。具体的には以下の5つのライブラリをインストールします。

`numpy`
　数値計算を効率的に行うための機能を提供するライブラリ

`scipy`
　科学技術計算を行うための機能を提供するライブラリ

`scikit-learn`
　オープンソースの機械学習ライブラリ

`pillow`
　画像処理の機能を提供するライブラリ

`h5py`
　Kerasモデルの保存で使用されるライブラリ

上記のライブラリのインストールはコマンドライン一行で行えます。今回は使用しませんが、Anacondaを使用すればnumpy、scipy、scikit-learn、h5py、pillowほか科学計算に必要な多くのライブラリを自動的にインストールすることができます。Anacondaの詳細は、https://docs.continuum.io/anaconda/pkg-docsで確認してください。

上記のライブラリは、以下のコマンドを実行することでインストールできます。

```
$ pip install numpy scipy scikit-learn pillow h5py
Collecting numpy
  Downloading
numpy-1.13.3-cp36-cp36m-macosx_10_6_intel.macosx_10_9_intel.macosx_10_9_
x86_64.macosx_10_10_intel.macosx_10_10_x86_64.whl (4.5MB)
    100% |################################| 4.6MB 28.2MB/s
Collecting scipy
  Downloading
scipy-0.19.1-cp36-cp36m-macosx_10_6_intel.macosx_10_9_intel.macosx_10_9_
x86_64.macosx_10_10_intel.macosx_10_10_x86_64.whl (16.2MB)
    100% |################################| 16.2MB 25.6MB/s
Collecting scikit-learn
  Downloading
scikit_learn-0.19.1-cp36-cp36m-macosx_10_6_intel.macosx_10_9_intel.macos
x_10_9_x86_64.macosx_10_10_intel.macosx_10_10_x86_64.whl (7.6MB)
    100% |################################| 7.6MB 51.4MB/s
Collecting pillow
  Downloading
Pillow-4.3.0-cp36-cp36m-macosx_10_6_intel.macosx_10_9_intel.macosx_10_9_
x86_64.macosx_10_10_intel.macosx_10_10_x86_64.whl (3.5MB)
    100% |################################| 3.6MB 52.6MB/s
Collecting h5py
  Downloading
```

```
h5py-2.7.1-cp36-cp36m-macosx_10_6_intel.macosx_10_9_intel.macosx_10_9_x8
6_64.macosx_10_10_intel.macosx_10_10_x86_64.whl (4.7MB)
    100% |████████████████████████████████| 4.8MB 55.8MB/s
Collecting olefile (from pillow)
  Downloading olefile-0.44.zip (74kB)
    100% |████████████████████████████████| 81kB 43.9MB/s
Collecting six (from h5py)
  Downloading six-1.11.0-py2.py3-none-any.whl
Installing collected packages: numpy, scipy, scikit-learn, olefile,
pillow, six, h5py
  Running setup.py install for olefile ... done
Successfully installed h5py-2.7.1 numpy-1.13.3 olefile-0.44 pillow-4.3.0
scikit-learn-0.19.1 scipy-0.19.1 six-1.11.0
```

2.1.2 ステップ2：TensorFlowのインストール

TensorFlowのインストールは公式サイトで説明されている方法に従って行います。インストールの詳細はhttps://www.tensorflow.org/install/を確認してください。以下のように、pipを使ってTensorFlowをインストールすることができます。ただし、GPUを利用する場合は、適切なパッケージを選択することが重要となります。

```
$ pip install tensorflow
Collecting tensorflow
  Downloading tensorflow-1.3.0-cp36-cp36m-macosx_10_11_x86_64.whl
(39.8MB)
    100% |████████████████████████████████| 39.8MB 49.7MB/s
Collecting tensorflow-tensorboard<0.2.0,>=0.1.0 (from tensorflow)
  Downloading tensorflow_tensorboard-0.1.8-py3-none-any.whl (1.6MB)
    100% |████████████████████████████████| 1.6MB 56.8MB/s
Collecting protobuf>=3.3.0 (from tensorflow)
  Downloading protobuf-3.4.0-py2.py3-none-any.whl (375kB)
    100% |████████████████████████████████| 378kB 42.1MB/s
Requirement already satisfied: wheel>=0.26 in
./venv/lib/python3.6/site-packages (from tensorflow)
Requirement already satisfied: six>=1.10.0 in
./venv/lib/python3.6/site-packages (from tensorflow)
Requirement already satisfied: numpy>=1.11.0 in
./venv/lib/python3.6/site-packages (from tensorflow)
Collecting html5lib==0.9999999 (from
tensorflow-tensorboard<0.2.0,>=0.1.0->tensorflow)
  Downloading html5lib-0.9999999.tar.gz (889kB)
    100% |████████████████████████████████| 890kB 84.1MB/s
Collecting markdown>=2.6.8 (from
tensorflow-tensorboard<0.2.0,>=0.1.0->tensorflow)
  Downloading Markdown-2.6.9.tar.gz (271kB)
```

```
    100% |################################| 276kB 61.1MB/s
Collecting werkzeug>=0.11.10 (from
tensorflow-tensorboard<0.2.0,>=0.1.0->tensorflow)
  Downloading Werkzeug-0.12.2-py2.py3-none-any.whl (312kB)
    100% |################################| 317kB 28.2MB/s
Collecting bleach==1.5.0 (from
tensorflow-tensorboard<0.2.0,>=0.1.0->tensorflow)
  Downloading bleach-1.5.0-py2.py3-none-any.whl
Requirement already satisfied: setuptools in
./venv/lib/python3.6/site-packages (from protobuf>=3.3.0->tensorflow)
Installing collected packages: html5lib, markdown, werkzeug, protobuf,
bleach, tensorflow-tensorboard, tensorflow
  Running setup.py install for html5lib ... done
  Running setup.py install for markdown ... done
Successfully installed bleach-1.5.0 html5lib-0.9999999 markdown-2.6.9
protobuf-3.4.0 tensorflow-1.3.0 tensorflow-tensorboard-0.1.8
werkzeug-0.12.2
```

2.1.3 ステップ3：Kerasのインストール

これでKerasをインストールするための準備が整いました。Kerasのインストールも`pip`を使って行うことができます。以下のように`pip`を用いて、Kerasをインストールします。

```
$ pip install keras
Collecting keras
  Downloading Keras-2.0.8-py2.py3-none-any.whl (276kB)
    100% |################################| 276kB 7.2MB/s
Collecting pyyaml (from keras)
  Downloading PyYAML-3.12.tar.gz (253kB)
    100% |################################| 256kB 21.5MB/s
Requirement already satisfied: scipy>=0.14 in
./venv/lib/python3.6/site-packages (from keras)
Requirement already satisfied: numpy>=1.9.1 in
./venv/lib/python3.6/site-packages (from keras)
Requirement already satisfied: six>=1.9.0 in
./venv/lib/python3.6/site-packages (from keras)
Installing collected packages: pyyaml, keras
  Running setup.py install for pyyaml ... done
Successfully installed keras-2.0.8 pyyaml-3.12
```

2.2 Kerasの設定

Kerasの設定ファイル（`$HOME/.keras/keras.json`）では最小限のパラメータを設定できます。設定ファイルをエディタで読み込むと、**表2-1**のパラメータを設定できることがわかります。

表2-1 Kerasの設定ファイル

パラメータ	値
image_data_format	画像の次元の順序。TensorFlowの場合はchannels_last、Theanoの場合はchannels_firstを指定
epsilon	ゼロ除算を避けるために使われる小さな浮動小数点数
floatx	デフォルトの浮動小数点数精度。float16、float32、float64から選択
backend	バックエンドのフレームワーク。tensorflow、theano、cntkから選択

image_data_formatでは、画像の次元の順序を指定します。image_data_formatの値がchannels_firstの場合、画像の次元の順序として(深度, 幅, 高さ)を使います。値がchannels_lastの場合、(幅, 高さ, 深度)を使います。以下は筆者のマシンでのデフォルトパラメータです。

```
{
    "epsilon": 1e-07,
    "backend": "tensorflow",
    "image_data_format": "channels_last",
    "floatx": "float32"
}
```

TensorFlowのGPU版をインストールした場合、Kerasは設定されたGPUを自動的に使用します。

2.3 Docker上へのKerasのインストール

TensorFlowとKerasを使い始める最も簡単な方法のひとつとして、Dockerコンテナを使う方法があります。事前に構築されたDockerイメージ（https://github.com/saiprashanths/dl-Docker）を使用することで、一般的に使われているディープラーニングのフレームワーク（TensorFlow、Torch、Caffeなど）がインストールされた環境を用意できます。

では、Dockerを使ってフレームワークをインストールしましょう。ここでは、Dockerはすでに実行中であると仮定します。Dockerの詳細については、https://www.docker.com/products/overviewを参照してください。以下のコマンドを実行することで、Docker イメージを用意できます。

```
$ docker pull floydhub/dl-docker:cpu
cpu: Pulling from floydhub/dl-docker
6c953ac5d795: Pull complete
3eed5ff20a90: Pull complete
(中略)
43a371cb28cc: Pull complete
ffa9a85a3cc7: Pull complete
Digest:
sha256:377e9443b323ff2346d33b096f3bd4b7ae0a707823dd8430e093cccf59e021e9
Status: Downloaded newer image for floydhub/dl-docker:cpu
```

ビルド済みの Docker イメージを使うのではなく、ゼロから Docker イメージをビルドしたい場合はビルド用の Dockerfile を取得します。

```
$ git clone https://github.com/floydhub/dl-docker.git
Cloning into 'dl-docker'...
remote: Counting objects: 151, done.
remote: Total 151 (delta 0), reused 0 (delta 0), pack-reused 151
Receiving objects: 100% (151/151), 33.77 KiB | 270.00 KiB/s, done.
Resolving deltas: 100% (80/80), done.
```

これで Dockerfile が用意できました。Dockerfile から Docker イメージを構築するために、以下のコマンドを実行します。

```
$ cd dl-docker/
$ sudo docker build -t floydhub/dl-docker:cpu -f Dockerfile.cpu .
Sending build context to Docker daemon 129.5 kB
Step 1 : FROM ubuntu:14.04
14.04: Pulling from library/ubuntu
bae382666908: Pull complete
29ede3c02ff2: Pull complete
da4e69f33106: Pull complete
8d43e5f5d27f: Pull complete
b0de1abb17d6: Pull complete
...
```

用意した Docker イメージは、以下のコマンドで実行することができます。

```
$ docker run -it -p 8888:8888 -p 6006:6006 floydhub/dl-docker:cpu bash
root@97ae13f0d912:~# ls
caffe  iTorch  run_jupyter.sh  torch
```

以下のコマンドを実行することで、コンテナ内から Jupyter Notebook（http://jupyter.org/）を起動することができます（**図2-1**）。

```
root@97ae13f0d912:~# sh run_jupyter.sh --allow-root
[I 05:48:07.915 NotebookApp] Copying /root/.ipython/kernels ->
/root/.local/share/jupyter/kernels
[I 05:48:07.934 NotebookApp] Writing notebook server cookie secret to
/root/.local/share/jupyter/runtime/notebook_cookie_secret
[W 05:48:07.968 NotebookApp] WARNING: The notebook server is listening
on all IP addresses and not using encryption. This is not recommended.
[W 05:48:07.968 NotebookApp] WARNING: The notebook server is listening
on all IP addresses and not using authentication. This is highly
insecure and not recommended.
[I 05:48:07.984 NotebookApp] Serving notebooks from local directory:
/root
[I 05:48:07.984 NotebookApp] 0 active kernels
[I 05:48:07.984 NotebookApp] The Jupyter Notebook is running at:
http://[all ip addresses on your system]:8888/
[I 05:48:07.984 NotebookApp] Use Control-C to stop this server and shut
down all kernels (twice to skip confirmation).
[I 05:49:01.068 NotebookApp] 302 GET / (39.110.206.18) 0.54ms
^C[I 05:49:36.066 NotebookApp] interrupted
Serving notebooks from local directory: /root
0 active kernels
The Jupyter Notebook is running at: http://[all ip addresses on your
system]:8888/
Shutdown this notebook server (y/[n])? y
[C 05:49:39.374 NotebookApp] Shutdown confirmed
[I 05:49:39.374 NotebookApp] Shutting down kernels
```

上記のログにある Notebook へのアクセスリンク「http://[all ip addresses on your system]:8888/」は、システムによって表示が異なります。

ローカルで動作している場合は「http://localhost:8888/?token=[トークン]」でアクセス可能です。たとえば以下のような URL です。

```
http://localhost:8888/?token=010de72b2d2719572c1ab12ebce812c242432badbff344b8
```

token の内容は起動ごとに変更されます。「http://[IP アドレス]:8888/?token=[トークン]」にアクセスすることで、Jupyter Notebook にアクセスできます。

Ctrl+C で動作を止めることができます。

図2-1　Jupyter Notebook

TensorBoardを動作させるための準備としてインストールされているライブラリのバージョンを以下のようにしてアップデートしておくことを推奨します。

```
$ pip install -U pip
$ pip install -U tensorflow
$ pip install -U keras
```

また、以下のコマンドを実行することで、TensorBoard（https://www.tensorflow.org/get_started/summaries_and_tensorboard）にアクセスすることができます。

```
root@97ae13f0d912:~# tensorboard --logdir .
```

上記のコマンドを実行すると、**図2-2**のページにリダイレクトされます。Docker上で動作した場合はリダイレクトせずに`localhost:6006`へのアクセスが必要になります。

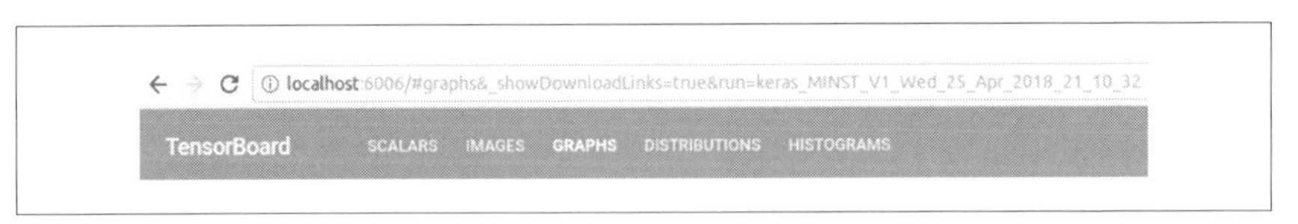

図2-2　TensorBoard

以上で、Dockerを用いたKerasのインストール方法の説明は終了です。

2.4 Keras API

Kerasは、モジュール式で、最小限で、容易に拡張可能なアーキテクチャを備えています。Kerasの作者François Cholletは以下のように述べています。

> Kerasは、迅速な実験を可能にすることに重点を置いて開発されました。良い研究を行う秘訣は、アイデアから結果に到達するまでの時間をできるだけ短くすることです。

Kerasは、TensorFlowあるいはCNTK上で実行される高水準のニューラルネットワークを定義します。Kerasの利点を以下に示します。

モジュール性

モデルは、独立したモジュールのシーケンスかグラフのいずれかです。モジュールはまるでレゴブロックのようなものです。さまざまなブロックを組み合わせてニューラルネットワークを構築します。すなわち、Kerasは、事前に定義されたさまざまな種類のニューラルネットワーク層、損失関数、最適化アルゴリズム、初期化方法、活性化関数、および正則化方法を組み合わせて、ネットワークを定義します。

ミニマリズム

KerasはPythonで実装されており、各モジュールは短く自己記述的になっています。

拡張性

「7章 さまざまなディープラーニングのモデル」で説明するように、ユーザーはKerasを拡張することができます。

2.4.1 Kerasのアーキテクチャ

本節では、ニューラルネットワークを定義するために使用される最も重要なKerasの要素について説明します。まず、テンソルが何であるかを定義します。次に、あらかじめ定義されたモジュールを組み合わせるさまざまな方法について説明します。最後に、頻繁に使用されるモジュールの概要を説明します。

2.4.1.1 テンソルとは

テンソルとは、単なる多次元配列あるいは行列にすぎません。テンソルは、ニューラルネットワークを構築するための基本的な要素です。KerasはTensorFlowなどのバックエンドを使用して、テンソルに関して非常に効率的な計算を実行することができます。

2.4.1.2 モデルの構成

Kerasでモデルを作成するには、以下の2つの方法があります。

- Sequentialモデル
- functional API

それぞれを詳細に見てみましょう。

Sequentialモデル

最初に紹介するのはSequentialモデルです。Sequentialモデルではさまざまな層を積み重ねてモデルを作成します。「1章 ニューラルネットワークの基礎」では、Sequentialモデルの例をいくつか確認しました。たとえば以下のようなモデルです。

```
model = Sequential()
model.add(Dense(N_HIDDEN, input_shape=(784,)))
model.add(Activation('relu'))
model.add(Dropout(DROPOUT))
model.add(Dense(N_HIDDEN))
model.add(Activation('relu'))
model.add(Dropout(DROPOUT))
model.add(Dense(nb_classes))
model.add(Activation('softmax'))
model.summary()
```

functional API

第2の方法は、functional APIを使用する方法です。functional APIでは、有向非循環グラフ、共有レイヤーモデル、または複数出力モデルなどの複雑なモデルを定義することができます。これらの複雑なモデルについては、「7章 さまざまなディープラーニングのモデル」で具体例を挙げて説明します。

2.4.2 事前定義済みのニューラルネットワーク層の概要

Kerasにはよく使われるニューラルネットワークの層が事前定義されています。ここでは、最も頻繁に使用される層を取り上げ、これらの層が主に登場する章を紹介します。

2.4.2.1 通常の全結合層

Denseは、全結合層を表します。使い方は「1章 ニューラルネットワークの基礎」で確認しました。パラメータの定義は以下のとおりです。

```
keras.layers.Dense(units, activation=None, use_bias=True,
 ↪  kernel_initializer='glorot_uniform', bias_initializer='zeros',
 ↪  kernel_regularizer=None, bias_regularizer=None,
 ↪  activity_regularizer=None, kernel_constraint=None,
 ↪  bias_constraint=None)
```

2.4.2.2 リカレントニューラルネットワーク：LSTM、GRU

リカレントニューラルネットワークは、入力の依存性を利用するニューラルネットワークのクラスです。そのような入力としては、テキスト、音声、時系列などが考えられます。要するに、系列中のある要素がそれ以前に現れた要素に依存するものであればよいのです。LSTM、GRUを用いたリカレントニューラルネットワークについては、「6章 リカレントニューラルネットワーク」で説明します。ここでは、パラメータの定義を示しておきます。

```
keras.layers.RNN(cell, return_sequences=False, return_state=False,
 ↪  go_backwards=False, stateful=False, unroll=False)

keras.layers.SimpleRNN(units, activation='tanh', use_bias=True,
 ↪  kernel_initializer='glorot_uniform',
 ↪  recurrent_initializer='orthogonal', bias_initializer='zeros',
 ↪  kernel_regularizer=None, recurrent_regularizer=None,
 ↪  bias_regularizer=None, activity_regularizer=None,
 ↪  kernel_constraint=None, recurrent_constraint=None,
 ↪  bias_constraint=None, dropout=0.0, recurrent_dropout=0.0,
 ↪  return_sequences=False, return_state=False, go_backwards=False,
 ↪  stateful=False, unroll=False)
```

```
keras.layers.GRU(units, activation='tanh',
↪   recurrent_activation='hard_sigmoid', use_bias=True,
↪   kernel_initializer='glorot_uniform',
↪   recurrent_initializer='orthogonal', bias_initializer='zeros',
↪   kernel_regularizer=None, recurrent_regularizer=None,
↪   bias_regularizer=None, activity_regularizer=None,
↪   kernel_constraint=None, recurrent_constraint=None,
↪   bias_constraint=None, dropout=0.0, recurrent_dropout=0.0,
↪   implementation=1, return_sequences=False, return_state=False,
↪   go_backwards=False, stateful=False, unroll=False)

keras.layers.LSTM(units, activation='tanh',
↪   recurrent_activation='hard_sigmoid', use_bias=True,
↪   kernel_initializer='glorot_uniform',
↪   recurrent_initializer='orthogonal', bias_initializer='zeros',
↪   unit_forget_bias=True, kernel_regularizer=None,
↪   recurrent_regularizer=None, bias_regularizer=None,
↪   activity_regularizer=None, kernel_constraint=None,
↪   recurrent_constraint=None, bias_constraint=None, dropout=0.0,
↪   recurrent_dropout=0.0, implementation=1, return_sequences=False,
↪   return_state=False, go_backwards=False, stateful=False,
↪   unroll=False)
```

2.4.2.3 畳み込み層とプーリング層

畳み込みニューラルネットワークは、畳み込みおよびプーリングを使用するニューラルネットワークのクラスです。この学習は、人間の脳内で何百万年も進化した視覚モデルに似ています。数年前は3〜5層のネットワークのことを**ディープ**と呼んでいましたが、今では100〜200層のネットワークのことをディープと呼びます。畳み込みニューラルネットワークについては、「3章 畳み込みニューラルネットワーク」で説明します。ここでは、パラメータの定義を示しておきます。

```
keras.layers.Conv1D(filters, kernel_size, strides=1, padding='valid',
↪   dilation_rate=1, activation=None, use_bias=True,
↪   kernel_initializer='glorot_uniform', bias_initializer='zeros',
↪   kernel_regularizer=None, bias_regularizer=None,
↪   activity_regularizer=None, kernel_constraint=None,
↪   bias_constraint=None)

keras.layers.Conv2D(filters, kernel_size, strides=(1, 1),
↪   padding='valid', data_format=None, dilation_rate=(1, 1),
↪   activation=None, use_bias=True, kernel_initializer='glorot_uniform',
↪   bias_initializer='zeros', kernel_regularizer=None,
↪   bias_regularizer=None, activity_regularizer=None,
↪   kernel_constraint=None, bias_constraint=None)
```

```
keras.layers.MaxPooling1D(pool_size=2, strides=None, padding='valid')
```

```
keras.layers.MaxPooling2D(pool_size=(2, 2), strides=None,
↪   padding='valid', data_format=None)
```

2.4.2.4 正則化層

正則化は過学習を防ぐ方法のひとつです。正則化の例は、「1章 ニューラルネットワークの基礎」で確認しました。いくつかの層には、正則化のためのパラメータがあります。以下に挙げるのは、全結合層および畳み込み層でよく使用される正則化パラメータです。

`kernel_regularizer`
: 重み行列に適用される正則化関数

`bias_regularizer`
: バイアスベクトルに適用される正則化関数

`activity_regularizer`
: 層の出力に適用される正則化関数

さらに、正則化のためにドロップアウトを使用することができます。ドロップアウトを使用することで、多くの場合で性能を向上させることができます。

```
keras.layers.Dropout(rate, noise_shape=None, seed=None)
```

ここで、Dropout のパラメータは以下のとおりです。

`rate`
: 0〜1の間の浮動小数点数で、入力を無効化する割合

`noise_shape`
: 入力と乗算されるバイナリドロップアウトマスクの形状を表す1次元の整数テンソル

seed

乱数のシードとして使用される整数

2.4.2.5 バッチ正規化

バッチ正規化（batch normalization）は、学習を加速し、一般的に性能を向上させることができる手法です。バッチ正規化の詳細は（https://arxiv.org/pdf/1502.03167.pdf）を参照してください。「4.5 WaveNet：音声の生成方法を学習する生成モデル」でバッチ正規化の使い方を確認します。ここではパラメータの定義を示しておきます。

```
keras.layers.BatchNormalization(axis=-1, momentum=0.99, epsilon=0.001,
↪   center=True, scale=True, beta_initializer='zeros',
↪   gamma_initializer='ones', moving_mean_initializer='zeros',
↪   moving_variance_initializer='ones', beta_regularizer=None,
↪   gamma_regularizer=None, beta_constraint=None, gamma_constraint=None)
```

2.4.3 事前定義済みの活性化関数の概要

活性化関数には、シグモイド、線形、tanh、ReLUなど一般的に使用される関数が含まれます。「1章 ニューラルネットワークの基礎」では活性化関数の例をいくつか確認しましたが、次章ではさらに多くの例を紹介します。**図2-3**はシグモイド、**図2-4**は線形、**図2-5**はtanh、**図2-6**はReLU活性化関数の例です。

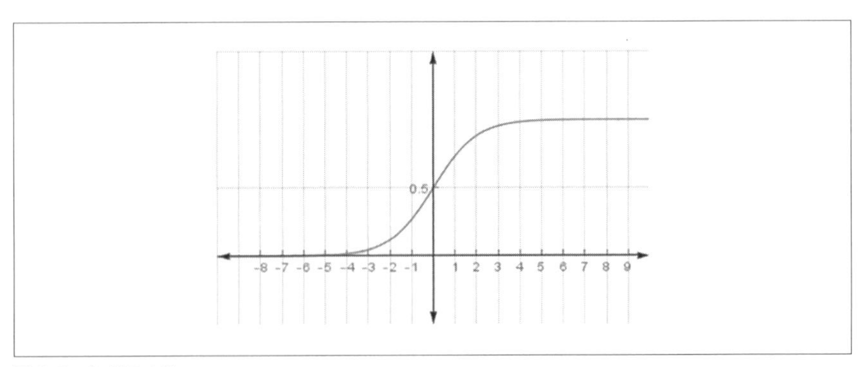

図2-3 シグモイド

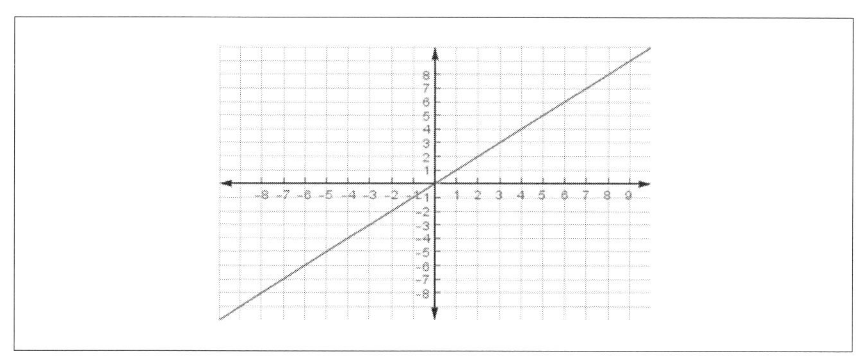

図2-4　線形

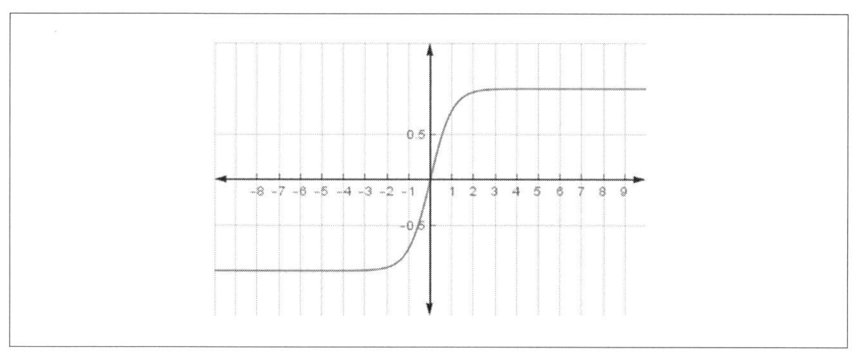

図2-5　tanh

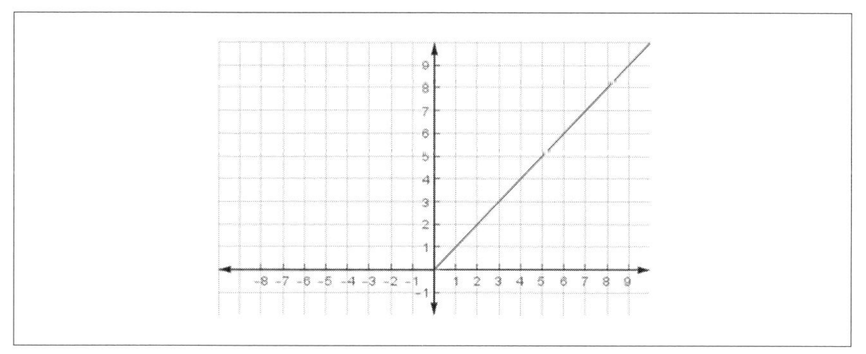

図2-6　ReLU

2.4.4 損失関数の概要

損失関数（または目的関数、最適化スコア関数）は、次の4つのカテゴリに分類できます。詳細は https://keras.io/losses/ を参照してください。

- **正解率** (accuracy) は分類問題で使用されます。主に以下の4つが使われます。
  - `binary_accuracy`（2値分類問題における平均正解率）
  - `categorical_accuracy`（マルチクラス分類問題における平均正解率）
  - `sparse_categorical_accuracy`（スパースターゲットに便利な正解率）
  - `top_k_categorical_accuracy`（ターゲットのクラスが `top_k` 予測に入っている正解率）
- **誤差損失**（error loss）は、予測値と正解値の差を測定します。主に以下の5つが使われます。
  - `mse`（予測値と正解値の平均二乗誤差）
  - `rmse`（予測値と正解値の平均平方二乗誤差）
  - `mae`（予測値と正解値の平均絶対誤差）
  - `mape`（予測値と正解値の平均パーセンテージ誤差）
  - `msle`（予測値と正解値の平均二乗対数誤差）
- **ヒンジ損失**（hinge loss）は、一般に分類器の訓練に使用されます。$\max(1 - y_{true} \times y_{pred}, 0)$ で定義されるヒンジとヒンジ損失の二乗値として定義されるヒンジの2種類があります。
- **クラス損失**（class loss）は、分類問題のクロスエントロピーを計算するために使用されます。バイナリクロスエントロピーやカテゴリクロスエントロピーなど、複数の種類があります（https://ja.wikipedia.org/wiki/交差エントロピー）。

「1章 ニューラルネットワークの基礎」では損失関数をいくつか確認しましたが、次章ではさらに多くの例を紹介します。

2.4.5 評価関数の概要

評価関数 (https://keras.io/metrics/) は、損失関数に似ています。唯一の違いは、モデルを学習するときに評価関数の評価結果は使用されないことです。「1章 ニューラルネットワークの基礎」では評価関数をいくつか確認しましたが、次章ではさらに多くの評価関数を紹介します。

2.4.6 最適化アルゴリズムの概要

最適化アルゴリズムには、SGD、RMSprop、Adam などが含まれます。「1 章 ニューラルネットワークの基礎」では、最適化アルゴリズムをいくつか確認しました。Keras における最適化アルゴリズムの詳細は https://keras.io/optimizers/ を参照してください。

2.4.7 ユーティリティ

ここでは、Keras API で実行できるいくつかのユーティリティについて紹介します。その目的は、ネットワークの作成、学習プロセス、および中間結果の保存を容易にすることです。

2.4.8 モデルの保存と読み込み

モデルアーキテクチャの保存や読み込みは、以下のように行います。

```
# JSON形式で保存
json_string = model.to_json()
# YAML形式で保存
yaml_string = model.to_yaml()

from keras.models import model_from_json
# JSONからのモデル再構築
model = model_from_json(json_string)
# YAMLからのモデル再構築
model = model_from_yaml(yaml_string)
```

モデルパラメータ（重み）の保存や読み込みは、以下のように行います。

```
from keras.models import load_model
# HDF5形式のファイル'my_model.h5'を作成
model.save('my_model.h5')
# モデルの削除
del model
# モデルの読み込み
model = load_model('my_model.h5')
```

2.5 学習過程をカスタマイズするためのコールバック

Kerasにおけるコールバックは学習中の所定の段階で適用される機能の集合です。コールバックを用いることで学習中の結果を保存したり、学習率を調整したり、過学習を抑えるために学習を止めたりすることができます。コールバックはひとつだけでなく複数指定できるので`list`形式で`fit`関数に渡します。詳細はhttps://keras.io/callbacks/を参照してください。

`EarlyStopping`コールバックを用いると、評価関数の値が改善されなくなったとき、学習を停止できます。

```
keras.callbacks.EarlyStopping(monitor='val_loss', min_delta=0,
 ↪  patience=0, verbose=0, mode='auto')
```

損失履歴は、以下のようなコールバックを定義することで保存できます。

```
class LossHistory(keras.callbacks.Callback):
    def on_train_begin(self, logs={}):
        self.losses = []

    def on_batch_end(self, batch, logs={}):
        self.losses.append(logs.get('loss'))

model = Sequential()
model.add(Dense(10, input_dim=784, init='uniform'))
model.add(Activation('softmax'))
model.compile(loss='categorical_crossentropy', optimizer='rmsprop')
history = LossHistory()
model.fit(X_train,Y_train, batch_size=128, nb_epoch=20, verbose=0,
 ↪  callbacks=[history])
print(history.losses)
```

2.5.1 チェックポイント

チェックポイントは、アプリケーションの状態のスナップショットを定期的に保存するプロセスです。これにより、障害発生時に最後に保存された状態からアプリケーションを再開することができます。この機能は計算に時間のかかるディープラーニングで役立ちます。ある時点でのディープラーニングモデルの状態は、その時点でのモデルの重みです。Kerasはこれらの重みをHDF5形式（https://www.hdfgroup.org/）で保存します。Kerasにはチェックポイント機能を提供するためのコールバックAPIがあります。

チェックポイント機能が役立つシナリオとして、以下が挙げられます。

- AWS スポットインスタンス（http://docs.aws.amazon.com/AWSEC2/latest/UserGuide/how-spot-instances-work.html）や Google プリエンプティブル仮想マシン（https://cloud.google.com/compute/docs/instances/preemptible）が予期せず終了した際に、最後のチェックポイントから学習を再開したい場合。
- 評価データでモデルをテストするといった理由で学習を中止して、最後のチェックポイントから学習を再開したい場合。
- 複数エポックにわたって学習しているときに、最良のバージョン（検証損失などの評価値によって）を保持したい場合。

第1および第2のシナリオは、各エポック後にチェックポイントを保存することによって処理できます。これは `ModelCheckpoint` コールバックをデフォルトのパラメータで使用することで実現できます。以下のコードは、モデルの学習にチェックポイントを追加する方法を示しています。

```
from __future__ import division, print_function
from keras.callbacks import ModelCheckpoint
from keras.datasets import mnist
from keras.models import Sequential
from keras.layers import Dense, Dropout
from keras.utils import np_utils
import numpy as np
import os

BATCH_SIZE = 128
NUM_EPOCHS = 20
MODEL_DIR = "/tmp"

(Xtrain, ytrain), (Xtest, ytest) = mnist.load_data()
Xtrain = Xtrain.reshape(60000, 784).astype("float32") / 255
Xtest = Xtest.reshape(10000, 784).astype("float32") / 255
Ytrain = np_utils.to_categorical(ytrain, 10)
Ytest = np_utils.to_categorical(ytest, 10)
print(Xtrain.shape, Xtest.shape, Ytrain.shape, Ytest.shape)

model = Sequential()
model.add(Dense(512, input_shape=(784,), activation="relu"))
model.add(Dropout(0.2))
model.add(Dense(512, activation="relu"))
```

```
model.add(Dropout(0.2))
model.add(Dense(10, activation="softmax"))

model.compile(optimizer="rmsprop", loss="categorical_crossentropy",
              metrics=["accuracy"])

# save best model
checkpoint = ModelCheckpoint(
    filepath=os.path.join(MODEL_DIR, "model-{epoch:02d}.h5"))
model.fit(Xtrain, Ytrain, batch_size=BATCH_SIZE, nb_epoch=NUM_EPOCHS,
          validation_split=0.1, callbacks=[checkpoint])
```

第3のシナリオでは、検証データに対する正解率や損失などの値を監視し、現在の値が以前に保存されたチェックポイントよりも優れている場合にのみ、チェックポイントを保存します。Kerasでは、ModelCheckpointのパラメータsave_best_onlyをTrueに設定することで、この機能を実現できます。

2.5.2 TensorBoardの使用

Kerasは、学習とテストの評価値、およびモデル内の異なる層の活性化ヒストグラムを保存するためのコールバックを提供しています。

```
keras.callbacks.TensorBoard(log_dir='./logs', histogram_freq=0,
↪   batch_size=32, write_graph=True, write_grads=False,
↪   write_images=False, embeddings_freq=0, embeddings_layer_names=None,
↪   embeddings_metadata=None)
```

コマンドラインでTensorBoadを起動すると、保存されたデータを可視化できます。

```
$ tensorboard --logdir=/full_path_to_your_logs
```

2.5.3 Quiverの使用

「3章 畳み込みニューラルネットワーク」では、画像を扱う高度なディープラーニング手法である畳み込みニューラルネットワークについて説明します。ここでは、畳み込みニューラルネットワークの特徴をインタラクティブな方法で可視化するのに便利な、Quiver（https://github.com/keplr-io/quiver）の例を示します（図2-7）。

インストールは簡単です[†1]。

```
$ pip install quiver_engine
```

本書では章ごとに requirements.txt を用意しています。依存性ライブラリの影響で動作しない可能性があるので、こちらを使用したインストールを推奨します。

```
$ pip install -r requirements.txt
```

インストール終了後、2 行書けば Quiver を使用できます。

```
from quiver_engine import server
server.launch(model)
```

上記のコードを実行することで、可視化のためのサーバーが起動します。サーバーにアクセスするにはブラウザのアドレス欄に localhost:5000 を入れます。そうすると、ニューラルネットワークを可視化できます。

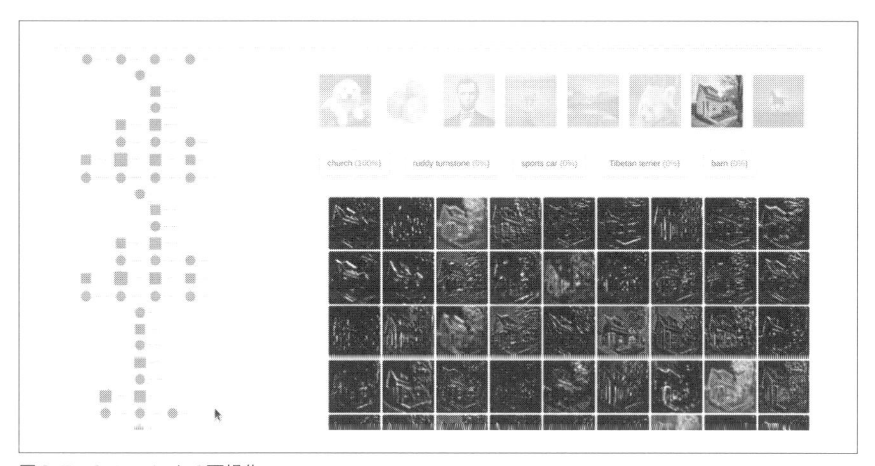

図2-7 Quiver による可視化

以下に猫と犬の画像に対して適用した場合の動作例を載せます。VGG16 という学

†1 Windows 環境で、pip install quiver_engine でインストールに失敗した場合は Windows 環境用に requirements-windows.txt を用意しています。それでも動作しない場合は直接 quiver_engine-0.1.4.1.4/setup.py を修正する必要があるかもしれません。
前：`package_data={'quiver_engine': 'quiverboard/dist/*'},`
後：`package_data={'quiver_engine': ['quiverboard/dist/*']},`

習済みのモデルを用意して使用します。VGG16に関しては次章で説明します。

```
from keras.applications.vgg16 import VGG16
from quiver_engine import server
model = VGG16()

server.launch(model, input_folder='./sample_images',
 ↪  temp_folder='./tmp', port=8000)
```

`input_folder`

画像のデータを入れておくフォルダです。デフォルトでは`./sample_images`で設定されているので、このディレクトリを作成して画像を入れておく必要があります。

`temp_folder`

出力結果が出力されるフォルダです。書き込みできる権限を与えておかなければならないので注意が必要です。デフォルトでは`./tmp`のフォルダが指定されておりこちらも作成する必要があります。

`port`

デフォルトで8000が指定されていますが変えたい場合に使用します。

Quiverを動作させて画像が各層でどのように見えるかを可視化してみます。

```
$ python quiver.py
```

適切に動作すれば自動的にリダイレクトされて`localhost:8000`にアクセスします。

層が浅いほど局所的な特徴をはっきりと捉え（**図2-8**）、層が深くなるほど抽象化された情報を捉えていることがわかります（**図2-9**）。

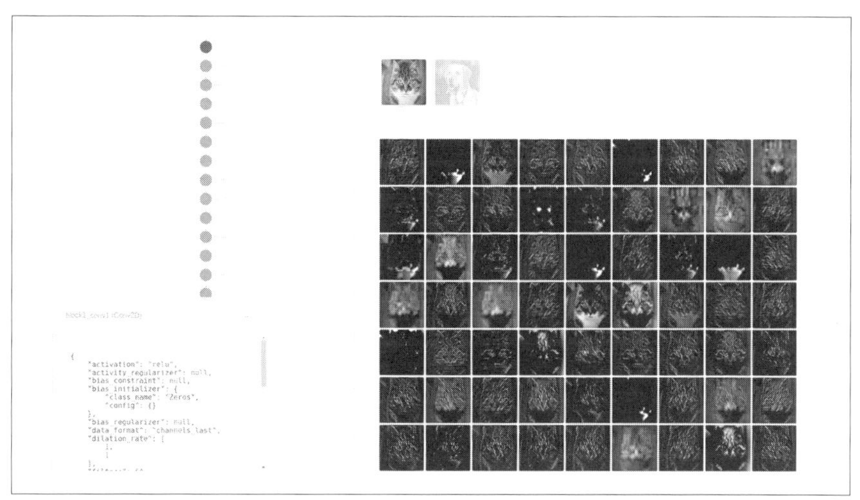

図2-8 Quiver による可視化（浅い層）

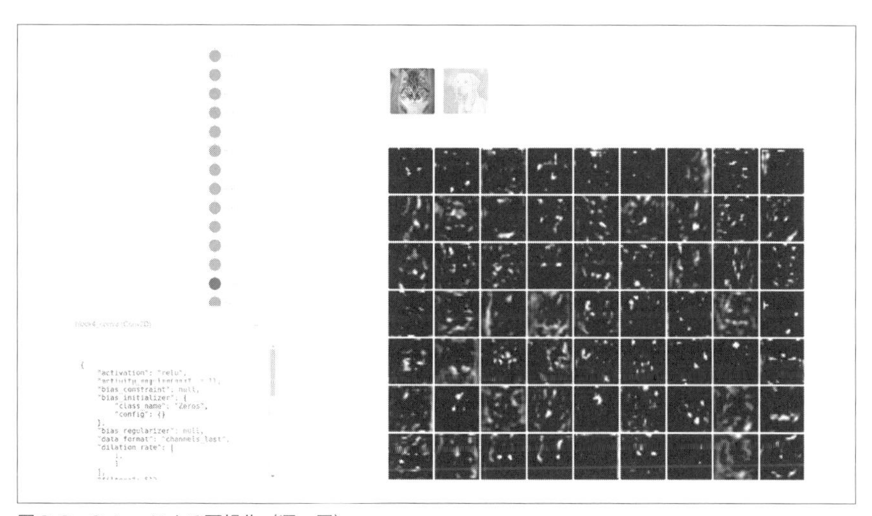

図2-9 Quiver による可視化（深い層）

2.6 まとめ

本章では、TensorFlow、および Keras を以下の環境にインストールする方法について説明しました。

- ローカルマシン
- Docker 環境

また、Keras API を定義するいくつかのモジュールとよく使われる機能についても説明しました。よく使われる機能として、モデルの保存と読み込み、`EarlyStopping`、履歴の保存、チェックポイントの作成、TensorBoard の有効化、および Quiver の有効化について説明しました。

次章では、畳み込みネットワークの概念を説明します。畳み込みネットワークはテキストや画像、音声、動画といった広いドメインで使用され、良い結果を残しています。

3章
畳み込みニューラルネットワーク

前章では、各層のノードが隣接する層のノードに全結合（fully connected）であるネットワーク（dense net）について解説しました。そして、このネットワークを用い手書き数字のデータセット（MNIST）を分類しました。全結合のネットワークでは、各ノードが入力画像の各ピクセルに接続されています（28 × 28 ピクセルの画像のため、784 個になります）。しかし、この手法では画像内の空間的な特徴、つまり隣り合うピクセル同士の関連をうまく捉えることができません。学習データを収める変数の定義を見ると、28 × 28 ピクセルの画像をサイズが 784 のフラットなベクトルに変換してしまっています。この実装から、どのピクセルが隣り合っていたのかという、画像の「空間的な特徴」が失われてしまっていることがよくわかると思います。

```
# X_train is 60000 rows of 28x28 values --> reshaped in 60000 x 784
X_train = X_train.reshape(60000, 784)
X_test = X_test.reshape(10000, 784)
```

畳み込みニューラルネットワーク（convolutional neural network：CNN。ConvNet とも呼ばれます）は空間的な特徴を捉えることができる、画像の分類に適したネットワークです。CNN は、人間の視覚野に対する実験結果をヒントに構築されました。それは複数の皮質がレベルの異なる構造を捉えることで画像の認識を行うというもので、具体的には最初はピクセル単位、そこから線や角といった単純な構造、次にオブジェクト、さらに顔、体というように、単位要素からより複雑な構造までを段階的に捉えるというものです。

CNN の力は、すばらしいものです。それは短期間で革命的な技術となり、テキスト、動画、音声など、当初想定していた画像という領域を超えて利用され、既存の研究を上回る効果を上げています。

本章では、このCNNについて見ていきたいと思います。具体的には、以下のトピックを扱います。

- CNNの仕組み
- 画像分類への適用

3.1 畳み込みニューラルネットワークの仕組み

CNNは、多くの層から構成されるネットワークです。具体的には、畳み込みを行う畳み込み層（convolutional layer）と、サイズ圧縮を行うプーリング層（pooling layer）が、交互に重なり構成されています（近年のモデルではプーリング層が省略されることが多いですが、これがモデルの脆弱性を生んでいるという指摘もあります。詳細はA. AzulayとY. Weissによる“Why do deep convolutional networks generalize so poorly to small image transformations?”, arXiv:1805.12177, 2018を参照してください）。一般的に層を経るごとに出力の深さが増し、最終的には全結合層のネットワークに接続されます（**図3-1**）。

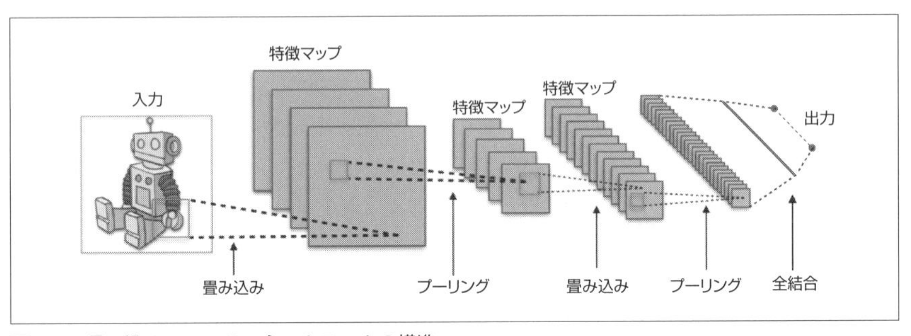

図3-1　畳み込みニューラルネットワークの構造

これから、CNNにおける以下3つのキーポイントについて見ていきます。

- 局所受容野（local receptive field）
- 重みの共有
- プーリング

3.1.1 局所受容野（local receptive field）

画像内の空間情報を維持するには、画像を1次元にならしたベクトルではなく、元のマトリクスの形式で扱う必要があります。そのため、CNNでは入力データ内の一定領域を、次のレイヤーに存在するひとつのノードに接続するようにします。このひとつのノードが、「局所受容野」に相当します。そしてこの処理（一定領域の情報をひとつに集約して接続すること）を**畳み込み**（convolution）と呼びます。**図3-2**では、色のついたエリアを畳み込む処理を示しています。

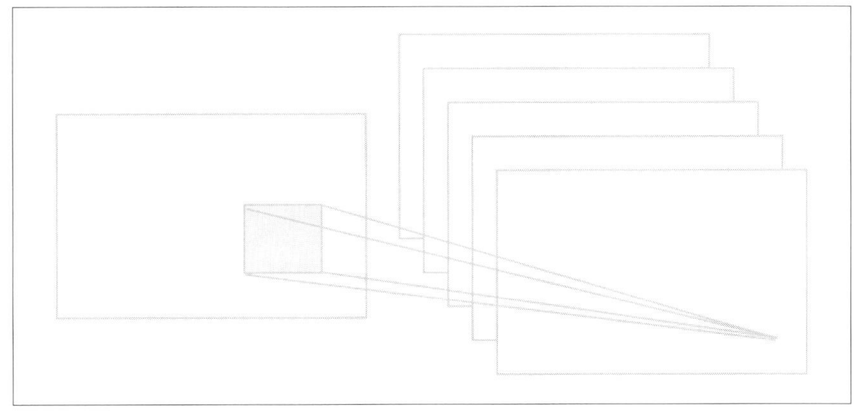

図3-2 畳み込みを行う様子

畳み込みでは、畳み込む領域を重複させることでより多くの情報を伝えることができます。たとえば、畳み込む領域を5 × 5とし（5 × 5の「フィルター」を使用するとも言います）、これで28 × 28ピクセルのMNISTの画像を畳み込むことを考えます。このとき、畳み込む領域を1ピクセルずつずらしていく場合、横に23回、縦にも23回ずらすことができ、初期位置を含めると結果として24 × 24のマトリクスを作成することになります。なお、Kerasでは、畳み込む領域のサイズは`kernel_size`、ずらしていく幅は`strides`と呼ばれ、これはユーザーがネットワークを構築する際に設定するパラメータ（ハイパーパラメータ）となります。

畳み込みにより作成されたマトリクスは、**特徴マップ**（feature map）と呼ばれます。特徴マップは、複数独立に作成することが可能です。たとえば、28 × 28ピクセルの画像に対して5 × 5のフィルターをk個使用して畳み込みを行った場合、特徴マップ（次の層に対する入力）は$24 \times 24 \times k$になります。このフィルター数は、

Kerasでは`filters`で指定します。次の層に対する入力のサイズはフィルターのサイズとずらす幅によって決まる一方、深さはフィルターの数と一致することになります。

3.1.2 重みの共有

画像内の構造的な特徴を捉える際は、特徴がどの場所にあっても抽出されるべきです。これを実現するためのアイデアとして、重みとバイアスの共有があります。どの領域を処理するときも同じパラメータを使用することで、どこにあってもきちんと特徴を抽出できるようにします（処理する場所によって、フィルターの重みとバイアスは変わらないということです）。

畳み込みの処理を、実際にKerasで書いてみましょう。入力は256 × 256ピクセルのRGB画像、つまり(256, 256, 3)とします（この表記は、KerasのバックエンドがTensorFlowの場合になります）。

Kerasでこの画像を3 × 3のフィルター32個で畳み込む場合、以下のように記述します。

```
model = Sequential()
model.add(Conv2D(32, (3, 3), input_shape=(256, 256, 3)))
```

フィルターが正方形である場合、`kernel_size`を指定し以下のように書けます。

```
model = Sequential()
model.add(Conv2D(32, kernel_size=3, input_shape=(256, 256, 3)))
```

`filter`が32枚であるため、畳み込み後の特徴マップのチャンネル数は、元の3から32になります。

3.1.3 プーリング層（pooling layer）

畳み込みによって作成された特徴マップのサイズを圧縮して、扱いやすくしたい場合があります。もちろん、せっかく抽出した空間的な特徴は維持したいため、畳み込みと同じように一定領域内の値をひとつに集約する作業を行うことになります。ただし、畳み込みと違って重みは使用しません。この手法には、いくつかのバリエーションがあります。

3.1.3.1 Max-pooling

Max-pooling は、一定領域内の最大値を取るという、とてもシンプルな手法です（図3-3）。

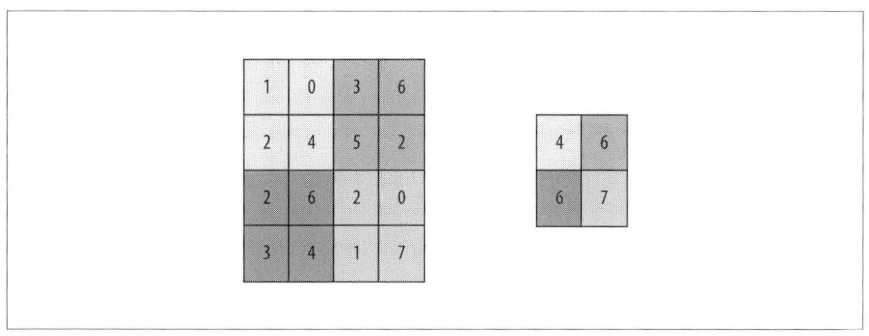

図3-3 Max-pooling の処理

これは、Keras で簡単に実装できます。以下は、2 × 2 のサイズで Max-pooling を行う例です。

```
model.add(MaxPooling2D(pool_size=(2, 2)))
```

3.1.3.2 Average pooling

Average pooling は、一定領域内の平均を取るという手法です。

紹介した Max-pooling、Average pooling を含め、Keras では多数のプーリング層が実装されています。詳細は https://keras.io/layers/pooling/ を参照してください。どんな種類にせよ、プーリングとは、一定領域内の値を集約する操作になります。

3.1.4 CNN についての総括

ここまで、CNN の基本的な概念について見てきました。CNN における畳み込みやプーリングといった処理は、画像という 2 次元のデータだけでなく、音声やテキストといった 1 次元のデータ、また動画といった 3 次元のデータにも適用が可能です。どんなデータでも、入力に対してフィルターをスライドさせて畳み込みを行っていくことで特徴マップを作成する、という点は変わりません。CNN はフィルターによる畳み込み処理を重ねたものであり、各層のフィルターはそれぞれ異なる特徴を認識します。最初の層ではシンプルな構造であり、高い層（深い層）になるにつれてより高次の構造を捉えるようになります。

3.2　CNNの実装例：LeNet

Yann LeCunは、1995年にLeNetと名付けられたネットワークを発表しました。これは最初期のCNNであり、単純な画像の変形（位置ずれや回転など）や歪みに頑健というCNNの基本的な特性をMNISTの画像認識タスクにおいて証明しました（詳細についてはY. LeCunとY. Bengioの“Convolutional Networks for Images, Speech, and Time-Series”, *The Handbook of Brain Theory and Neural Networks*, vol. 3361, 1995を参照してください）。LeNetは最近のネットワークとは異なり、低層のレイヤーにおいて畳み込みの代わりにMax-poolingが利用されています。畳み込みはサイズやスライド幅がチューニングされたフィルターによって行われ、最終的には全結合層に接続してソフトマックス関数により各クラスへの分類確率を出力します。

3.2.1　KerasによるLeNetの実装

LeNetの実装には、まず画像を畳み込む処理を実装する必要があります。この処理には、`Conv2D`を使用します。

```
keras.layers.convolutional.Conv2D(filters, kernel_size, strides=1,
  ↪  padding="same")
```

`filters`
: 使用するフィルター（カーネルとも呼ばれます）の数。この数は、出力される特徴マップの深さ（channel）に一致します。

`kernel_size`
: 畳み込みに利用するフィルターのサイズ。リスト型で2つの値を設定した場合はそのサイズの四角形、単一の値の場合はそのサイズの正方形になります。

`strides`
: フィルターの移動幅。

`padding`

フィルターをスライドして畳み込みを行うと、結果としてできる特徴マップはフィルターのサイズに応じ小さくなります（28 × 28 ピクセルの画像にサイズ 5 のフィルターを `strides=1` で適用する場合、特徴マップのサイズは 24 になります）。このとき、フィルターサイズに応じて周りを 0 で埋めて、出力する特徴マップのサイズを入力されたサイズと同じにする場合は `same`、そのままフィルターサイズ分小さくする場合は `valid` を指定します。

プーリングについては、Max-pooling を使用します。

```
keras.layers.pooling.MaxPooling2D(pool_size=(2, 2), strides=(2, 2))
```

`pool_size`

CNN における `kernel_size` と同様で、プーリングの適用領域になります。

`strides`

CNN の `strides` と同様、移動幅になります。設定しない場合、`pool_size` と同じ値が設定されます。

ここからは、実際にコードを書いていきます（ファイル名は、`lenet.py` とします）。まず、実装に必要なモジュールをインポートします。

```
import os
import keras
from keras.models import Sequential
from keras.layers.convolutional import Conv2D
from keras.layers.convolutional import MaxPooling2D
from keras.layers.core import Activation
from keras.layers.core import Flatten, Dropout
from keras.layers.core import Dense
from keras.datasets import mnist
from keras.optimizers import Adam
from keras.callbacks import TensorBoard
```

次に、LeNet のネットワークを定義していきます。今回は、モデル（ネットワーク）を作成する関数として実装しました。

```
def lenet(input_shape, num_classes):
    model = Sequential()
```

```
    # extract image features by convolution and max pooling layers
    model.add(Conv2D(20, kernel_size=5, padding="same",
↪    input_shape=input_shape, activation="relu"))
    model.add(MaxPooling2D(pool_size=(2, 2)))
    model.add(Conv2D(50, kernel_size=5, padding="same",
↪    activation="relu"))
    model.add(MaxPooling2D(pool_size=(2, 2)))
    # classify the class by fully-connected layers
    model.add(Flatten())
    model.add(Dense(500, activation="relu"))
    model.add(Dense(num_classes))
    model.add(Activation("softmax"))
    return model
```

`model = Sequential()`に続くステップについて、順に解説します。

1. `Conv2D`にて5 × 5のフィルター20個を使用して畳み込みを行い、活性化関数ReLUにより次の層に伝播しています。`padding="same"`を指定しているため出力する特徴マップのサイズは入力と同じ28 × 28、フィルター数が20のため、出力は28 × 28 × 20となります。なお、入力を受け取る最初の層は`input_shape`を指定する必要があります。
2. `Max-pooling2D`によりMax-poolingを行い、特徴マップのサイズを圧縮します。2 × 2の領域ごとに最大値（max）を取るため、処理後の特徴マップは14 × 14 × 20になります。
3. `Conv2D`により再度畳み込みを行います。今度はフィルター数を50と最初の20より多くしています。深い層ほどフィルター数を増やすというのは、CNNにおける一般的なテクニックになります。こちらも`padding="same"`を指定しているためサイズ上の変動はなく、出力は14 × 14 × 50になります。
4. `Max-pooling2D`で2と同様のプーリングを行います。これでさらに小さく、7 × 7 × 50となります。
5. `Flatten`により、マトリクスのデータである特徴マップをベクトルに変換し、後続の全結合層とつなげられるようにします。
6. `Dense`により特徴マップをならしたベクトルから、サイズ500のベクトルを出力します。
7. `Dense`により前層の出力からクラス数分（`num_classes`）のベクトルを出力します。
8. `Activation`でソフトマックス関数を適用することで、値を0~1の確率値に変換します。

なお、activation は層の定義に含めることが可能ですが（activation="relu"など）、最後の Activation("softmax") のように別途書くことも可能です。

この 8 ステップにより構築したネットワークは、**図3-4** のようになります。

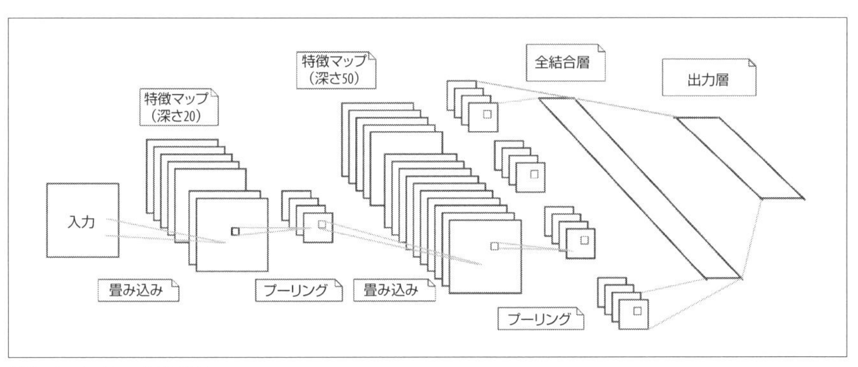

図3-4　LeNet の構成図

ネットワークを構築できたので、学習させるためのデータセットを用意します。今回は MNIST の手書き数字を使用します。

```
class MNISTDataset():

    def __init__(self):
        self.image_shape = (28, 28, 1)  # image is 28x28x1 (grayscale)
        self.num_classes = 10

    def get_batch(self):
        (x_train, y_train), (x_test, y_test) = mnist.load_data()

        x_train, x_test = [self.preprocess(d) for d in [x_train,
 ↪  x_test]]
        y_train, y_test = [self.preprocess(d, label_data=True) for d in
 ↪  [y_train, y_test]]

        return x_train, y_train, x_test, y_test

    def preprocess(self, data, label_data=False):
        if label_data:
            # convert class vectors to binary class matrices
            data = keras.utils.to_categorical(data, self.num_classes)
```

```
        else:
            data = data.astype("float32")
            data /= 255  # convert the value to 0~1 scale
            shape = (data.shape[0],) + self.image_shape  # add dataset
↪   length to top
            data = data.reshape(shape)

        return data
```

画像データはpreprocessにより0〜1の値に変換し、正解データ（ラベルデータ）はone-hotベクトルに変換します。one-hotベクトルは離散的な値を表現する手法のひとつで、今回の場合ラベル（0〜9）の数と等しい長さが10のベクトルで、ラベルの箇所（0なら位置0の箇所）に1、それ以外には0が設定されたベクトルになります。

ネットワークを学習させるTrainerを実装します。学習させるmodel、最小化すべき誤差であるloss、最適化の方法であるoptimizerを受け取り、trainで学習データを受け取り学習を行います。

```
class Trainer():

    def __init__(self, model, loss, optimizer):
        self._target = model
        self._target.compile(loss=loss, optimizer=optimizer,
↪   metrics=["accuracy"])
        self.verbose = 1
        self.log_dir = os.path.join(os.path.dirname(__file__), "logdir")

    def train(self, x_train, y_train, batch_size, epochs,
↪   validation_split):
        if os.path.exists(self.log_dir):
            import shutil
            shutil.rmtree(self.log_dir)  # remove previous execution
        os.mkdir(self.log_dir)

        self._target.fit(
            x_train, y_train,
            batch_size=batch_size, epochs=epochs,
            validation_split=validation_split,
            callbacks=[TensorBoard(log_dir=self.log_dir)],
            verbose=self.verbose
        )
```

最後に、定義した処理を呼び出し実際に学習を行う処理を実装します。

```
dataset = MNISTDataset()

# make model
model = lenet(dataset.image_shape, dataset.num_classes)

# train the model
x_train, y_train, x_test, y_test = dataset.get_batch()
trainer = Trainer(model, loss="categorical_crossentropy",
 ↪  optimizer=Adam())
trainer.train(x_train, y_train, batch_size=128, epochs=12,
 ↪  validation_split=0.2)

# show result
score = model.evaluate(x_test, y_test, verbose=0)
print("Test loss:", score[0])
print("Test accuracy:", score[1])
```

ソースコードは lenet.py です。

学習させた結果が**図3-5**と**図3-6**になります。

学習後にコードを実行したディレクトリで TensorBoard を起動すれば学習結果を確認できます。

```
$ tensorboard --logdir=./
```

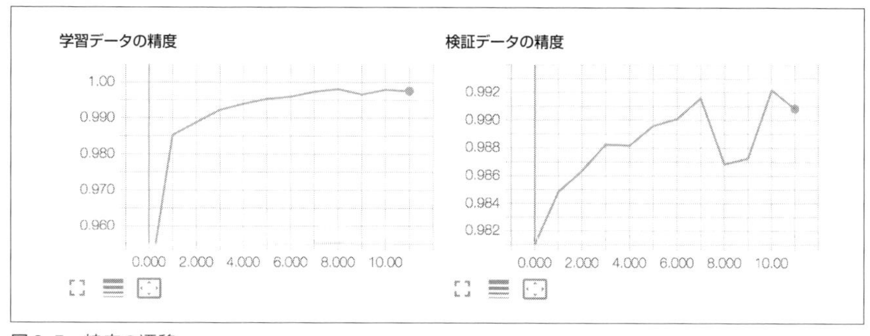

図3-5　精度の遷移

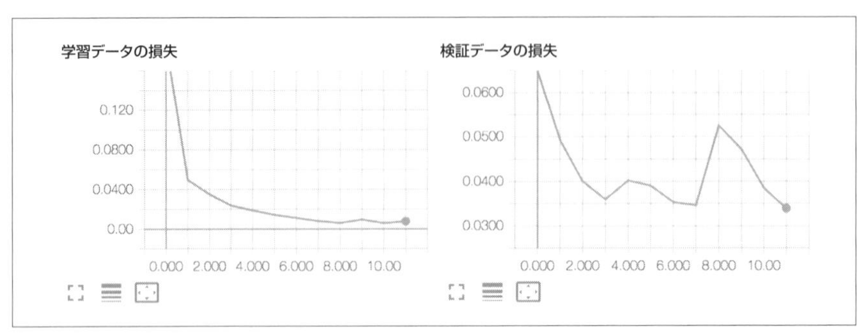

図3-6　損失の遷移

最終的な出力は、以下のようになりました。

```
Test loss: 0.0271139394633
Test accuracy: 0.9914
```

「1章 ニューラルネットワークの基礎」のネットワークに比べて1エポックあたりの実行時間が長くなりますが、4エポック程度でほぼピークの精度に達します。

精度99.1%という値がどれくらい良いか見てみましょう（精度は実行のたびに変わりますが、99.1～99.2ぐらいになります）。MNISTの中に収められたデータは、非常にくせのある書き方のものも少なくありません。**図3-7**に提示したものの中には、人間ですら判別に迷うものもあります。

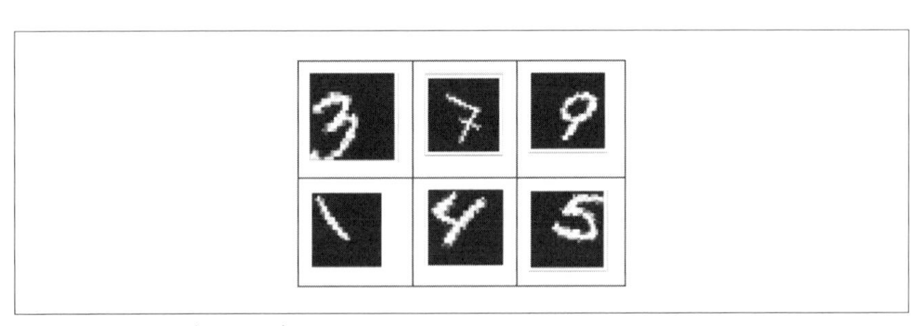
図3-7　MNISTのデータの一部

これまで私たちが作成してきたモデルの、精度の遷移を見てみましょう。最初のシンプルなネットワークの精度は92.22%であり、これは100個の手書き数字があったら8つは間違ってしまうことを意味します。そして、今回はCNNの力を利用することで99.14〜99.2%という精度を達成することができました。これは、100個中ひとつしか間違えないということです（**図3-8**）。

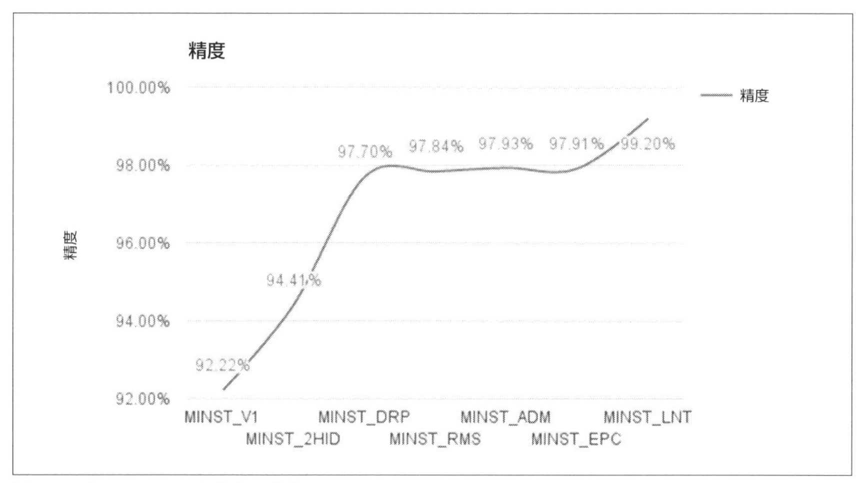

図3-8　ネットワークと精度の変化

3.2.2 ディープラーニングの力を理解する

ディープラーニング、そしてCNNの力をより理解するために、もうひとつ実験をしてみます。これは、学習データを減らした場合に精度がどのように変化するか観測してみるというものです。

具体的には、学習データを5,900、3,000、1,800、600、300と徐々に落としていったとき、その精度がCNNと1章で作成した通常のネットワークとで、それぞれどのように変化するか比較してみます。なお、精度を計測するためのデータセット（validation set）の数は常に10,000とします。

この実験結果は、**図3-9**のようになりました。

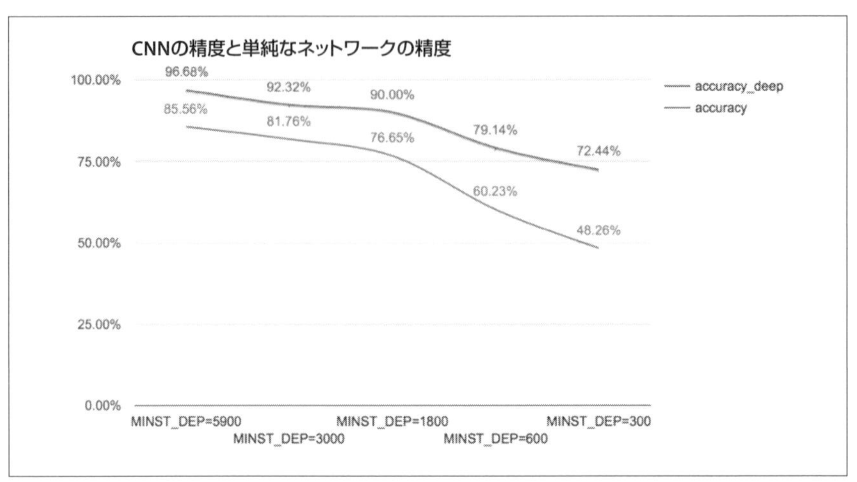

図3-9 学習データを落としていった場合の精度変化の比較

グラフからわかるとおり、CNNは常に全結合ネットワークよりも精度が高く、これは学習データが減るにつれより顕著になります。最初の5,900ではCNNの精度が96.68%、全結合ネットワークの精度は85.56%でしたが、これが300になるとCNNでは72.44%なのに対して、全結合ネットワークでは48.26%と大幅に減少します(実験は、すべて4エポックで行っています)。これがディープラーニングの効果ですが、一般に言われるディープラーニングにはより多くのデータが必要だということからすると、少し驚く結果かもしれません。これはCNNのベースとなっている、画像という空間的な特徴を畳み込みやプーリングといった処理によって捉えるという機能が、人間が数百万年という歴史の中で獲得した視覚野という機能により裏打ちされていることと関係しているのかもしれません。

最先端のMNISTの認識精度については、http://rodrigob.github.io/are_we_there_yet/build/classification_datasets_results.html で参照可能です。2018年6月時点で、エラー率は0.21%（精度99.79%）となっています。

3.3 CIFAR-10の画像認識に挑戦

CIFAR-10データセットは、60,000件の32 × 32ピクセルのRGB画像（3チャンネル）を、10クラスに分類したデータセットです。各クラスには、均等に6,000の画像が含まれています。60,000件のうち50,000件が学習データセットで、10,000

件がテスト用のデータセットになります。その中のうちの何件かを、**図3-10**に示します（データはhttps://www.cs.toronto.edu/~kriz/cifar.htmlからダウンロードできます）。

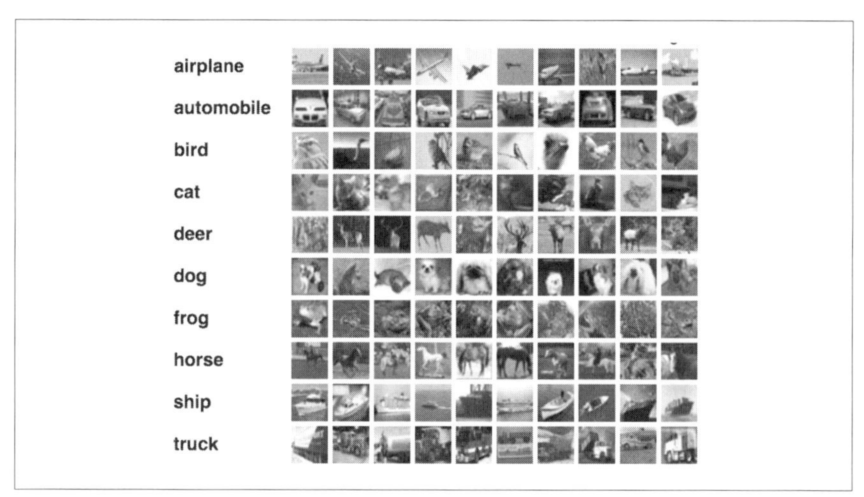

図3-10 CIFAR-10データセット

クラス数が同じ10とはいえ、MNISTに比べて色の情報が増え、手書き数字よりもはるかに複雑な構成をしています。このデータセットを分類するネットワークを作成してみましょう。

まず、先ほどと同様に必要なモジュールをインポートします。

```
import os
import keras
from keras.models import Sequential
from keras.layers.convolutional import Conv2D
from keras.layers.convolutional import MaxPooling2D
from keras.layers.core import Activation
from keras.layers.core import Flatten, Dropout
from keras.layers.core import Dense
from keras.datasets import cifar10
from keras.optimizers import RMSprop
from keras.callbacks import TensorBoard, ModelCheckpoint
```

ネットワークの構成は、まず先ほどのLeNetと同じ構成で試してみます。

```
def network(input_shape, num_classes):
    model = Sequential()

    # extract image features by convolution and max pooling layers
    model.add(Conv2D(32, kernel_size=3, padding="same",
↪    input_shape=input_shape, activation="relu"))
    model.add(MaxPooling2D(pool_size=(2, 2)))
    model.add(Dropout(0.25))
    model.add(Conv2D(64, kernel_size=3, padding="same",
↪    activation="relu"))
    model.add(MaxPooling2D(pool_size=(2, 2)))
    # classify the class by fully-connected layers
    model.add(Flatten())
    model.add(Dense(512, activation="relu"))
    model.add(Dropout(0.5))
    model.add(Dense(num_classes))
    model.add(Activation("softmax"))
    return model
```

1. `Conv2D` で 3 × 3 のフィルターで 32 回の畳み込みを行います。活性化関数は ReLU を使用しています（後続の畳み込みも同様です）。
2. `MaxPooling2D` で先ほどと同様の Max-pooling を行います。
3. `Dropout` によりドロップアウトの処理を追加しています。設定した割合で層内のノードを無視する処理です（0.25 の場合、全体の 25%、つまり 1/4 のランダムに選択されたノードが無視されます）。イメージとしては、誰かが休んでも処理できるようにさせるもので、これによりネットワークが過学習するのを防ぐことができます。
4. `Conv2D` で 3 × 3 のフィルター 64 個を使用して畳み込みを行います。こちらも活性化関数は ReLU です。
5. `MaxPooling2D` で Max-pooling を行います。
6. `Flatten` で特徴マップをベクトル化します。
7. `Dense` で特徴マップをならしたベクトルを入力に、サイズ 512 のベクトルを出力します。
8. `Dropout` で再度ドロップアウトを適用します。
9. `Dense` で最後のクラス数分（`num_classes`）のベクトルを出力します。
10. `Activation` でソフトマックス関数を適用することで、値を 0〜1 の確率値に変換します。

次に、データを用意するための処理を実装します。先ほどのMNISTとほぼ同じですが、image_shapeが(32, 32, 3)となる点、そして画像のロードを行うための関数がcifar10.load_data()となっている点が異なります。

```
class CIFAR10Dataset():

    def __init__(self):
        self.image_shape = (32, 32, 3)
        self.num_classes = 10

    def get_batch(self):
        (x_train, y_train), (x_test, y_test) = cifar10.load_data()

        x_train, x_test = [self.preprocess(d) for d in [x_train,
↪  x_test]]
        y_train, y_test = [self.preprocess(d, label_data=True) for d in
↪  [y_train, y_test]]

        return x_train, y_train, x_test, y_test

    def preprocess(self, data, label_data=False):
        if label_data:
            # convert class vectors to binary class matrices
            data = keras.utils.to_categorical(data, self.num_classes)
        else:
            data = data.astype("float32")
            data /= 255  # convert the value to 0~1 scale
            shape = (data.shape[0],) + self.image_shape  # add dataset
↪  length to top
            data = data.reshape(shape)

        return data
```

学習に使用するTrainerも先ほどとほぼ同じですが、今回はあとから学習したモデルを呼び出せるように、ModelCheckpointコールバックを使って1エポックの学習が終了するたびにモデルを保存しています。なお、save_best_only=Trueを設定して最もval_lossが低いものだけ保存するようにしています。このval_lossは学習用とは別に用意した検証データで計測されるもので、そのデータはvalidation_splitで設定した割合に応じて学習データ（x_train、y_train）から分けて置かれます。

```
class Trainer():

    def __init__(self, model, loss, optimizer):
```

```
        self._target = model
        self._target.compile(loss=loss, optimizer=optimizer,
↪ metrics=["accuracy"])
        self.verbose = 1
        self.log_dir = os.path.join(os.path.dirname(__file__), "logdir")
        self.model_file_name = "model_file.hdf5"

    def train(self, x_train, y_train, batch_size, epochs,
↪ validation_split):
        if os.path.exists(self.log_dir):
            import shutil
            shutil.rmtree(self.log_dir)  # remove previous execution
        os.mkdir(self.log_dir)

        self._target.fit(
            x_train, y_train,
            batch_size=batch_size, epochs=epochs,
            validation_split=validation_split,
            callbacks=[
                TensorBoard(log_dir=self.log_dir),
                ModelCheckpoint(os.path.join(self.log_dir,
↪ self.model_file_name), save_best_only=True)
            ],
            verbose=self.verbose
        )
```

最後に、学習を実行する処理を実装します。

```
dataset = CIFAR10Dataset()

# make model
model = network(dataset.image_shape, dataset.num_classes)

# train the model
x_train, y_train, x_test, y_test = dataset.get_batch()
trainer = Trainer(model, loss="categorical_crossentropy",
↪ optimizer=RMSprop())
trainer.train(x_train, y_train, batch_size=128, epochs=12,
↪ validation_split=0.2)

# show result
score = model.evaluate(x_test, y_test, verbose=0)
print("Test loss:", score[0])
print("Test accuracy:", score[1])
```

ソースコードはcifar10_net.pyです。

学習させた結果が**図3-11**と**図3-12**になります（学習結果は、実行ごとに多少変化します）。

```
Test loss: 0.828986831284
Test accuracy: 0.7314
```

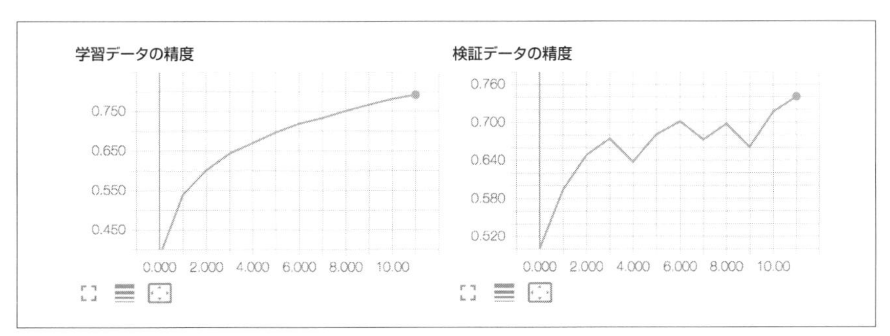

図3-11　CIFAR-10の学習結果（精度の遷移）

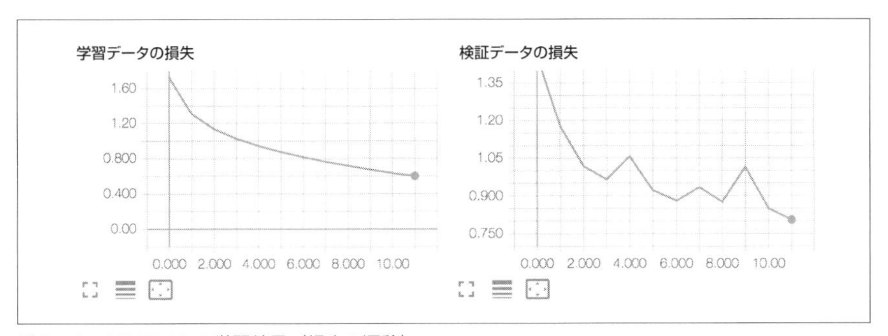

図3-12　CIFAR-10の学習結果（損失の遷移）

3.3.1　ネットワークをより深くすることによる改善

精度を改善する方法として、より畳み込みを重ね深いモデルにするという方法があります。Conv2Dを行っている箇所に、さらにもうひとつConv2Dを重ねてみます。

conv + conv + maxpool + dropout + conv + conv + maxpool + dropout

出力は先ほどと同様dense + dropout + denseで行います。では、ネットワークの定義を見てみましょう。

```
def network(input_shape, num_classes):
    model = Sequential()

    # extract image features by convolution and max pooling layers
    model.add(Conv2D(32, kernel_size=3, padding="same",
↪    input_shape=input_shape, activation="relu"))
    model.add(Conv2D(32, kernel_size=3, activation="relu"))
    model.add(MaxPooling2D(pool_size=(2, 2)))
    model.add(Dropout(0.25))
    model.add(Conv2D(64, kernel_size=3, padding="same",
↪    activation="relu"))
    model.add(Conv2D(64, kernel_size=3, activation="relu"))
    model.add(MaxPooling2D(pool_size=(2, 2)))
    model.add(Dropout(0.25))
    # classify the class by fully-connected layers
    model.add(Flatten())
    model.add(Dense(512, activation="relu"))
    model.add(Dropout(0.5))
    model.add(Dense(num_classes))
    model.add(Activation("softmax"))
    return model
```

ソースコードは cifar10_deep_net.py です。

実行すると、精度は約 75.8% になります（**図3-13**）。誤差は約 0.72 になります（**図3-14**）。

```
Test loss: 0.72087805357
Test accuracy: 0.7581
```

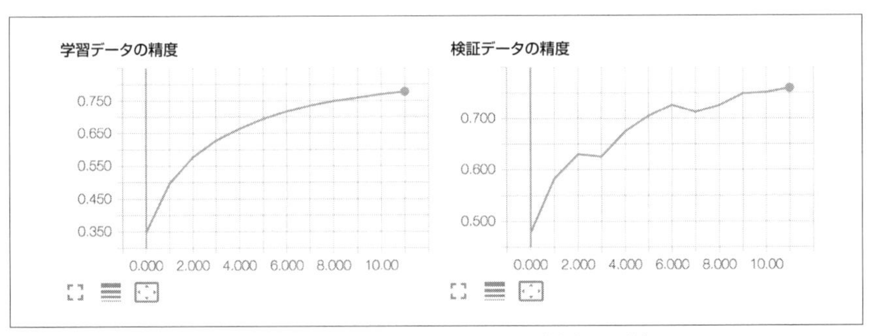

図3-13 より深いネットワークによる CIFAR-10 の学習結果（精度の遷移）

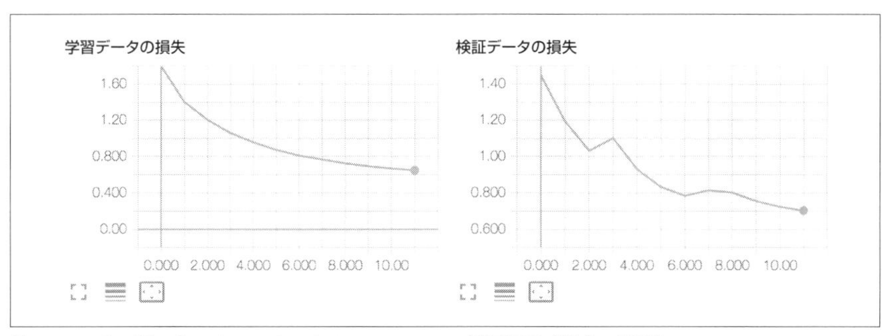

図3-14 より深いネットワークによるCIFAR-10の学習結果（損失の遷移）

3.3.2 Data Augmentationによる改善

学習を改善するもうひとつの手法は、より多くの学習データを用意することです。とはいえ、当然用意できるデータには限りがあります。しかし、画像の回転や拡大縮小、左右反転などを行えば、すでに手元にあるデータを拡張することができます。これをData Augmentationと呼び、学習データを増やすことで、画像の変更に強いモデルを学習することができます。

Data Augmentationは、学習中に動的に行います。そのため、`Trainer`のコードを修正します。

まず、先頭で必要なモジュールを追加でインポートしてください。

```
from keras.preprocessing.image import ImageDataGenerator
import numpy as np
```

次に、`Trainer`のコードを以下のように修正します。

```
class Trainer():

    def __init__(self, model, loss, optimizer):
        self._target = model
        self._target.compile(loss=loss, optimizer=optimizer,
↪   metrics=["accuracy"])
        self.verbose = 1
        self.log_dir = os.path.join(os.path.dirname(__file__), "logdir")
        self.model_file_name = "model_file.hdf5"

    def train(self, x_train, y_train, batch_size, epochs,
↪   validation_split):
        if os.path.exists(self.log_dir):
            import shutil
```

```
            shutil.rmtree(self.log_dir)  # remove previous execution
        os.mkdir(self.log_dir)

        """
        1. set input mean to 0 over the dataset
        2. set each sample mean to 0
        3. divide inputs by std of the dataset
        4. divide each input by its std
        5. apply ZCA whitening
        6. randomly rotate images in the range (degrees, 0 to 180)
        7. randomly shift images horizontally (fraction of total width)
        8. randomly shift images vertically (fraction of total height)
        9. randomly flip images
        10. randomly flip images
        """
        datagen = ImageDataGenerator(
            featurewise_center=False,  # 1
            samplewise_center=False,  # 2
            featurewise_std_normalization=False,  # 3
            samplewise_std_normalization=False,  # 4
            zca_whitening=False,  # 5
            rotation_range=0,  # 6
            width_shift_range=0.1,  # 7
            height_shift_range=0.1,  # 8
            horizontal_flip=True,  # 9
            vertical_flip=False)  # 10

        datagen.fit(x_train)  # compute quantities for normalization
↪   (mean, std etc)

        # split for validation data
        indices = np.arange(x_train.shape[0])
        np.random.shuffle(indices)
        validation_size = int(x_train.shape[0] * validation_split)
        x_train, x_valid = x_train[indices[:-validation_size], :],
↪   x_train[indices[-validation_size:], :]
        y_train, y_valid = y_train[indices[:-validation_size], :],
↪   y_train[indices[-validation_size:], :]

        self._target.fit_generator(
            datagen.flow(x_train, y_train, batch_size=batch_size),
            steps_per_epoch=x_train.shape[0] // batch_size,
            epochs=epochs,
            validation_data=(x_valid, y_valid),
            callbacks=[
                TensorBoard(log_dir=self.log_dir),
                ModelCheckpoint(os.path.join(self.log_dir,
↪   self.model_file_name), save_best_only=True)
```

```
            ],
            verbose=self.verbose,
            workers=4
        )
```

Kerasでは、ImageDataGeneratorを使用することで簡単にData Augmentationを行うことができます。たとえば、以下のような操作を行います。

- rotation_rangeは、指定した範囲でランダムに画像の回転を行います(90を指定したら、0〜90度の範囲でランダムに回転が行われます)。なお、回転により開いたスペースを埋める方法はfill_modeで指定します。
- width_shift、height_shiftは指定した範囲でランダムに横、縦に画像を動かします。
- zoom_rangeは指定した範囲でランダムに拡大縮小を行います。
- horizontal_flipは左右反転をランダムに行います。

これにより、**図3-15**のように画像を増やすことができます。

図3-15　Data Augmentationによる画像の水増し

利用にあたっては、以下のようにfitしてからflowでデータを生成させるという流れになります。

- fit により、正規化を行う場合に必要な統計量（平均や分散など）を計算します。
- flow によって、Data Augmentation を行ったデータを生成していきます。これはイテレーターとして機能するため、fit_generator とともに使用します。

では、実際に Data Augmentation を使用して学習させてみましょう。なお、Data Augmentation と学習は並列に実行されるため、GPU を使う場合は CPU 上での Data Augmentation、GPU 上での学習と並行して実行することが可能です。

学習データが増えたので、全体として学習にかかる時間は長くなります。そのため、エポック数を 12 から 15 へと変更して実行しています。結果は、**図3-16**、**図3-17** のようになります。

```
Test loss: 0.670314160633
Test accuracy: 0.781
```

ソースコードは cifar10_deep_with_aug.py です。

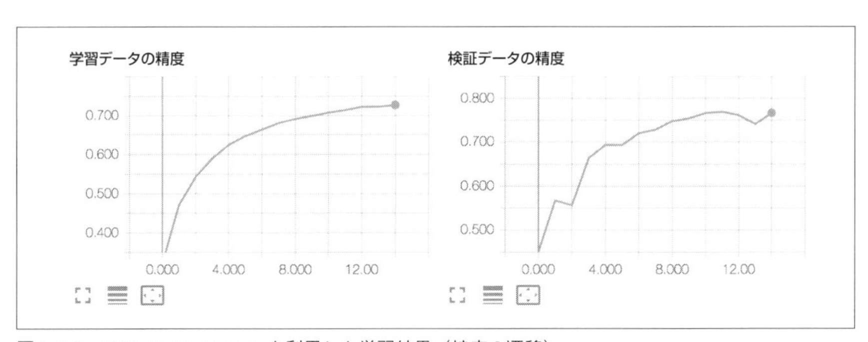

図3-16 Data Augmentation を利用した学習結果（精度の遷移）

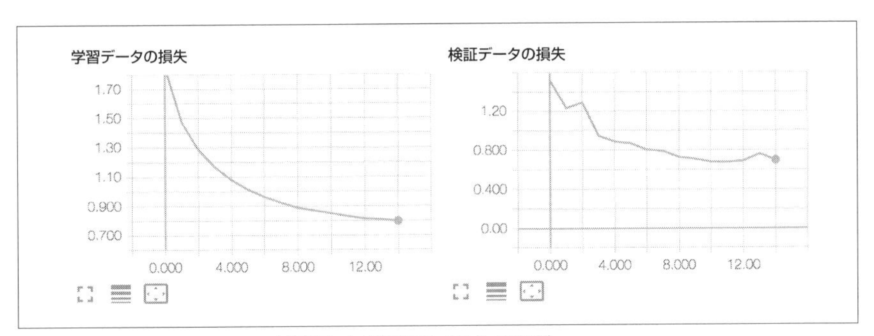

図3-17 Data Augmentationを利用した学習結果（損失の遷移）

これまで行った工夫による結果を示すと、**図3-18**のようになります。

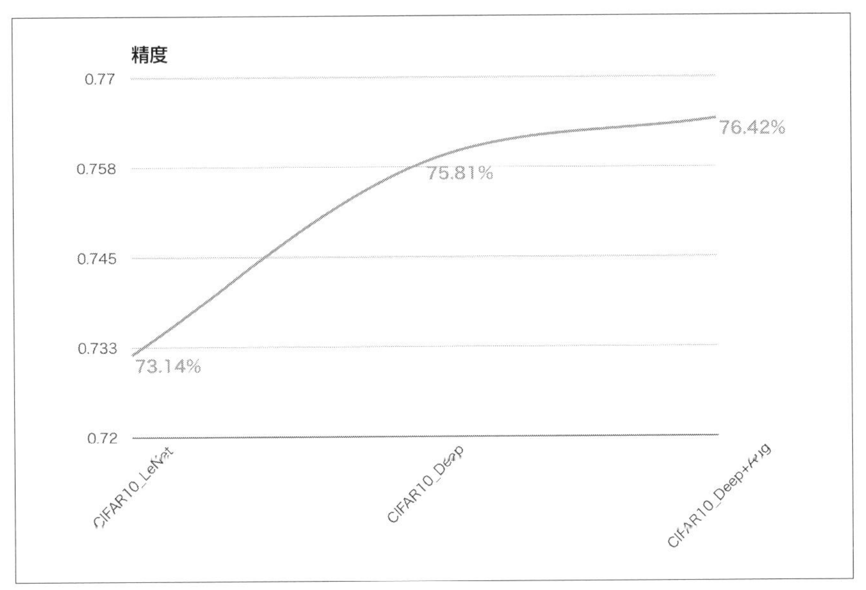

図3-18 工夫による精度の遷移

CIFAR-10の認識精度については、http://rodrigob.github.io/are_we_there_yet/build/classification_datasets_results.htmlで参照することが可能です。2018年6月時点の最高精度は、96.53%となっています。

3.3.3 学習したモデルを利用し予測する

CIFAR-10のデータセットで学習したモデルを、画像の分類に使用してみましょう。先ほど、ModelCheckpointを使用しモデルをlogdir_cifar10_deep_with_augディレクトリに保存していたため、そのファイルを利用します。分類する画像ファイルは、sample_imagesというフォルダの中に入れておいてください。

実際に と の画像を分類してみましょう。

ソースコードはcifar10_predict.pyです。

```
from pathlib import Path
import numpy as np
from PIL import Image
from keras.models import load_model

model_path = "logdir_cifar10_deep_with_aug/model_file.hdf5"
images_folder = "sample_images"

# load model
model = load_model(model_path)
image_shape = (32, 32, 3)

# load images
def crop_resize(image_path):
    image = Image.open(image_path)
    length = min(image.size)
    crop = image.crop((0, 0, length, length))
    resized = crop.resize(image_shape[:2])  # use width x height
    img = np.array(resized).astype("float32")
    img /= 255
    return img

folder = Path(images_folder)
image_paths = [str(f) for f in folder.glob("*.png")]
images = [crop_resize(p) for p in image_paths]
images = np.asarray(images)

predicted = model.predict_classes(images)

assert predicted[0] == 3, "image should be cat."
assert predicted[1] == 5, "image should be dog."

print("You can detect cat & dog!")
```

実行すると、3＝猫、5＝犬という正しい分類結果が得られるはずです。

3.4 大規模な画像認識のための非常に深いネットワーク

2014年に、画像認識において興味深い論文が発表されました（詳細については、K. SimonyanとA. Zissermanの"Very Deep Convolutional Networks for Large-Scale Image Recognition", arXiv:1409.1556, 2014を参照してください）。この論文は、ネットワークの深さをそれまでよりも深い、16〜19層にすることで従来よりも顕著な改善が達成できるというものでした。論文中で作成された、AからEのイニシャルが付けられたモデルのうち「D」のモデルはVGG-16と呼ばれ、その名のとおり16の層を持ちます。このモデルはImageNet ILSVRC-2012（http://image-net.org/challenges/LSVRC/2012/）のデータセットで、検証データセットに対して7.5%、評価データセットに対して7.4%のエラー率を記録しています（このエラー率は、モデルが予測したものの中から出力（確率）が高いもの5つを取り出し、その中に正解が含まれるかどうかで判定されています）。このデータセットにおけるクラス数は1,000もあり、学習データは130万件、検証データは5万件、テストデータは10万件という大規模なものです。なお、検証に際してはCaffeというライブラリで実装されたそうです。

ここで、ImageNetについて少し触れておきます。ImageNetは大規模な画像のデータセットで、1,400万もの画像に対して、2万を超えるクラスが人手により付与されています。このデータを利用した画像認識のコンペティション（ImageNet Large Scale Visual Recognition Challenge：ILSVRC）が2010年から2017年まで開催されました。

ImageNetで学習されたVGG-16のネットワークは公開されており（CaffeのModelZooなど。https://github.com/BVLC/caffe/wiki/Model Zoo）、Kerasではそれを簡単に利用することができます。次の節では、その方法を見ていきます。

3.4.1 組み込みのVGG-16のモデルを使用する

`keras.applications`は、事前構築済みかつ学習済みのモデルを提供するモジュールです。ネットワークの重みは、モデルがインスタンス化される際に自動的にダウンロードされます（`~/.keras/models/`に保存されます）。

この機能を利用すると、実装はとても簡単です。

ソースコードは`pretrain_vgg.py`です。

```
from keras.applications.vgg16 import VGG16
from keras.applications.vgg16 import preprocess_input,
 ↪  decode_predictions
import keras.preprocessing.image as Image
import numpy as np


model = VGG16(weights="imagenet", include_top=True)

image_path = "sample_images_pretrain/steaming_train.png"
image = Image.load_img(image_path, target_size=(224, 224))  # imagenet
 ↪  size
x = Image.img_to_array(image)
x = np.expand_dims(x, axis=0)  # add batch size dim
x = preprocess_input(x)

result = model.predict(x)
result = decode_predictions(result, top=3)[0]
print(result[0][1])  # show description
```

実行すると、画像は蒸気機関車である `steam_locomotive` と判定されるはずです。重要な点として、他のクラスの確率はとても低くなっています。つまり、迷うことなく答えを出しているということです（図3-19）。

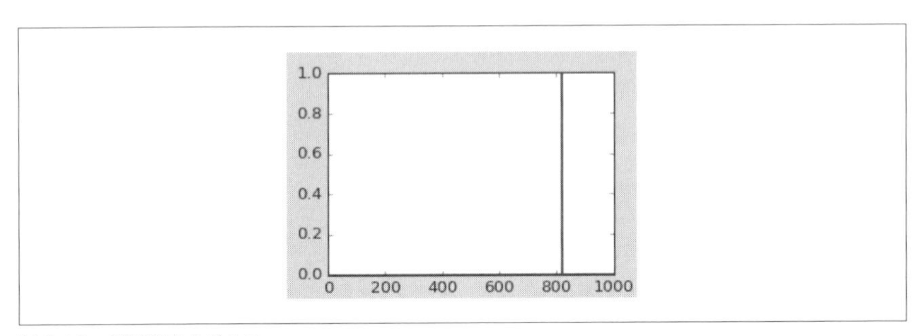

図3-19　予測確率のグラフ

もちろん、VGG-16はKerasでサポートされている唯一のモデルというわけではありません。他に使用可能なモデルについては、https://keras.io/applications/ で確認が可能です。

3.4.2　学習済みのモデルを特徴抽出器として活用する

Kerasに組み込まれたVGG-16をはじめとする事前学習済みモデルの用途として

は、まず特徴抽出への利用があります。

以下のコードは、VGG の中の層（block4_pool）から特徴を抽出する例です（先ほど紹介した、Keras の学習済みモデルのページから抜粋しています）。

ソースコードは pretrain_vgg_feature_extract.py です。

```
from keras.applications.vgg19 import VGG19
from keras.preprocessing import image
from keras.applications.vgg19 import preprocess_input
from keras.models import Model
import numpy as np

base_model = VGG19(weights="imagenet")
model = Model(inputs=base_model.input,
 ↪   outputs=base_model.get_layer("block4_pool").output)

img_path = "elephant.jpg"
img = image.load_img(img_path, target_size=(224, 224))
x = image.img_to_array(img)
x = np.expand_dims(x, axis=0)
x = preprocess_input(x)

block4_pool_features = model.predict(x)
```

なぜ最後まで出力を行わずに中間の層から特徴を抽出するのか、不思議に思うかもしれません。この理由として、ネットワークが画像の分類を学ぶにつれて、各層は分類を行うために必要な特徴を学ぶという点があります。ネットワークの初期の層では色やエッジといった単純な特徴を識別し、後半の層ではそれらを組み合わせた形状やオブジェクトといった高次の特徴を識別します。つまり、ネットワークの中間の層は画像から重要な特徴を抽出する能力を保持しているということで、これは元のタスクとは異なる分類でも有用な可能性があります。

学習済みのモデルを特徴抽出に利用することには、いくつものメリットがあります。まず、学習済みのモデルを利用して他のタスクに応用することができるという点。次に、「学習済み」の量に比例して学習時間を削減できる点。そして、実際に取り組もうとしているタスクにおいてそれほどデータが用意できない場合でも、一定の効果が期待できるという点です。また、どんなネットワーク構成にすればよいかのお手本として、闇雲に構築するよりも良い示唆を与えてくれます。

3.4.3　Inception-v3 を使用した転移学習

転移学習（transfer learning）はディープラーニングにおいてとても強力な、さまざまな分野で適用可能な手法です。転移学習のコンセプトはとても簡単な例で説明することができます。あなたが新しい言語（たとえばスペイン語）を学びたいと思ったとき、すでに学んでいる言語、たとえば英語の知識は役に立つでしょう。このように、すでに学習されたモデルを他の新しいタスクに適用することが転移学習の基本的な考え方です。

現在画像処理に携わる研究者たちは、このシンプルな考えを元に、モデルをゼロから訓練するほどデータを用意できない新しいタスクに対して事前学習済みのCNNを利用しています。このとき、**ファインチューニング**（fine-tuning）と呼ばれる、事前学習済みのモデルの一部を変更して再学習する手法がよく用いられます。

本節では、ImageNetで学習されたモデルを他の画像分類のタスクに適応させる方法を紹介します。

まず転移させる事前学習済みのモデルとして、Inception-v3を使用します。これはGoogleから発表されたとても深い構造を持つCNNで、Kerasで利用が可能です。なお、デフォルトではこのモデルへの入力サイズは299 × 299 × 3となっています。Inception-v3で特徴を抽出しつつ、クラスの分類を行う全結合層は新しい分類タスクのために置き換えます（元のImageNetは1,000クラス、新しいタスクは200クラスの分類になります）。

これから紹介するコードは、先ほど紹介したKerasのApplicationsのページに掲載されているものです（https://keras.io/applications/ の「Fine-tune InceptionV3 on a new set of classes」）。

まず、必要なモジュールをインポートします。そのあとに、ベースとなるInception-v3のモデルを用意します。

```
from keras.applications.inception_v3 import InceptionV3
from keras.preprocessing import image
from keras.models import Model
from keras.layers import Dense, GlobalAveragePooling2D
from keras import backend as K

# create the base pre-trained model
base_model = InceptionV3(weights="imagenet", include_top=False)
```

クラス分類に使用される上位の層は置き換えてしまうため、`include_top=False`としています。この指定により、以下の`mixed10`以降の層が除かれます。

```
# layer.name, layer.input_shape, layer.output_shape
("mixed10", [(None, 8, 8, 320), (None, 8, 8, 768), (None, 8, 8, 768),
 ↪  (None, 8, 8, 192)], (None, 8, 8, 2048))
("avg_pool", (None, 8, 8, 2048), (None, 1, 1, 2048))
("flatten", (None, 1, 1, 2048), (None, 2048))
("predictions", (None, 2048), (None, 1000))
```

続いて、新しいタスクに適応させるための全結合層を構築します。

```
# add a global spatial average pooling layer
x = base_model.output
x = GlobalAveragePooling2D()(x)
# let"s add a fully-connected layer
x = Dense(1024, activation="relu")(x)
# and a logistic layer -- let"s say we have 200 classes
predictions = Dense(200, activation="softmax")(x)

# this is the model we will train
model = Model(inputs=base_model.input, outputs=predictions)
```

GlobalAveragePooling2D を利用することで、(batch_size, rows, cols, channels) という特徴マップを (batch_size, channels) に変換しています。具体的には、各 channel における row と col の空間で平均を取り、channel 単位でひとつの値に集約する処理を行っています。

これにより、mixed10 の段階で (None, 8, 8, 2048) であったデータ（None はバッチサイズ）が、各 (8, 8) の平面で平均が取られて (None, 2048) のサイズに圧縮されます。あとは、全結合層を重ね最終的なサイズ 200 の出力（predictions）を得ています。

ネットワークの定義は完了したため、学習の準備を行います。まず、先行して新しく付け加えた層のみ学習を行います。この間元の Inception-v3 の部分は学習させず固定するため、layer.trainable = False を設定します。

```
# first: train only the top layers (which were randomly initialized)
# i.e. freeze all convolutional InceptionV3 layers
for layer in base_model.layers:
    layer.trainable = False

# compile the model (should be done *after* setting layers to
 ↪  non-trainable)
model.compile(optimizer="rmsprop", loss="categorical_crossentropy")

# train the model on the new data for a few epochs
model.fit_generator(...)
```

数エポック学習させたあと、「ファインチューニング」に入ります。現在の状態ではInception-v3の箇所はすべて固定されているため、新しいタスクに合わせて学習されてはいません。そこで、Inception-v3における上層の層のみ新しいタスクで学習させることにします。イメージとしては、新しく追加した層は新しいタスクに、元のネットワークは元のタスク（ImageNet）に特化しているため、この間をより滑らかにつなぐように新しいタスクと元のタスクの両方を学習している層を設ける形です。この最適化がファインチューニングになります。

以下では、250層目以降を `layer.trainable = True` にしています。なお、`trainable` を設定した場合はそれを反映させるために再度 `compile` が必要になります。

```
# we chose to train the top 2 inception blocks, i.e. we will freeze
# the first 249 layers and unfreeze the rest:
for layer in model.layers[:249]:
   layer.trainable = False
for layer in model.layers[249:]:
   layer.trainable = True

# we need to recompile the model for these modifications to take effect
# we use SGD with a low learning rate
from keras.optimizers import SGD
model.compile(optimizer=SGD(lr=0.0001, momentum=0.9),
 ↪   loss='categorical_crossentropy')

# we train our model again (this time fine-tuning the top 2 inception
 ↪   blocks
# alongside the top Dense layers
model.fit_generator(...)
```

これで、Inception-v3のネットワークを再利用し新しいタスクを学習させることができました。Kerasに組み込まれた事前学習済みのモデルを使用して転移学習を行えば、ゼロから学習するよりも多くの時間を節約することができます。もちろん、実際に良い精度を出すには再学習させるレイヤーの数や学習のエポック数など、調整すべきパラメータが多くあります。

3.5　まとめ

3章では、まずMNISTの手書き数字を高精度に認識するためにより深いネットワーク、具体的にはCNNの仕組みと利用方法を学びました。次に、このCNNを

CIFAR-10 データセットに適用しました。そこで、ネットワークをより深くすること、また Data Augmentation により精度を上げる工夫を学びました。最後に、VGG-16 や Inception-v3 といった非常に深い、事前に学習されたネットワークを利用する方法を学びました。具体的には、ネットワークを特徴抽出機として用いる方法、また転移学習により新たなタスクに適用させる手法を学びました。

次章では、あたかも人間によって作成されたかのようなデータを生成する、GAN (generative adversarial network) という手法を紹介します。また、人間の声や楽器の音色を高品質で再現するための深いネットワークである WaveNet も紹介します。

4章
GAN と WaveNet

本章では GAN（generative adversarial network：敵対的生成ネットワーク）とWaveNet について説明します。GAN はディープラーニングの権威の 1 人であるYann LeCun によると「機械学習においてこの 10 年間で最も興味深いアイデア」とされています。（詳細については https://www.quora.com/What-are-some-recent-and-potentially-upcoming-breakthroughs-in-deep-learning を参照してください）。

GAN を用いることで、本物と見分けがつかないようなデータを作成するよう学習させることができます。たとえば、写真のような画像を作成したり、本物のような絵を描いたりといったことです。GAN の仕組みは、Ian Goodfellow により提案されました（詳細については、I. Goodfellow の "NIPS 2016 Tutorial: Generative Adversarial Networks", 2016 を参照してください）。彼はモントリオール大学、Google Brain、OpenAI（https://openai.com/）、そして最近では再度 Google Brain で研究を行っています。WaveNet は Google DeepMind によって提案されたディープラーニングモデルで、人間の声や楽器の音を高精度で再現するよう学習させることができます。

本章では以下のトピックについて説明します。

- GAN とは何か
- DCGAN（deep convolutional GAN：深層畳み込み GAN）
- Keras による GAN の実装
- WaveNet

4.1 GANとは何か

GANの直感的な理解としては、贋作の作成、つまり、より著名な作家の作品をそれらしく見えるよう作成するプロセスとみなすことができます。GANは**図4-1**のように、2つのニューラルネットワークを同時に学習させます。贋作の作成者にあたるネットワークである**生成モデル**（generative model、$G(Z)$）は、ランダムなノイズから贋作の作成を試みます。一方、鑑定士とも言えるネットワークである**識別モデル**（discriminate model、$D(Y)$）は、受け取ったデータが本物であるか、生成モデルが作成した贋作であるかの判断を行います。

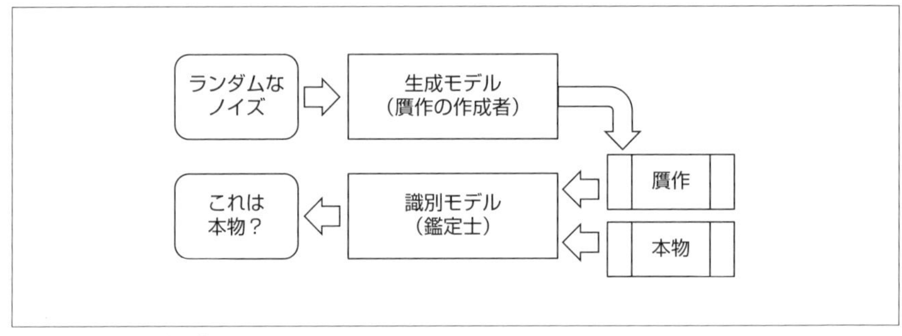

図4-1 GANの全体像

識別モデル$D(Y)$は、入力Y（画像など）を受け取り、本物に近ければ1、偽物に近ければ0として判断を行います。

生成モデル$G(Z)$は、ランダムなノイズZを入力として受け取り、識別モデル$D(Y)$が$G(Z)$が生成したものを本物と判断してしまうよう、つまり騙すよう学習します。つまり、識別モデル$D(Y)$の学習のゴールは、実際のデータの分布から発生したものに対しては出力を最大に、偽物の分布（ランダムなノイズ）から発生したものに対しては出力を最小にすることです。よってGとDは逆の目的を持ってゲームに望んでいることになり、そのため**敵対的学習**（adversarial training）と名付けられています。GとDは、交互に学習を行います。それぞれのネットワークの損失関数は、勾配降下法により最適化されます。生成モデルはよりうまく偽造する方法を学び、識別モデルは偽造をよりうまく識別する方法を学びます。識別モデル（多くの場合、標準の畳み込みニューラルネットワーク）は、入力画像が本物か生成されたものかを分類しようと試みます。重要なポイントは、識別モデルによる分類が識別モデル自体の学習だけでなく、生成モデルの学習のときにも使用されることです。これにより生成モデルはより多様な状況で識別モデルを騙す方法を学習できるようになります。最終的には、生成モデルは本物と見分けがつかない偽物を生成する方法を学ぶことができます。

もちろん、GANではこの2人のプレイヤーの折り合いをつける必要があります。効率的な学習のためには、片方のプレイヤーが最適解に向けて更新されるにつれ、他方のプレイヤーも同様に最適解へと近づく必要があります。考えてみてください。贋作の作成者があらゆる状況で鑑定士を騙してしまうことができたら、贋作の作成者は学ぶことが何もなくなってしまいます。つまり、どちらかのワンサイドゲームになってしまったら、学習は終了してしまうということです。2人のプレイヤーは最終的に均衡へたどり着くこともありますが、そこに到達できるかは保証されておらず、2人のプレイヤーは長時間プレイを続けることになります。**図4-2**は、実際にこの2プレイヤーを学習させた例になります。

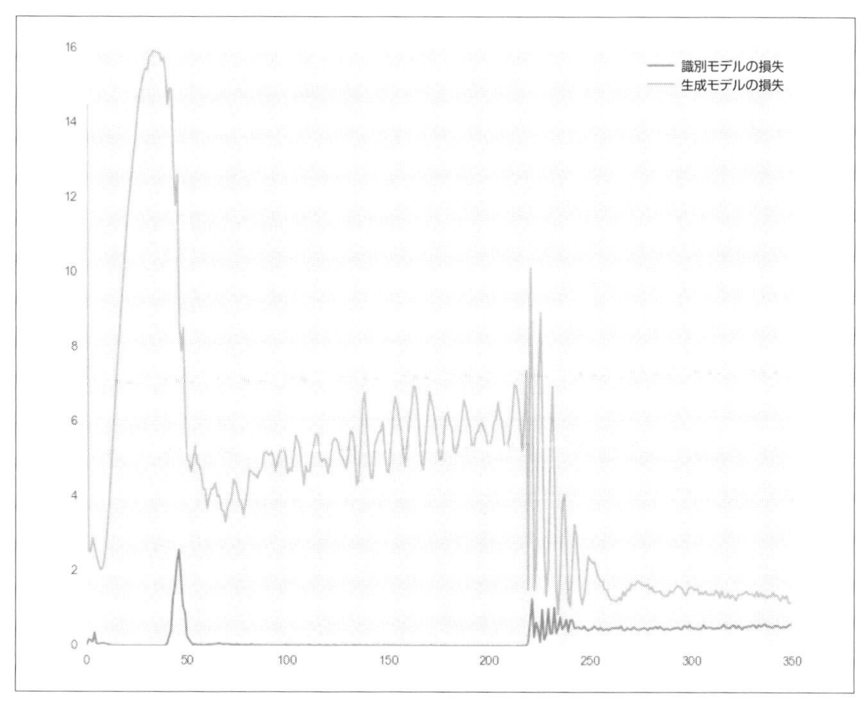

図4-2　生成器と識別器の損失の変化

4.1.1 GANの適用例

GANの実装に入る前に、実際に生成モデルにより作成された「実物と見分けがつかない」データの例を見てみましょう。これらのデータは、GANの仕組みを使った手法のひとつであるStackGANを用いて作成されたものです（StackGANの詳細については、Han Zhang、Tao Xu、Hongsheng Li、Shaoting Zhang、Xiaolei Huang、Xiaogang Wang、Dimitris Metaxasの"StackGAN: Text to Photo-Realistic Image Synthesis with Stacked Generative Adversarial Networks"を参照してください。実装は、https://github.com/hanzhanggit/StackGANで参照できます）。この論文では、テキストの説明からその説明にあった、本物のような画像を生成することを試みています。結果はすばらしいものです。最初の列は実際の画像であり、残りの列はStack GANの`Stage-I`と`Stage-II`それぞれによって、実際にテキストから生成された画像です（**図4-3**、**図4-4**）。他の例についても、YouTubeで参照できます（https://www.youtube.com/watch?v=SuRyL5vhCIM&feature=youtu.be）。

図4-3 Stack GANによる鳥の説明からの画像生成例

図4-4 Stack GANによる花の説明からの画像生成例

次に、GANがMNISTのデータセットをどのように「偽造」するか見てみましょう。このケースでは生成モデルと識別モデルの双方に畳み込みニューラルネットワークを使用しています（詳細については、A. Radford、L. Metz、S. Chintalaの“Unsupervised Representation Learning with Deep Convolutional Generative Adversarial Networks”, arXiv:1511.06434, 2015を参照してください）。生成モデルは、最初のほうは数字を読み取ることのできない画像を生成していましたが、数回の学習後には、はっきりと読み取れる数字の生成に成功しています。**図4-5**、**図4-6**、**図4-7**の画像は学習のエポックごとに並べられており、学習が進むにつれ画像のクオリティが上がることを確認できます。

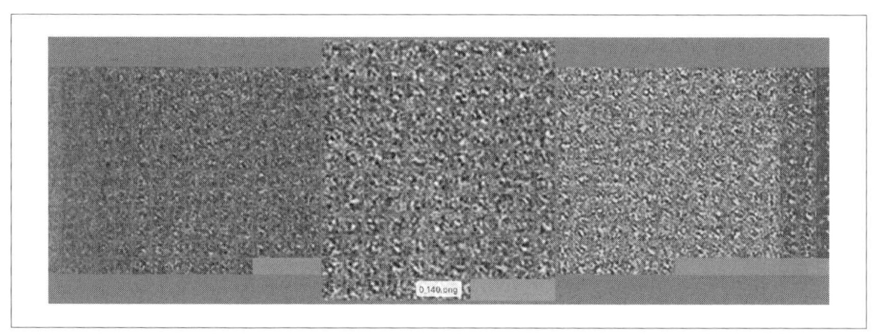

図4-5 MNIST画像の生成例（学習初期）

学習の反復回数が増えるにつれ、徐々に数字の形らしきものができてきます（**図4-6**）。

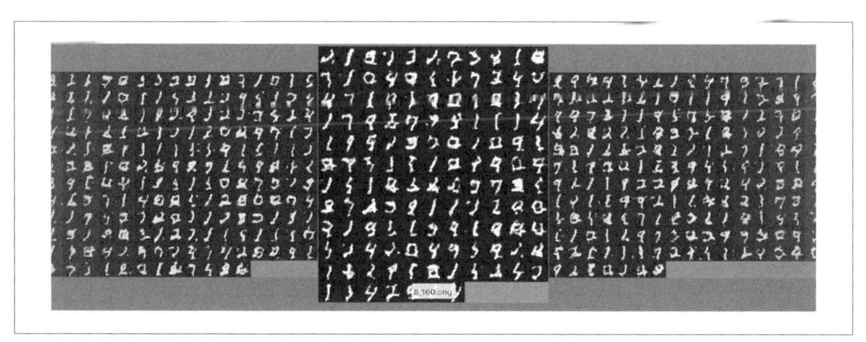

図4-6 MNIST画像の生成例（学習中盤）

学習の終盤では、実際のものと見分けがつかないデータが生成されます（**図4-7**）。

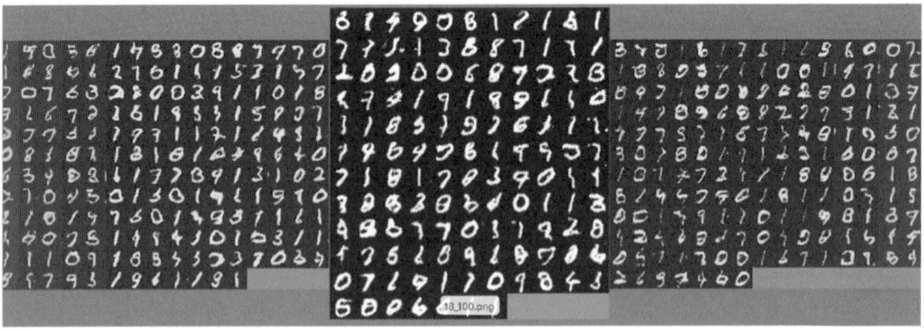

図4-7 MNIST画像の生成例（学習終盤）

GANのおもしろい適用例として、生成モデルの潜在表現 Z を使用した「顔の算術演算」があります。具体的には、合成に使用する生成ベクトルを利用し、以下のような演算を行うというものです。

[笑っている女性] − [女性] ＋ [男性] ＝ [笑っている男性]

または、以下のような演算です。

[眼鏡をかけた男性] − [（眼鏡をかけていない）男性]
＋ [（眼鏡をかけていない）女性] ＝ [眼鏡をかけた女性]

図4-8の画像はA. Radford、L. Metz、S. Chintalaの“Unsupervised Representation Learning with Deep Convolutional Generative Adversarial Networks”, arXiv:1511.06434, November, 2015で紹介されたものです。

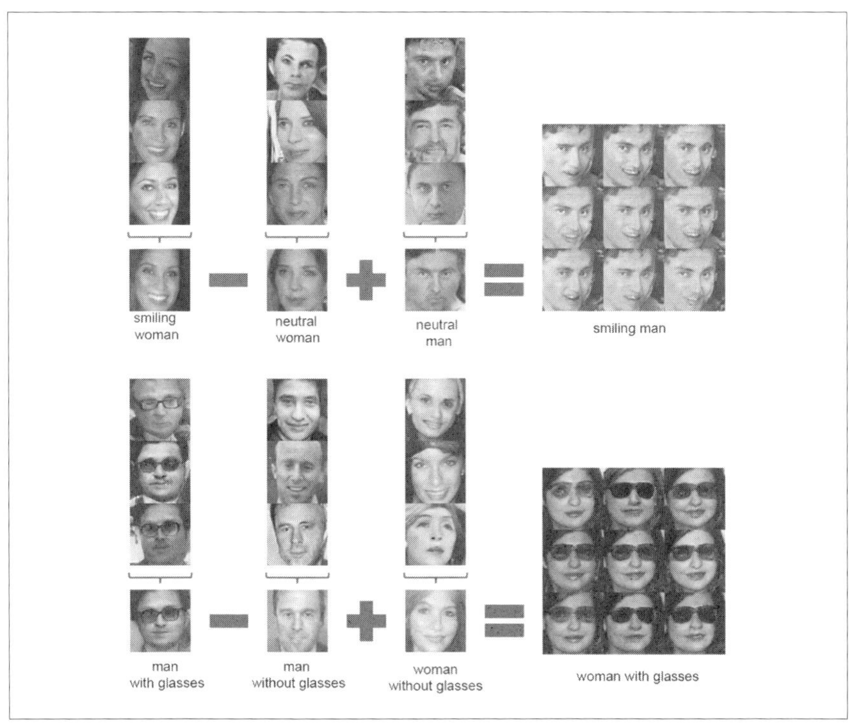

図4-8 生成ベクトルを利用した顔の算術演算

4.2 深層畳み込みGAN

深層畳み込みGAN（deep convolutional GAN：DCGAN）も、A. Radfordらの論文で提案されました（詳細については、A. Radford、L. Metz、S. Chintalaの"Unsupervised Representation Learning with Deep Convolutional Generative Adversarial Networks", arXiv:1511.06434, 2015を参照してください）。DCGANにおける生成モデルは、100次元の一様分布Zを入力とし畳み込みの処理を通じ画像空間へと投影していきます（**図4-9**）。

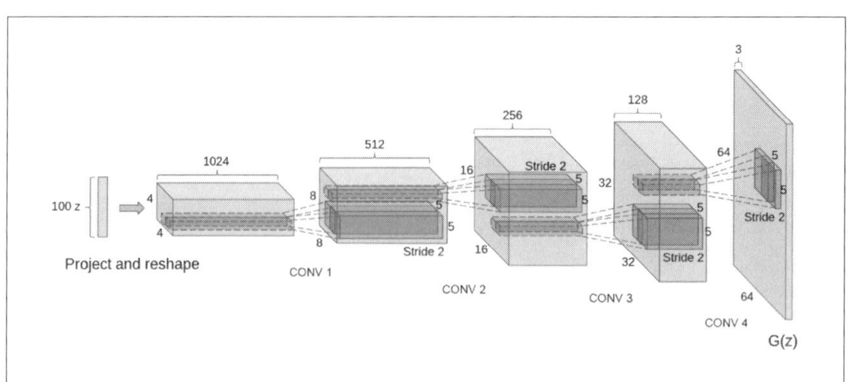

図4-9　深層畳み込み GAN

DCGAN 生成モデルは、以下の Keras コードで実装できます。この実装は、https://github.com/jacobgil/keras-dcgan から入手できます。

```
def generator_model():
    model = Sequential()
    model.add(Dense(1024, input_shape=(100, ), activation='tanh'))
    model.add(Dense(128 * 7 * 7))
    model.add(BatchNormalization())
    model.add(Activation('tanh'))
    model.add(Reshape((7, 7, 128), input_shape=(7 * 7 * 128,)))
    model.add(UpSampling2D(size=(2, 2)))
    model.add(Conv2D(64, (5, 5),
                     padding='same',
                     activation='tanh',
                     data_format='channels_last'))
    model.add(UpSampling2D(size=(2, 2)))
    model.add(Conv2D(1, (5, 5),
                     padding='same',
                     activation='tanh',
                     data_format='channels_last'))
    return model
```

以下に示すコードで学習が実行可能です。

```
$ python dcgan.py --mode train
Using TensorFlow backend.
```

```
Epoch is 0
Number of batches 468
```

ではコードを見ていきましょう。

1. 最初の全結合層は 100 次元のベクトルを入力として、活性化関数に tanh を使用し 1024 次元の出力を行います。なお、入力は $[-1, 1]$ の一様分布からサンプリングされることを仮定します。
2. 次の全結合層は、バッチ正規化を用いつつ、先ほどと同様に活性化関数に tanh を用いて $128 \times 7 \times 7$ のサイズの出力を行います。バッチ正規化は、ミニバッチ内で平均が 0、分散が 1 になるよう正規化する手法です。バッチ正規化は多くの状況で学習を加速し、変数の初期化に関わる問題を軽減し、端的にはより正確な学習結果をもたらすことが経験的に知られています。バッチ正規化（batch normalization）の詳細については、S. Ioffe、C. Szegedy の "Batch Normalization: Accelerating Deep Network Training by Reducing Internal Covariate Shift", arXiv:1502.03167, 2014 を参照してください。
3. Reshape を用いて、$127 \times 7 \times 7$ のフラットな入力を、幅 7 ×高さ 7 ×深さ 127 という 3 次元のデータに変換します。
4. UpSampling2D を用いて、幅を 2 倍、高さを 2 倍に拡大します。
5. アップサンプリングされた入力を、サイズ 5×5 のフィルター 64 枚で畳み込みます。
6. 再度 UpSampling2D を用いて、幅を 2 倍、高さを 2 倍に拡大します。
7. 最後に 5×5 のフィルター 1 枚で畳み込みを行います（MNIST の白黒画像のため、チャンネルが 1 になっています）。

この畳み込みネットワークにはプーリング層がなく、これが DCGAN における工夫のひとつになっています。識別モデルは次のように記述することができます。

```
def discriminator_model():
    model = Sequential()
    model.add(Conv2D(64, (5, 5),
                        padding='same',
                        input_shape=(28, 28, 1),
                        activation='tanh',
                        data_format='channels_last'
    ))
    model.add(MaxPooling2D(pool_size=(2, 2)))
```

```
    model.add(Conv2D(128, (5, 5),
                     activation='tanh',
                     data_format='channels_last'))
    model.add(MaxPooling2D(pool_size=(2, 2)))
    model.add(Flatten())
    model.add(Dense(1024, activation='tanh'))
    model.add(Dense(1, activation='sigmoid'))
    return model
```

1. 入力として、標準的なMNISTの画像サイズ (28, 28, 1) を受け取ります。これをサイズ5 × 5のフィルター64個で畳み込みます（活性化関数はtanhを採用しています）。
2. 続いて、2 × 2のサイズでMax-poolingの操作を行います（原論文では、前述のとおりプーリングを行わないことが特徴となっており、ここは2 × 2の畳み込みになっています）。
3. 同様に、畳み込みとプーリングを行います。
4. 最後の2つの層は全結合で、最終層で本物かどうかの確率をシグモイド関数で出力しています（原論文では、全結合ではなくGlobal Average Poolingを使用しています）。

生成モデルと識別モデルは、損失関数にbinary_crossentropyを使用し交互に学習されます。各エポックで、生成モデルは数多くの生成を行い（MNISTの画像を偽造するなど）、識別モデルは実際のMNIST画像と偽造された画像が混ぜ合わされたデータから、本物の識別を試みます。実際に学習させたところ、32エポックほどで生成モデルは**図4-10**で示すようなMNISTの手書き数字をうまく偽造することを学習しました。人間がプログラミングすることなしに、実際のデータのみから手書き文字を生成する方法を学んだということです。なお、GANの学習、すなわち2人のプレイヤーの均衡点を見つけるというプロセスはとても難しいものである点に注意してください。GANの学習方法に興味がある方には、https://github.com/soumith/ganhacks をお勧めします。ここには経験者によるさまざまな工夫が集められています。

図4-10 MNIST画像

4.3 MNISTを偽造するための敵対的なGAN

では、実際にKerasを利用してGANを作成してみましょう。KerasでGANを実装する際には、keras-adversarialというライブラリを使用すると便利です。keras-adversarial（https://github.com/bstriner/keras-adversarial）はBen Striner（https://github.com/bstriner）により作成されたライブラリで、ライセンスはMITライセンスとなっています。今回は、こちらのライブラリを使用して実装を行っていきます。

以下のコマンドでインストールが可能です。

```
$ pip install git+https://github.com/bstriner/keras-adversarial.git
```

本書翻訳（2018年3月）時点で、Keras 2.1.2での動作は確認できました。しかし、それより上のバージョンでは動作しませんでした。そのため、keras-adversarialライブラリを使用する場合は、Kerasのバージョンを2.1.2以下にする必要があります。

以下のようにバージョン指定してインストールします。

```
$ pip install keras==2.1.2
```

生成モデル*Generator*（略称：G）と識別モデル*Discriminator*（略称：D）が同じモデルMの場合、以下のようなAdversarialModelを作成します。モデルMに対する入力はひとつで（Generatorが生成に使うノイズと、Discriminator用の本物の画像を結合したもの)、G と D とがそれぞれ異なる損失関数、教師ラベルで学習されることになります(Generatorは騙せたか、Discriminatorは見破れたかで学習されます。このため、教師ラベルはGeneratorとDiscriminatorで逆になります)。

```
adversarial_model = AdversarialModel(base_model=M,
    player_params=[generator.trainable_weights,
 ↪  discriminator.trainable_weights],
    player_names=["generator", "discriminator"])
```

生成モデル G と識別モデル D がそれぞれ異なるモデルである場合、以下のように実装します。

```
adversarial_model = AdversarialModel(player_models=[gan_g, gan_d],
    player_params=[generator.trainable_weights,
 ↪  discriminator.trainable_weights],
    player_names=["generator", "discriminator"])
```

では、実際にMNISTの画像を使用してGANを構築する例を見てみましょう。このコードは、keras-adversarialの使用例として公開されています(https://github.com/bstriner/keras-adversarial/blob/master/examples/example_gan_convolutional.py)。

まず、必要なモジュールをインポートします。LeakyReLU以外はこれまでも使ったことのあるものだと思います。LeakyReLUはReLUの特殊なパターンで、ReLUが $x \leqq 0$ の場合に勾配が0になって学習が進まなくなってしまう問題を回避することができます。経験的に、LeakyReLUを使用することでGANのパフォーマンスを改善することができます(詳細については、B. Xu、N. Wang、T. Chen、M. Liの "Empirical Evaluation of Rectified Activations in Convolutional Network", arXiv:1505.00853, 2014を参照してください)。

```
import os
import pandas as pd
import numpy as np
import matplotlib as mpl
import keras.backend as K
from keras.layers import Flatten, Dropout, LeakyReLU, Input, Activation,
 ↪  Dense, BatchNormalization
from keras.layers.convolutional import UpSampling2D, Conv2D
from keras.models import Model
from keras.optimizers import Adam
from keras.callbacks import TensorBoard
from keras.datasets import mnist
```

GANのためのモジュールを、keras_adversarialからインポートします。また、画像の描画に必要な設定を行います。

```
from keras_adversarial.image_grid_callback import ImageGridCallback
from keras_adversarial import AdversarialModel, simple_gan, gan_targets
from keras_adversarial import AdversarialOptimizerSimultaneous,
↪  normal_latent_sampling
from image_utils import dim_ordering_fix, dim_ordering_input,
↪  dim_ordering_reshape, dim_ordering_unfix


# This line allows mpl to run with no DISPLAY defined
mpl.use("Agg")
```

AdversarialModelは、複数人プレイヤーで行うゲームのように学習します。すなわち、k人のプレイヤーがそれぞれn個のラベルデータを持つため、$n \times k$のターゲットが学習（損失関数の最適化）に必要になります。simple_ganは、以下で定義されるgan_targetsをラベルにしたGANを構築します（gan_targetsは、keras-adversarialのadversarial_utils.pyで定義されています）。前述のとおり、Generatorにとってのラベルと Discriminatorにとってのラベルは逆になります。これは、GANにおける一般的な実装例です。

```
def gan_targets(n):
    """
    Standard training targets [generator_fake, generator_real,
↪   discriminator_fake,
    discriminator_real] = [1, 0, 0, 1]
    :param n: number of samples
    :return: array of targets
    """
    generator_fake = np.ones((n, 1))
    generator_real = np.zeros((n, 1))
    discriminator_fake = np.zeros((n, 1))
    discriminator_real = np.ones((n, 1))
    return [generator_fake, generator_real, discriminator_fake,
↪   discriminator_real]
```

以下のコードでは、以前提示したものと同様の方法で生成モデルを定義しています。ただ、今回は関数からの出力を次の関数の入力として渡していくような、関数型のシンタックスで実装しています。最初に入力を受けるのは全結合層で、出力をBatchNormalizationで正規化したのちに活性化関数reluで伝播を行います。そのあと、dim_ordering_reshapeで幅×高さ×深さの形式にしたあとに

UpSampling2Dを行い、以降は畳み込みを重ねていきます。

```
def model_generator():
    nch = 256
    g_input = Input(shape=[100])
    H = Dense(nch * 14 * 14)(g_input)
    H = BatchNormalization()(H)
    H = Activation('relu')(H)
    H = dim_ordering_reshape(nch, 14)(H)
    H = UpSampling2D(size=(2, 2))(H)
    H = Conv2D(int(nch / 2), (3, 3), padding='same')(H)
    H = BatchNormalization()(H)
    H = Activation('relu')(H)
    H = Conv2D(int(nch / 4), (3, 3), padding='same')(H)
    H = BatchNormalization()(H)
    H = Activation('relu')(H)
    H = Conv2D(1, (1, 1), padding='same')(H)
    g_V = Activation('sigmoid')(H)
    return Model(g_input, g_V)
```

識別モデルも、以前定義したものととてもよく似ています。唯一の大きな違いは、LeakyReLUの採用です。

```
def model_discriminator(input_shape=(1, 28, 28), dropout_rate=0.5):
    d_input = dim_ordering_input(input_shape, name="input_x")
    nch = 512
    # nch = 128
    H = Conv2D(int(nch / 2), (5, 5),
               strides=(2, 2),
               padding='same',
               activation='relu',
               )(d_input)
    H = LeakyReLU(0.2)(H)
    H = Dropout(dropout_rate)(H)
    H = Conv2D(nch, (5, 5),
               strides=(2, 2),
               padding='same',
               activation='relu',
               )(H)
    H = LeakyReLU(0.2)(H)
    H = Dropout(dropout_rate)(H)
    H = Flatten()(H)
    H = Dense(int(nch / 2))(H)
    H = LeakyReLU(0.2)(H)
    H = Dropout(dropout_rate)(H)
    d_V = Dense(1, activation='sigmoid')(H)
    return Model(d_input, d_V)
```

次にMNISTのデータを読み込んで正規化するための2つの簡単な関数を定義します。

```
def mnist_process(x):
    x = x.astype(np.float32) / 255.0
    return x

def mnist_data():
    (xtrain, ytrain), (xtest, ytest) = mnist.load_data()
    return mnist_process(xtrain), mnist_process(xtest)
```

次に生成モデルと識別モデルを組み合わせて、ひとつのGANモデルにします(simple_ganにより、この処理が行われます)。生成モデルへの入力となるZはnormal_latent_samplingにより正規分布からサンプリングされます。

```
if __name__ == "__main__":
    # z in R^100
    latent_dim = 100
    # x in R^{28x28}
    input_shape = (1, 28, 28)
    # generator (z -> x)
    generator = model_generator()
    # discriminator (x -> y)
    discriminator = model_discriminator(input_shape=input_shape)
    # gan (x - > yfake, yreal), z generated on GPU
    gan = simple_gan(generator, discriminator,
 ↪   normal_latent_sampling((latent_dim,)))
    # print summary of models
    generator.summary()
    discriminator.summary()
    gan.summary()
```

そして、学習を行うためにAdversarialModelの作成とコンパイルを行います。最適化のためのオプティマイザーとしてAdam、損失関数としてbinary_crossentropyを使用しています。

```
    # build adversarial model
    model = AdversarialModel(
        base_model=gan,
        player_params=[generator.trainable_weights,
                       discriminator.trainable_weights],
        player_names=["generator", "discriminator"])
    model.adversarial_compile(
        adversarial_optimizer=AdversarialOptimizerSimultaneous(),
        player_optimizers=[Adam(1e-4, decay=1e-4),
```

```
                             Adam(1e-3, decay=1e-4)],
        loss="binary_crossentropy")
```

生成モデルの作成した画像がエポックごとに確認できるように、画像を生成させるコールバックである generator_cb を作成します。これにより、偽造された画像が少しずつ本物に近づいていく様子を確認できます。また、学習状況を確認するための TensorBoard のコールバックを作成します。

```
    # train model
    generator_cb =
↪    ImageGridCallback("output/gan_convolutional/epoch-{:03d}.png",
                                     generator_sampler(latent_dim,
↪    generator))
    callbacks = [generator_cb]
    if K.backend() == "tensorflow":
        callbacks.append(

↪    TensorBoard(log_dir=os.path.join("output/gan_convolutional/",
↪    "logs/"),
                         histogram_freq=0, write_graph=True,
↪    write_images=True))

    xtrain, xtest = mnist_data()
    xtrain = dim_ordering_fix(xtrain.reshape((-1, 1, 28, 28)))
    xtest = dim_ordering_fix(xtest.reshape((-1, 1, 28, 28)))
    y = gan_targets(xtrain.shape[0])
    ytest = gan_targets(xtest.shape[0])
    history = model.fit(x=xtrain, y=y, validation_data=(xtest, ytest),
                        callbacks=[generator_cb], epochs=100,
                        batch_size=32)
    df = pd.DataFrame(history.history)
    df.to_csv("output/gan_convolutional/history.csv")

    generator.save("output/gan_convolutional/generator.h5")
    discriminator.save("output/gan_convolutional/discriminator.h5")
```

なお、dim_ordering_unfix は image_utils.py で定義された、異なる画像の次元の順序をサポートするためのユーティリティ関数です。

image_utils.py には他の関数も実装されています。実装の全体は、https://github.com/bstriner/keras-adversarial/blob/master/examples/image_utils.py で確認できます。

では、実際にコードを実行して生成モデルと識別モデルの損失を見てみましょう。

```
$ python example_gan_convolutional.py
```

5〜6回の学習後に生成された画像が**図4-11**です。すでに、手書き数字に見える画像の生成方法を学習しています。

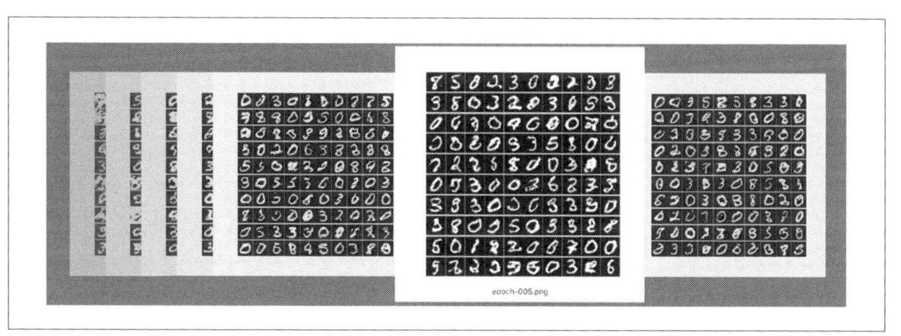

図4-11 GANによるMNIST生成画像例

4.4 CIFAR-10の画像を生成するGANの実装

次に、CIFAR-10の画像を生成するGANを実装してみましょう。`keras-adversarial`のサンプルコードを使用します（https://github.com/bstriner/keras-adversarial/blob/master/examples/example_gan_cifar10.py から入手できます）。

まず、必要なモジュールのインポートと画像描画の設定を行います。

```
import os
import pandas as pd
import numpy as np
import matplotlib as mpl
import keras.backend as K
from keras.layers import Reshape, Flatten, LeakyReLU, Activation, Dense,
  ↪  BatchNormalization, SpatialDropout2D
from keras.layers.convolutional import Conv2D, UpSampling2D,
  ↪  MaxPooling2D, AveragePooling2D
from keras.regularizers import L1L2
from keras.models import Sequential, Model
from keras.optimizers import Adam
from keras.callbacks import TensorBoard
from keras.datasets import cifar10
from keras_adversarial.image_grid_callback import ImageGridCallback
from keras_adversarial import AdversarialModel, simple_gan, gan_targets,
  ↪  fix_names
```

```
from keras_adversarial import AdversarialOptimizerSimultaneous,
↪  normal_latent_sampling
from image_utils import dim_ordering_unfix, dim_ordering_shape


# This line allows mpl to run with no DISPLAY defined
mpl.use("Agg")
```

次に`l1`と`l2`の正則化を利用した畳み込み、バッチ正規化、およびアップサンプリングの組合せで生成モデルを作成します。

この構造は多くのチューニング実験から得られた結果に基づいていますが、基本的には最初に全結合層、中間に`Conv2D`と`UpSampling2D`による繰り返し（その間は、`BatchNormalization`で正規化し`LeakyReLU`でつなぎます）、最後にシグモイド関数で出力するという構成は変わりません。

```
def model_generator():
    model = Sequential()
    nch = 256
    reg = lambda: L1L2(l1=1e-7, l2=1e-7)
    h = 5
    model.add(Dense(nch * 4 * 4, input_dim=100,
↪  kernel_regularizer=reg()))
    model.add(BatchNormalization())
    model.add(Reshape(dim_ordering_shape((nch, 4, 4))))
    model.add(Conv2D(int(nch / 2), (h, h), padding="same",
↪  kernel_regularizer=reg()))
    model.add(BatchNormalization(axis=1))
    model.add(LeakyReLU(0.2))
    model.add(UpSampling2D(size=(2, 2)))
    model.add(Conv2D(int(nch / 2), (h, h), padding="same",
↪  kernel_regularizer=reg()))
    model.add(BatchNormalization(axis=1))
    model.add(LeakyReLU(0.2))
    model.add(UpSampling2D(size=(2, 2)))
    model.add(Conv2D(int(nch / 4), (h, h), padding="same",
↪  kernel_regularizer=reg()))
    model.add(BatchNormalization(axis=1))
    model.add(LeakyReLU(0.2))
    model.add(UpSampling2D(size=(2, 2)))
    model.add(Conv2D(3, (h, h), padding="same",
↪  kernel_regularizer=reg()))
    model.add(Activation("sigmoid"))
    return model
```

次に識別モデルを定義します。こちらも、Conv2Dの繰り返しになります。正則化のために、チャンネル単位でドロップアウトを行う（特徴マップ平面全体を無視する）SpatialDropout2Dを使っています。同様の理由で、MaxPooling2DとAveragePooling2Dも使用します。

```
def model_discriminator():
    nch = 256
    h = 5
    reg = lambda: L1L2(l1=1e-7, l2=1e-7)

    c1 = Conv2D(int(nch / 4),
                (h, h),
                padding="same",
                kernel_regularizer=reg(),
                input_shape=dim_ordering_shape((3, 32, 32)))
    c2 = Conv2D(int(nch / 2),
                (h, h),
                padding="same",
                kernel_regularizer=reg())
    c3 = Conv2D(nch,
                (h, h),
                padding="same",
                kernel_regularizer=reg())
    c4 = Conv2D(1,
                (h, h),
                padding="same",
                kernel_regularizer=reg())

    def m(dropout):
        model = Sequential()
        model.add(c1)
        model.add(SpatialDropout2D(dropout))
        model.add(MaxPooling2D(pool_size=(2, 2)))
        model.add(LeakyReLU(0.2))
        model.add(c2)
        model.add(SpatialDropout2D(dropout))
        model.add(MaxPooling2D(pool_size=(2, 2)))
        model.add(LeakyReLU(0.2))
        model.add(c3)
        model.add(SpatialDropout2D(dropout))
        model.add(MaxPooling2D(pool_size=(2, 2)))
        model.add(LeakyReLU(0.2))
        model.add(c4)
        model.add(AveragePooling2D(pool_size=(4, 4), padding="valid"))
        model.add(Flatten())
        model.add(Activation("sigmoid"))
        return model
```

```
        return m
```

また、CIFAR-10 の画像を取得、正規化する処理を実装します。

```
def cifar10_process(x):
    x = x.astype(np.float32) / 255.0
    return x


def cifar10_data():
    (xtrain, ytrain), (xtest, ytest) = cifar10.load_data()
    return cifar10_process(xtrain), cifar10_process(xtest)
```

これで GAN を作成する準備ができました。次の関数は生成モデル、識別モデル、ノイズの次元数、GAN のラベルといった複数の入力を受け取る処理を行います。

```
def example_gan(adversarial_optimizer, path, opt_g, opt_d, nb_epoch,
                generator, discriminator, latent_dim,
                targets=gan_targets, loss="binary_crossentropy"):
    csvpath = os.path.join(path, "history.csv")
    if os.path.exists(csvpath):
        print("Already exists: {}".format(csvpath))
        return
```

次に 2 つの GAN を作成します。2 つ作成する理由は、学習時に生成モデルと識別モデルのパラメータを変更したいからです。これらは、それぞれ生成モデル、識別モデルの学習に使用します。今回は生成モデルの学習に使用する識別モデルと識別モデルの学習に使用する識別モデルのドロップアウトの値を変更しています。

生成モデルの学習に使用するほう（d_g）は、ドロップアウトのない識別モデルを使用します。

```
print("Training: {}".format(csvpath))
# gan (x - > yfake, yreal), z is gaussian generated on GPU
# can also experiment with uniform_latent_sampling
d_g = discriminator(0)
d_d = discriminator(0.5)
generator.summary()
d_d.summary()
gan_g = simple_gan(generator, d_g, None)
gan_d = simple_gan(generator, d_d, None)
x = gan_g.inputs[1]
z = normal_latent_sampling((latent_dim,))(x)
# eliminate z from inputs
gan_g = Model([x], fix_names(gan_g([z, x]), gan_g.output_names))
gan_d = Model([x], fix_names(gan_d([z, x]), gan_d.output_names))
```

MNISTの際には生成モデルと識別モデルの2つが含まれるbase_modelを作成しましたが、今回は生成モデルと識別モデルを別のGANとして定義したため、その2つをplayer_modelsで渡す形でAdversarialModelを作成します。

```
# build adversarial model
model = AdversarialModel(player_models=[gan_g, gan_d],
                         player_params=[generator.trainable_weights,
                                        d_d.trainable_weights],
                         player_names=["generator",
↪ "discriminator"])

↪ model.adversarial_compile(adversarial_optimizer=adversarial_optimizer,
                          player_optimizers=[opt_g, opt_d],
                          loss=loss)
```

次に、学習中に画像を生成するためのコールバックであるImageGridCallbackと、学習の進捗状況を表示するためのTensorBoardコールバックを作成します。

```
# create callback to generate images
zsamples = np.random.normal(size=(10 * 10, latent_dim))

def generator_sampler():
    xpred = generator.predict(zsamples)
    xpred = dim_ordering_unfix(xpred.transpose((0, 2, 3, 1)))
    return xpred.reshape((10, 10) + xpred.shape[1:])

generator_cb = ImageGridCallback(
                os.path.join(path, "epoch-{:03d}.png"),
                generator_sampler, cmap=None)

callbacks = [generator_cb]
if K.backend() == "tensorflow":
    callbacks.append(
        TensorBoard(log_dir=os.path.join(path, "logs"),
                    histogram_freq=0, write_graph=True,
↪ write_images=True))
```

ここで、実際に学習する処理を実装します。CIFAR-10の画像をロードし、fitを実行します。学習の進捗状況はTensorBoardに表示されますが、historyはその履歴をCSVファイルで参照することができます。学習したモデルの重みは、h5というファイル形式で保存されます。

```
# train model
xtrain, xtest = cifar10_data()
y = targets(xtrain.shape[0])
```

```
    ytest = targets(xtest.shape[0])
    history = model.fit(x=xtrain, y=y, validation_data=(xtest, ytest),
                        callbacks=callbacks, epochs=nb_epoch,
                        batch_size=32)

    # save history to CSV
    df = pd.DataFrame(history.history)
    df.to_csv(csvpath)

    # save models
    generator.save(os.path.join(path, "generator.h5"))
    d_d.save(os.path.join(path, "discriminator.h5"))
```

最後に、GANの学習を実行します。生成モデルは100次元のノイズから生成を行い、生成モデル、識別モデル双方の学習にはAdamオプティマイザーを使用します。

```
def main():
    # z \in R^100
    latent_dim = 100
    # x \in R^{28x28}
    # generator (z -> x)
    generator = model_generator()
    # discriminator (x -> y)
    discriminator = model_discriminator()
    if not os.path.exists("output/gan-cifar10"):
        os.mkdir("output/gan-cifar10")
    example_gan(AdversarialOptimizerSimultaneous(),
 ↪   "output/gan-cifar10",
                opt_g=Adam(1e-4, decay=1e-5),
                opt_d=Adam(1e-3, decay=1e-5),
                nb_epoch=1, generator=generator,
 ↪   discriminator=discriminator,
                latent_dim=latent_dim)


if __name__ == "__main__":
    main()
```

なお、生成された画像をグリッド状に保存するために、`keras-adversarial`の`image_grid.py`の処理が使用されています。実装の全体は、https://github.com/bstriner/keras-adversarial/blob/master/keras_adversarial/image_grid.py で確認できます。

では、実際に動かしてみましょう。最初の頃は本物には見えない画像ばかりですが(**図4-12**)、エポック数が99を超えるあたりから実際のCIFAR-10に近い画像を生成する方法を学習してきます。

```
$ python example_gan_cifar10.py
```

図4-12 CIFAR-10の学習初期の生成画像例

図4-13では、生成した画像が左に、実際のCIFAR-10の画像が右に表示されています。

図4-13 GANで生成した画像（左）と実際の画像（右）

4.5 WaveNet：音声の生成方法を学習する生成モデル

WaveNetは生の音声を生成できるディープラーニングモデルです。この画期的な技術は、Google DeepMind（https://deepmind.com/）が、コンピューターに発話を学習させるために使用した手法として発表されました（https://deepmind.com/blog/wavenet-generative-model-raw-audio/）。この結果は本当に驚かされるもので、合成した例をWeb上で聞くことができます。ここで、皆さんはなぜ音声を生成することが難しいか疑問に思うかもしれません。まず、私たちが聞くデジタル音声は1秒間に16,000サンプル（ときには48,000以上）で構成されており、これだけ多くのサンプルを生成するモデルを構築することはとても難しいという点があります。それにもかかわらず、WaveNetは現在の**音声合成**（text-to-speech：TTS）の最高精度を更新し、米国英語と北京語の双方で実際の人間の声との違いを50%削減するという実験結果を示しました。さらにすばらしいことに、DeepMindはWaveNetを使ってコンピューターにピアノなどの楽器の音を生成する方法も学習させることができると証明しました。以降の説明を進めるにあたり、いくつかの定義を明確にしておきます。音声合成システムは、一般的に2つの異なる方式に分けることができます。

波形接続型音声合成システム

これはさまざまな音声の断片を保存しておき、合成する際にそれらを組み合わせて出力するという手法です（ボーカルシンセサイザーなどにも利用されている手法です）。ただ、この手法は拡張性があまり高くありません。なぜなら、あらかじめ音声の断片を保存しておく必要があるため、新しい話者や異なる種類の音声に対応する場合まずその断片の録音から始めなくてはならないためです。

パラメトリック音声合成システム

これは音声合成を行うための特徴量を保持したモデルを作成する手法です。WaveNetが登場する前は、パラメトリックで合成された音声は波形接続に比べて自然ではありませんでした。WaveNetは、それ以前の手法が信号処理アルゴリズムの処理結果を用いるのに対して、音声を直接モデリングすることで最高精度の更新に成功しました。

原則として、WaveNet は 1 次元の畳み込み層を重ねたものとして見ることができます（畳み込みを行う際のストライドの幅は一定で、プーリングは行いません）。「3 章 畳み込みニューラルネットワーク」では画像の認識のため 2 次元の畳み込みを重ねる手法を見てきましたが、このように CNN は与えられた入力の特徴を抽出するには優れたモデルです。ただ、音声のような「長い入力」から特徴を抽出するにはその入力幅を広げる必要があり、そのためには層をたくさん積んで入力の裾野を広くするか（ピラミッドのようなイメージです）、大きなフィルターを使用する必要があります。WaveNet は、この点を克服するため「Dilated Causal Convolution」という手法を用いています（詳細については、Fisher Yu と Vladlen Koltun の "Multi-Scale Context Aggregation by Dilated Convolutions", 2016, https://www.semanticscholar.org/paper/Multi-Scale-Context-Aggregation-by-Dilated-Yu-Koltun/420c46d7cafcb841309f02ad04cf51cb1f190a48 を参照してください）。これは穴あきの畳み込みといった形で、フィルターで畳み込みを行う際にいくつかの入力がスキップされるということです（**図4-14**）。入力が 1 次元であり、フィルター w のサイズが 3、dilation（スキップ幅）が 2 の場合、以下のように畳み込みの計算が行われます（dilation = 1 が、通常の畳み込みと同じになります）。

$$w[0]x[0] + w[1]x[2] + w[2]x[4]$$

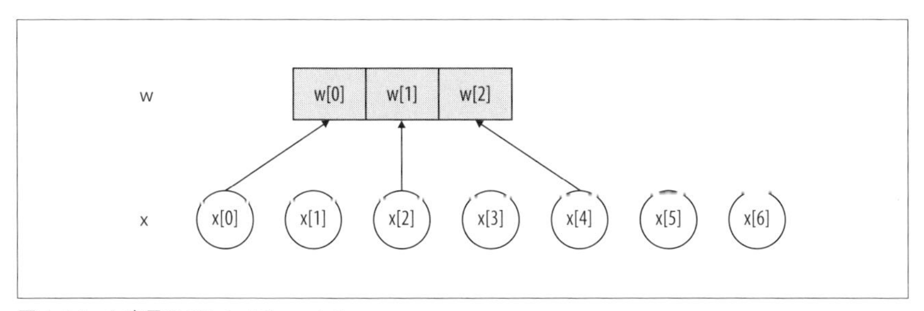

図4-14　1 次元の Dilated Convolution

WaveNet で使用されている技術として **Causal Convolution** についても説明します。

通常の 1 次元畳み込み処理で両端を 0 でパディングした場合は**図4-15** のようになります。

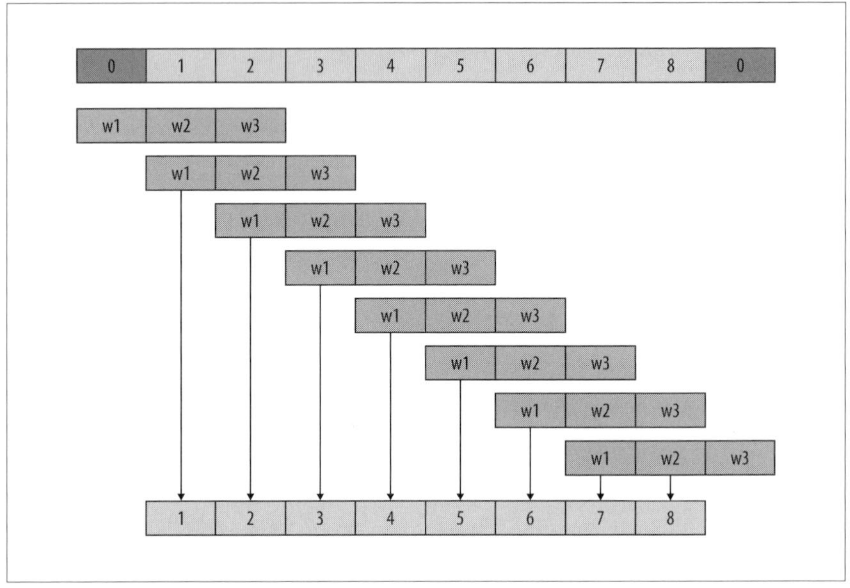

図4-15 1次元のConvolution

図4-15の1次元の畳み込みだと本来知るべきでない未来の値が入っています。これを防ぐための処理がCausal Convolutionです。**図4-16**に示すように出力は過去の値だけを用いるようになっています。

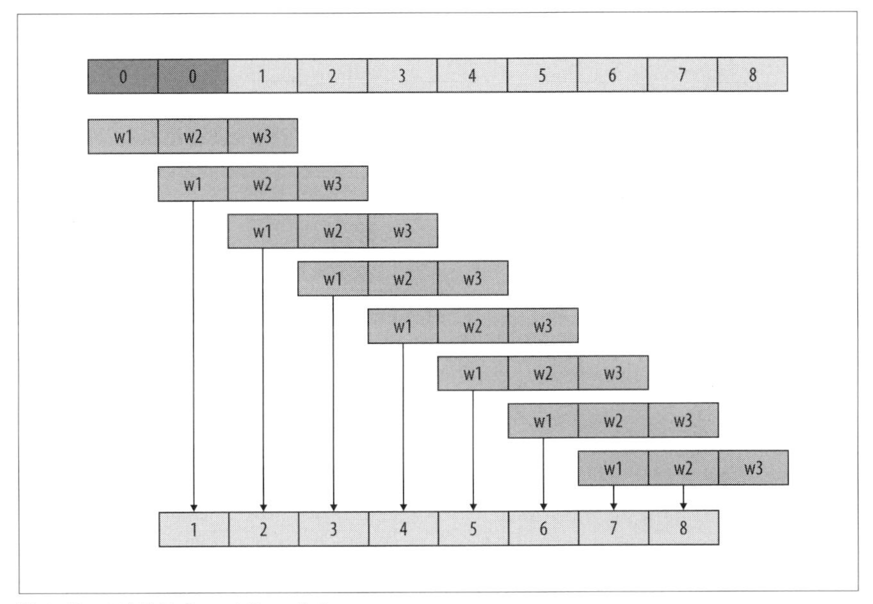

図4-16　1次元のCausal Convolution

畳み込みに穴を導入するDilated Convolutionのシンプルなアイデアにより、レイヤーを重ねるごとにdilationの値を指数関数的に増やせるようになります。その結果、層をそれほど重ねなくてもとても長い入力を扱うことができ、長期の依存関係も学習できるようになります。これが、WaveNetが数千サンプルにわたる長さの音声を扱えている理由になります。WaveNetを学習させる際の入力は、人間の話者から録音された音源を使用します。波形データは、各値が一定の整数値範囲に収まるよう量子化されます。畳み込みを行う際は、現在およびそれ以前の入力のみ対象とするようにしています（これが「Causal」の意味になります）。最後に、各層における畳み込みの結果を合算し、さらに1×1の畳み込みを行って、量子化の範囲（一定の整数値範囲）のどこに入るかの確率をソフトマックスで出力します。各ステップで予測された値は、次の予測のための入力としてフィードバックされます。これを元にさらに次の予測の実行、と繰り返していきます。損失関数は、現時点のステップの予測（＝次タイムステップの予測値）と、実際の次タイムステップの入力との間のクロスエントロピー誤差になります。

Bas VeelingがKerasによるWaveNetの実装（https://github.com/basveeling/wavenet）を公開しています（ただし、この実装はPython 3をサポートしていな

い点に注意してください)。

本書日本語版のサンプルコード https://github.com/oreilly-japan/deep-learning-with-keras-ja の以下の Python コードと requirements_gpu_wavenet.txt で置き換えれば、TensorFlow と Keras 2系、Python 3で動作可能です。

- dataset.py
- wavenet.py
- wavenet_utils.py
- requirements_gpu_wavenet.txt

```
$ pip install virtualenv
$ git clone https://github.com/basveeling/wavenet.git
$ cd wavenet
$ virtualenv venv
$ source venv/Scripts/activate
$ pip install -r requirements.txt
```

学習は非常にシンプルですが、かなりの計算量が必要です(GPUを使用した学習を推奨します)。

```
$ python wavenet.py with 'data_dir=your_data_dir_name'
```

学習済みモデルからのサンプリングも、簡単に行うことができます。

```
$ python wavenet.py predict with \
  'models/[run_folder]/config.json predict_seconds=1'
```

WaveNetの学習を改善するためのさまざまなハイパーパラメータがあります。WaveNetのモデルをダンプしてみるとわかりますが、これはとても深いネットワークです。なお、入力された音声は長さ1152、値範囲256に分割されます(fragment_length = 1152、nb_output_bins = 256)。WaveNetはResidual blockと呼ばれるブロックを繰り返すことで構築されています。このブロック内では、Dilated Causal Convolutionの結果をsigmoidとtanhそれぞれの活性化関数で処理した結果を要素積で合算し、さらに1 × 1の畳み込みをかけたあとに元の入力と合算するという処理が実装されています(詳細については、以下の実際の実装コードを参照してください)。なお、dilationの値は2の累乗(2 ** i)に沿い、1から

512 まで拡大します。

```
def residual_block(x):
    original_x = x
    tanh_out = CausalAtrousConvolution1D(nb_filters, 2, dilation_rate=2
↪  ** i, padding='valid', causal=True,
                                         use_bias=use_use_bias,
                                         name='dilated_conv_%d_tanh_s%d'
↪  % (2 ** i, s), activation='tanh',

↪  kernel_regularizer=l2(res_l2))(x)
    sigm_out = CausalAtrousConvolution1D(nb_filters, 2, dilation_rate=2
↪  ** i, padding='valid', causal=True,
                                         use_bias=use_use_bias,
                                         name='dilated_conv_%d_sigm_s%d'
↪  % (2 ** i, s), activation='sigmoid',

↪  kernel_regularizer=l2(res_l2))(x)
    x = layers.Multiply(name='gated_activation_%d_s%d' % (i,
↪  s))([tanh_out, sigm_out])

    res_x = layers.Convolution1D(nb_filters, 1, padding='same',
↪  use_bias=use_use_bias,
                                 kernel_regularizer=l2(res_l2))(x)
    skip_x = layers.Convolution1D(nb_filters, 1, padding='same',
↪  use_bias=use_use_bias,
                                  kernel_regularizer=l2(res_l2))(x)
    res_x = layers.Add()([original_x, res_x])
    return res_x, skip_x
```

このResidual blockの処理のあとに、先ほど述べた各層における畳み込みの結果を合算して1 × 1の畳み込みを行い、量子化の範囲（一定の整数値範囲＝`nb_output_bins`）のどこに入るかの確率をソフトマックスで出力する処理が続きます。

DeepMindは複数の話者を含むデータセットを学習しようと試みました。これにより言語と話者のトーンの共有表現を学習する能力が大幅に向上し、自然な音声に近い結果が得られました。驚くべき品質の合成された音声は、オンラインで聞いてみることができます（https://deepmind.com/blog/wavenet-generative-model-raw-audio/）。さらに、WaveNetに対して生の音声だけでなくテキストによる言語的、および発話的な特徴を加えることで、音声の品質が向上する点は興味深いことです。筆者のお気に入りのサンプルは、同じ文章を異なるトーンの音声で合成するものです。もちろん、WaveNetが作成するピアノ音楽も魅力的です。ぜひオンラインでチェックしてみてください！

訳者補記：データの取得、学習、予測

ここではデータの取得から学習、予測までの方法を説明します。

学習データはあらかじめ用意されているため以下の方法で取得可能です。

```
$ cd vctk
$ bash download_vctk.sh
```

次のようにデータの容量を確認されるので、空き容量に問題がなければyを選択してデータを取得します。

```
Available diskspace in ~/ch04/wavenet/vctk:
Filesystem      Size  Used Avail Use% Mounted on
/dev/sdb6       1.4T  1.1T  193G  85% /
This will download the VCTK corpus (11Gb) and extract it (14.9Gb),
are you sure (y/n):y
```

データを解凍します。

```
$ tar xvzf VCTK-Corpus.tar.gz
```

そのあと、取得したデータを用いて学習を行います。訳者の環境ではネットワークを小さくしないと学習できませんでした。

scipyのwavefileのIO処理部分で以下のように警告が表示されてプログラムが動作しません。この原因は、fromstringはバイナリ入力処理を削除したためバイナリ入力をユニコードの入力として扱ってしまうからです。

```
DeprecationWarning: The binary mode of fromstring is deprecated, as
it behaves surprisingly on unicode inputs. Use frombuffer instead
```

scipy（バージョン1.0.0）ではscipy/io/wavfile.pyの129行目のfromstringをfrombufferに変更してバイナリデータを適切に扱えるようにすると動作します。

```
data = numpy.fromstring(fid.read(size), dtype=dtype)
  ↓
data = numpy.frombuffer(fid.read(size), dtype=dtype)
```

訳者の環境（CPU：4 コア、3.7GHz、メモリ：16GB、GPU：GeForce GTX 1080）では小さなモデルでないと動作しなかったため、small オプションを付与して小さなモデルで学習しました。

```
$ python wavenet.py with vctkdata small
```

訳者の環境では 1 日程度で学習が終了しました。学習が適切なタイミングで止まるように EarlyStopping が設定されています。これによって 20 エポックの間にバリデーションデータの損失が下がらない場合に止まるようになっています。以下の結果では十分な精度が出ていません。適切な精度を出すには EarlyStopping のオプションを外して長期間、学習する必要があるでしょう。ただし 1 エポックあたりに 5 分かかるため、1000 エポックだと 3 日強かかる計算となります。長時間の学習が必要になります。

```
Epoch 475/1000
736/736 [==============================] - 300s 407ms/step - loss:
2.4580 - categorical_accuracy: 0.2616 -
categorical_mean_squared_error: 209.1970 - val_loss: 2.4582 -
val_categorical_accuracy: 0.2615 -
val_categorical_mean_squared_error: 209.0897
Epoch 00475: early stopping
INFO - wavenet - Completed after 1 day, 11:26:56
```

以下に予測方法の一例を示します。

models/run_[日付]_[時間]/config.json
予測に指定したいモデルが存在する json ファイルを指定

predict_seconds
何秒分の予測をするのかを指定

```
$ python wavenet.py predict with \
 models/run_20171102_202904/config.json predict_seconds=20
```

動作するとモデルの定義が確認でき、予測の進捗状況を以下のように確認できます。

```
  0%|          | 0/88200 [00:00<?, ?it/s]WARNING - predict - Last
three predicted outputs where 128
 33%|###3      | 29367/88200 [15:28<30:22, 32.29it/s]
```

予測された音声データは `models/run_[日付]_[時間]/samples/` フォルダに `wav` フォーマットで保存されます。

4.6 まとめ

本章では GAN について解説しました。通常 GAN は 2 つのネットワークで構成されています。ひとつは本物に見えるようなデータを合成することを学習するネットワーク、もうひとつは合成されたデータが本物かどうか区別することを学習するネットワークです。これらの 2 つのネットワークは、絶えず競争し合うことで互いの精度を改善していきます。

本章ではオープンソースのコードを参照し、MNIST と CIFAR-10 画像を本物に見えるように合成する手法を学びました。さらに、Google DeepMind によって提案されたディープラーニングモデルである WaveNet について学びました。WaveNet を使えば、人間の声や楽器をすばらしい品質で再現する方法をコンピューターに教えることができます。WaveNet はパラメトリックな音声合成の手法であり、Dilated Causal Convolution により生の音声から直接学習を行います。Dilated Convolution は畳み込みフィルターに穴をあけたような、特別な畳み込みの手法であり、これにより扱える入力の範囲を拡張し、長期のタイムステップにわたる数千もの音声サンプルを効率的にカバーできます。DeepMind は人間の声や楽器の音を合成するために WaveNet を適用し、過去の最高精度を大幅に更新しました。

次章では、単語分散表現について解説します。これは、単語間の関係を検出し、類似する単語をグループ化するためのディープラーニングの手法です。

5章 単語分散表現

Wikipedia では、**単語分散表現**（word embedding）は**自然言語処理**（natural language processing：NLP）における言語モデルと特徴表現学習を組み合わせた技術の総称として定義されています。単語分散表現では、語彙内の単語やフレーズをベクトルにマッピングします。

単語分散表現は、テキスト中の単語を数値ベクトルに変換する方法のひとつです。テキストを数値ベクトルに変換することで、数値ベクトルの入力を必要とする機械学習アルゴリズムでテキストを解析できるようになります。

「1 章 ニューラルネットワークの基礎」では、最も基本的な分散表現の手法である**one-hot エンコーディング**について確認しました。1 章で確認したように、one-hot エンコーディングは単語を語彙数と同じサイズのベクトルで表現するものでした。ベクトル中のある単語に対応する要素のみが 1 であり、他のすべての要素は 0 に設定されます。

one-hot エンコーディングの問題点は、単語間の類似性を表現できないことです。一般的に、私たち人間は (cat, dog)、(knife, spoon) のような単語は類似していると考えます。ベクトル間の類似度はベクトルの内積を用いて計算できますが、one-hot ベクトルの場合、コーパス内の任意の 2 単語間の内積は常に 0 になってしまいます。

one-hot エンコーディングの問題点を解決するために、NLP 界隈は**情報検索**（information retrieval：IR）分野の手法を用いて単語をベクトル化しました。情報検索分野では、文書を文脈として用いることで単語をベクトル化します。有名な手法として、**TF-IDF**（https://ja.wikipedia.org/wiki/Tf-idf）、**潜在意味解析**（latent semantic analysis：LSA、https://ja.wikipedia.org/wiki/潜在意味解析）、**トピックモデル**（https://en.wikipedia.org/wiki/Topic_model）が挙げられます。ただ、これらの手法は文章中の単語に着目しており、単語それ自体の意味を捉えようとする単語分散表現とは異なる手法になります。

単語分散表現に関する技術の開発は2000年頃から本格的に始まりました。単語分散表現は、文章を前提としそれを文脈とする従来の情報検索分野の手法とは異なり、単語自体を文脈として使用します。単語を文脈として使用することで、人間から見た際に、より自然な意味的類似性につながります。現在、単語分散表現は、テキスト分類、文書クラスタリング、品詞タグ付け、固有表現認識、評判分析など、あらゆる種類のNLPタスクでテキストをベクトル化するために使われています。

本章では、2つの形式の単語分散表現、word2vecおよびGloVeについて説明します。どちらも、単語分散表現の手法としてよく知られているものです。これらの分散表現は非常に効果的であるため、ディープラーニング界隈とNLP界隈で広く用いられています。

また、Kerasのコードで分散表現を生成するさまざまな方法を学ぶだけでなく、事前学習済みのword2vecとGloVeモデルの使用方法やファインチューニングの方法についても学びます。

本章では、次のトピックについて説明します。

- さまざまな単語分散表現の構築方法
- NLPのタスクで単語分散表現を活用するモデルの構築方法

5.1 分散表現

分散表現は、ある単語の意味を、その単語の文脈中に出現する別の単語との関係によって捉えることを目指しています。最初にこの考え方を提案した言語学者J.R. Firthは次のように述べています(詳細については、Andrew M. Dai、Christopher Olah、Quoc V. Leの“Document Embedding with Paragraph Vectors”, arXiv:1507.07998, 2015を参照してください)。

> You shall know a word by the company it keeps.
> 似た文脈を持つ単語は似た意味を持つ

以下の2つの文について考えてみましょう。

Paris is the capital of France.
Berlin is the capital of Germany.

世界の地理や英語を知らなくても、(Paris, Berlin) と (France, Germany) という単語ペアが何らかの形で関係していて、各ペア中で、対応する単語が互いに同じように関係していることがわかるでしょう。すなわち以下のような関係があるとわかります。

Paris : France::Berlin : Germany

したがって、分散表現の目的は、以下の形式の関係が成り立つように、各単語を変換する関数 φ を見つけることです。

$$\varphi(\text{"Paris"}) - \varphi(\text{"France"}) \approx \varphi(\text{"Berlin"}) - \varphi(\text{"Germany"})$$

言い換えれば、分散表現は、ベクトル間の類似性が単語間の意味的類似性と相関するように、単語をベクトルに変換することを目的としています。

最もよく知られている単語分散表現は word2vec と GloVe です。これらについては以降の節で詳しく説明します。

5.2 word2vec

2013 年、Tomas Mikolov を中心とした Google の研究者らによって、word2vec のモデルは作成されました。このモデルは教師なし学習であり、入力として大規模なテキストコーパスを与え、出力として単語のベクトル空間を生成します。one-hot エンコーディングの次元数は語彙数と等しい大きさでしたが、分散表現の次元数は、通常それよりも小さくなります。one-hot エンコーディングが疎な表現であったのに比べて、分散表現はより密な表現になっています。

word2vec には以下の 2 つのアーキテクチャが存在します。

- CBOW（continuous bag-of-words）
- Skip-gram

CBOWでは、モデルに文脈語を与え、その中心語を予測します。さらに、文脈語の順序は予測に影響を与えないと仮定します。Skip-gramの場合、モデルに中心語を与え、その文脈語を予測します。つまり、文脈語から中心語を予測するCBOWとは逆の予測を行うことになります。Mikolovらによれば、CBOWはSkip-gramより高速であるものの、Skip-gramのほうが低頻度語の予測に優れています。

興味深いのは、word2vecはNLPのディープラーニングモデルで使用される分散表現を生成するのですが、word2vec自身は、浅いニューラルネットワークを用いていることです。

5.2.1　Skip-gram

Skip-gramモデルは、ある単語が与えられたとき、その文脈語を予測するように学習します。Skip-gramモデルの仕組みを理解するために、次の例文について考えてみましょう。

I love green eggs and ham.

ここでウィンドウサイズ（周辺の何単語を考慮するか指定するパラメータ）が1であると仮定すると、この文を以下の（文脈語, 中心語）のペアに分解することができます。

([I, green], love)
([love, eggs], green)
([green, and], eggs)
...

Skip-gramモデルは、中心語が与えられたときにその文脈語を予測するので、上記の（文脈語, 中心語）のペアを（入力（中心語）, 出力（文脈語））のペアに変換することができます。すなわち、入力語が与えられた際、Skip-gramモデルは出力語を予測することが期待されます。

(love, I), (love, green), (green, love), (green, eggs), (eggs, green), (eggs, and), ...

各入力単語と語彙内のランダムな単語で（中心語, 文脈語）のペアを生成することで、（実際の文章に含まれる組合せとは異なる）負例を生成できます。たとえば以下のようなペアです。

(love, Sam), (love, zebra), (green, thing), ...

最後に、分類器のために正例と負例を生成します。

((love, I), 1), ((love, green), 1), ..., ((love, Sam), 0), ((love, zebra), 0), ...

以上のデータを生成することで、中心語と文脈語を入力とし、入力が正例か負例かによって1か0を予測する分類器を学習させることができます。学習を終えたネットワークから、Embedding層の重みを得られます（**図5-1**のEmbeddingのボックス）。Embedding層では正の整数を固定次元の密ベクトルに変換することができます。つまり、Embedding層の重みを得れば単語IDから単語のベクトル表現が得られます。

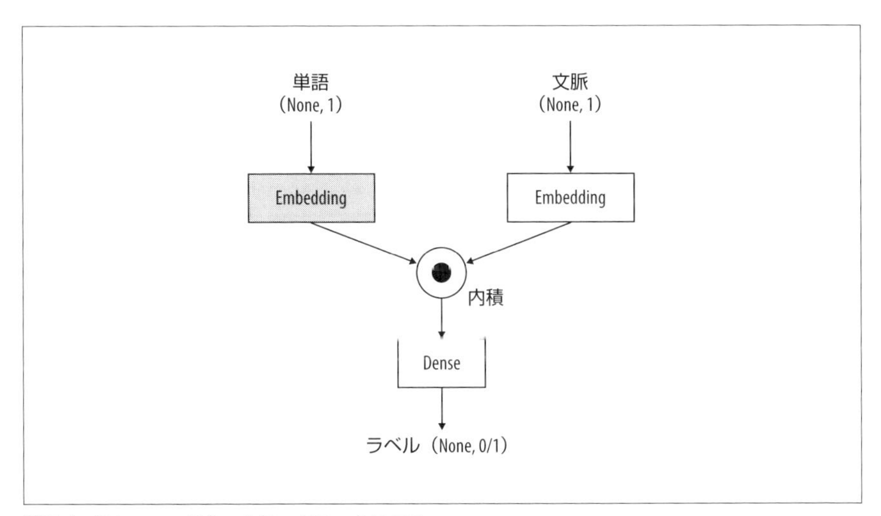

図5-1　Skip-gramのネットワークアーキテクチャ

Skip-gramモデルは、次のように構築できます。まず、ハイパーパラメータとして、語彙数を 5000、分散表現の次元数を 300、ウィンドウサイズを 1 と設定します。ウィンドウサイズが 1 の場合は、ある単語の文脈として、その左右の単語を用いることを意味します。

最初に、使用する機能をインポートし、ハイパーパラメータを設定します。

```
from keras.layers import Merge, Dense, Reshape, Embedding
from keras.models import Sequential

vocab_size = 5000
embed_size = 300
```

次に、中心語用の Sequential モデルを作成します。この Sequential モデルへの入力は、語彙中の単語 ID です。Embedding 層の重みは、最初は小さなランダム値に設定されます。学習中、モデルは誤差逆伝播法を用いて重みを更新します。続く層は、入力を分散表現の次元数に変換します。

```
word_model = Sequential()
word_model.add(Embedding(vocab_size, embed_size,
                         embeddings_initializer="glorot_uniform",
                         input_length=1))
word_model.add(Reshape((embed_size, )))
```

また、文脈語用の Sequential モデルも作成します。入力の各ペアでは中心語に対して左右 2 つの文脈語を持ちますが、実装上は中心語と左右いずれかの単語のペアとするため、文脈語用のモデルも中心語用の Sequential モデルと同じように定義します。

```
context_model = Sequential()
context_model.add(Embedding(vocab_size, embed_size,
                  embeddings_initializer="glorot_uniform",
                  input_length=1))
context_model.add(Reshape((embed_size,)))
```

2 つの Sequential モデルの出力は、それぞれ embed_size 次元のベクトルです。これら 2 つの出力に対して内積（dot）を計算し、計算結果を全結合層に入力します。ここで、全結合層の活性化関数はシグモイド関数です。シグモイド関数については、「1 章 ニューラルネットワークの基礎」を参照してください。シグモイド関数について一応述べておくと、入力した値が大きければ大きいほど 1 に近づき、小さければ小さいほど 0 に近づく関数です。

```
model = Sequential()
```

```
model.add(Merge([word_model, context_model], mode="dot"))
model.add(Dense(1, kernel_initializer="glorot_uniform",
 ↪  activation="sigmoid"))
model.compile(loss="mean_squared_error", optimizer="adam")
```

損失関数には平均二乗誤差（mean_squared_error）を使用します。内積は 2 つのベクトルの対応する要素を乗算し結果を足し合わせるもので、互いに類似したベクトルの内積は類似していないベクトルの内積よりも大きくなります。そのため、シグモイド関数を通した結果は、正例では 1 に近く、負例では 0 に近くなります。

Keras には、単語 ID のリストに変換されたテキストから Skip-gram（ここでの「Skip-gram」は、入力語と文脈語のペアと、正例/負例のラベルを組み合わせたものを指します）を抽出できる便利な関数 skipgrams があります。この関数を使用して生成された 20 個の Skip-gram のうち、最初の 10 個（正例と負例の両方）を抽出する例を示します。

最初に、必要な機能をインポートし、解析するテキストを定義します。

```
from keras.preprocessing.text import *
from keras.preprocessing.sequence import skipgrams

text = "I love green eggs and ham ."
```

次に、トークナイザ（tokenizer）を定義し、定義済みのテキストを解析します。解析することで、単語トークンのリストが生成されます。

```
tokenizer = Tokenizer()
tokenizer.fit_on_texts([text])
```

トークナイザは、各単語を整数 ID にマッピングする辞書を作成します。作成した辞書は、トークナイザの word_index 属性でアクセスできます。あとで使用するため、作成した辞書を抽出して、整数 ID を単語にマッピングする辞書を作成します。

```
word2id = tokenizer.word_index
id2word = {v:k for k, v in word2id.items()}
```

最後に、入力した単語のリストを ID のリストに変換し、skipgrams 関数に渡します。以下のコードでは、skipgrams 関数によって生成された 20 個の Skip-gram タプル（ペア, ラベル）のうち、最初の 10 個を出力します。

```
wids = [word2id[w] for w in text_to_word_sequence(text)]
pairs, labels = skipgrams(wids, len(word2id), window_size=1)
```

```
print(len(pairs), len(labels))
for i in range(10):
    print("({:s} ({:d}), {:s} ({:d})) -> {:d}".format(
          id2word[pairs[i][0]], pairs[i][0],
          id2word[pairs[i][1]], pairs[i][1],
          labels[i]))
```

結果を以下に示します。Skip-gramは、正例に対して確率的にサンプリングするため、結果が以下に示した内容と異なる場合があります。さらに、負例を生成するプロセスでは、テキストから任意のトークンペアをランダムに生成します。これにより、入力テキストのサイズが大きくなるにつれて、無関係な単語のペアを取得する可能性が高くなります。この例では、テキストが非常に短いため、正例も生成される可能性があります。

```
(love (2), i (1)) -> 1
(and (5), ham (6)) -> 1
(love (2), green (3)) -> 1
(and (5), green (3)) -> 0
(green (3), green (3)) -> 0
(eggs (4), love (2)) -> 0
(i (1), i (1)) -> 0
(and (5), eggs (4)) -> 1
(i (1), love (2)) -> 1
(love (2), i (1)) -> 0
```

ソースコードは`skipgram_example.py`です。

5.2.2 CBOW

次にCBOWモデルを見てみましょう。CBOWモデルは文脈語から中心語を予測するモデルでした。モデルについて簡単な例を挙げて説明します。以下の例における1番目のタプルは、文脈語が「I」と「green」、中心語が「love」であることを示しています。この場合、CBOWモデルは、文脈語「I」および「green」を用いて、中心語の「love」を予測する必要があります。

([I, green], love) ([love, eggs], green) ([green, and], eggs) ...

Skip-gramモデルが中心語を入力し文脈語を予測する分類器だったのに対して、CBOWモデルは文脈語を入力し中心語を予測する分類器です。CBOWのアーキテクチャは、Skip-gramよりも簡単です。モデルへの入力は、文脈語の単語IDです。

これらの単語 ID は、小さいランダムな重みで初期化された共通の Embedding 層に入力されます。各単語 ID は、Embedding 層によって `embed_size` 次元のベクトルに変換されます。したがって、入力文脈の各行は、このレイヤーによってサイズが（`2 * window_size`, `embed_size`）の行列に変換されます。そして、すべての分散表現の平均値を計算する Lambda 層に入力されます。この平均値は全結合層に入力され、各行に対して `vocab_size` 次元の密ベクトルが作成されます。全結合層の活性化関数はソフトマックス関数で、出力ベクトルの最大値を確率として報告します。確率が最大になる単語 ID が中心語に対応します。

CBOW モデルを学習した結果として得られるのは、**図5-2** で示された Embedding 層の重みです。

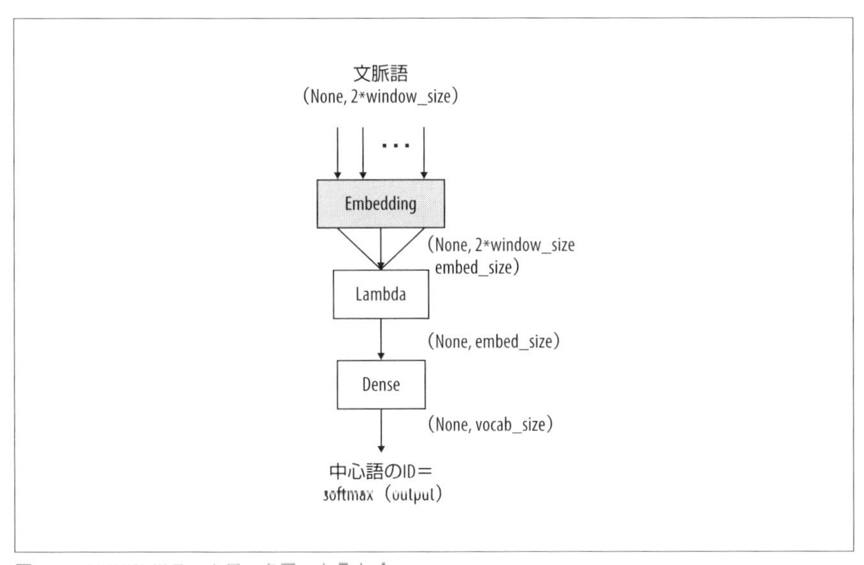

図5-2　CBOW のネットワークアーキテクチャ

モデルに対応する Keras コードを以下に示します。ここで再び、ハイパーパラメータとして、語彙数を `5000`、分散表現の次元数を `300`、ウィンドウサイズを `1` とします。最初に、必要なモジュールのインポートとハイパーパラメータの設定をします。

```
from keras.models import Sequential
from keras.layers import Dense, Lambda, Embedding
import keras.backend as K
```

```
vocab_size = 5000
embed_size = 300
window_size = 1
```

次に、Sequential モデルを作成し、Embedding 層を追加します。Embedding 層の input_length は文脈語の数に合わせてください。各文脈語は Embedding 層に入力され、誤差逆伝播中に同時に重みを更新します。Embedding 層の出力は、文脈語分散表現の行列です。この行列は、Lambda 層によって単一ベクトル（入力行あたり）に平均化されます。最後に、全結合層は各行を vocab_size 次元のベクトルに変換します。中心語は、出力ベクトル内で最大の値を持つインデックスになります。

```
model = Sequential()
model.add(Embedding(input_dim=vocab_size, output_dim=embed_size,
                    embeddings_initializer='glorot_uniform',
                    input_length=window_size*2))
model.add(Lambda(lambda x: K.mean(x, axis=1), output_shape=
 ↪  (embed_size,)))
model.add(Dense(vocab_size, kernel_initializer='glorot_uniform',
 ↪  activation='softmax'))

model.compile(loss='categorical_crossentropy', optimizer="adam")
```

今回は損失関数として categorical_crossentropy を使用します。categorical_crossentropy は、2 クラス以上の分類をする場合によく使われます。今回の場合、分類対象のクラス数は vocab_size に等しくなります。

ソースコードは keras_cbow.py です。

5.2.3 分散表現の抽出

前述したように、Skip-gram と CBOW はいずれも分類問題に帰着することができます。しかし、私たちは分類問題自体を解きたいわけではありません。むしろ、分類の過程で得られる副産物に興味があります。その副産物とは、単語を低次元の分散表現に変換する重み行列です。

分散表現が保持する驚くべき構文情報・意味情報は多数の研究で示されています。たとえば、Tomas Mikolov は NIPS 2013 で**図5-3** を示しました（詳細については、T. Mikolov、I. Sutskever、K. Chen、G. S. Corrado、J. Dean、Q. Le、T. Strohmann の “Learning Representations of Text using Neural Networks”, NIPS 2013 を参照してください）。この図は、似た意味を持つ、性別が反対の単語を

結ぶベクトルは、次元圧縮された2次元空間ではほぼ平行であることを示しています。単語ベクトルに対して算術演算を行うことで、人間にとって非常に直感的な結果を得られます。NIPS 2013の発表では、他にも多くの例が示されています。

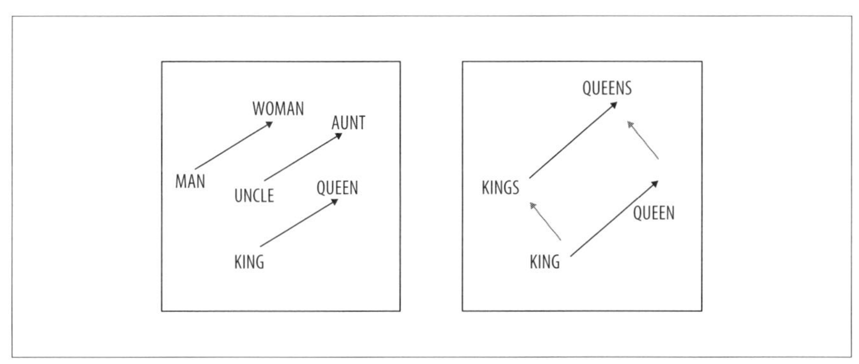

図5-3 単語分散表現の空間的性質

直感的には、モデルは学習過程において、入力語の文脈で出力語を予測するのに十分な情報を獲得します。したがって、同じ文脈で出現する単語の点は、互いが近くなるよう移動します。これにより、類似した単語がひとかたまりになります。これらの似た単語と共起する単語も同様の方法でまとまります。その結果、意味的に関連する点を結ぶベクトルは、分散表現においてこれらの規則性を示す傾向があります。

Kerasには学習済みモデルから重みを抽出する方法が用意されています。Skip-gramの場合、分散表現の重みは以下のように抽出できます。

```
merge_layer = model.layers[0]
word_model = merge_layer.layers[0]
word_embed_layer = word_model.layers[0]
weights = word_embed_layer.get_weights()[0]
```

ソースコードは `keras_skipgram.py` です。

同様に、CBOWの場合、分散表現の重みは以下のように抽出できます。

```
weights = model.layers[0].get_weights()[0]
```

ソースコードは `keras_cbow.py` です。

どちらの場合も、重み行列の形状は（`vocab_size, embed_size`）です。ある単語の分散表現を計算するには、まず、その単語のone-hotベクトルを構築する必要があります。one-hot ベクトルの構築は、`vocab_size` 次元のゼロベクトルに対して、単語 ID の位置を 1 に設定すればできます。構築したベクトルに重み行列を掛けることによって `embed_size` 次元の分散表現ベクトルが得られます。

Christopher Olah の研究では、単語分散表現を**図5-4**のように可視化しています（詳細については、Andrew M. Dai、Christopher Olah、Quoc V. Le の "Document Embedding with Paragraph Vectors", arXiv:1507.07998, 2015 を参照してください)。可視化するために、分散表現を 2 次元に圧縮し、t-SNE を利用しています。エンティティタイプ（図中の body part、food、city、travel、feeling、relative）を構成する単語は WordNet synset という同義語のグループから選択されていますが、このように、同じエンティティタイプ内の単語は同じクラスタに分類される傾向があります。

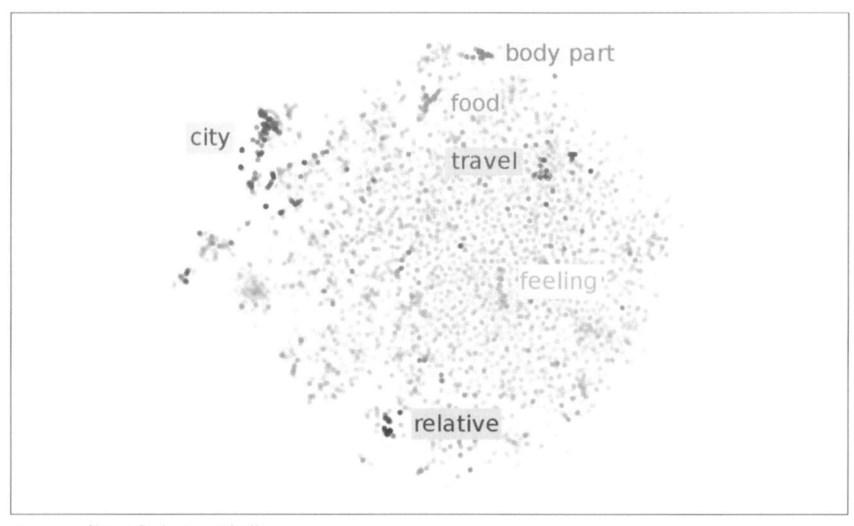

図5-4 単語分散表現の可視化

5.2.4 サードパーティの実装

前節で word2vec の仕組みについて幅広くカバーしました。現時点で、Skip-gram と CBOW モデルの仕組みや、Keras を用いたこれらのモデルの実装方法を理解できたと思います。word2vec のモデルは自分で実装することもできますが、サードパーティの実装ならすぐに利用できます。ユースケースが非常に複雑な場合を除いて、独自の実装ではなくサードパーティの実装を使用することをお勧めします。

gensimというライブラリにはword2vecの実装が含まれています。この本はgensimに関する本ではありませんが、gensimに関しても説明します。というのも、Kerasはword2vecをサポートしておらず、gensimの実装をKerasコードに統合することが非常によく行われるからです。gensimのインストールはとても簡単です。pipを用いてインストールすることができます。

```
$ pip install gensim
```

以下のコードは、gensimを使用してword2vecモデルを作成し、text8コーパス(http://mattmahoney.net/dc/text8.zip からダウンロードできます)で学習する方法を示しています。text8コーパスは、Wikipediaのテキストから作られたコーパスであり、約1,700万語を含みます。Wikipediaのテキストからマークアップ、句読点、および非ASCIIテキストを削除し、最初の1億文字を切り出して作成されたものです。text8はword2vecを試しに学習させる際によく使用されています。というのも、学習が高速で優れた結果を得られるからです。

まずは、いつもどおり必要なモジュールをインポートします。

```
import logging
import os

from gensim.models import word2vec
```

次に、text8コーパスから単語を読み込み、その単語をそれぞれ50語の文に分割します。この処理はgensimに組み込まれているtext8ハンドラ(gensim.models.word2vec.Text8Corpus)を用いて行えます。Text8Corpusクラスはtext8ファイルから指定した単語数(max_sentence_length)の文を生成します。

では、学習用コードを書いていきます。gensimのword2vecは進行状況を出力するためにPythonのloggingを使用しているので、最初にloggingを有効にします。次の行はText8Corpusクラスのインスタンスを宣言し、そのあとの行はデータセットの文を使用してモデルを学習します。分散表現の次元数を300に設定し、コーパスで30回以上出現する単語のみ学習に使用します。デフォルトのウィンドウサイズは5です。したがって、単語w_iに対する文脈として、w_{i-5}、w_{i-4}、w_{i-3}、w_{i-2}、w_{i-1}、w_{i+1}、w_{i+2}、w_{i+3}、w_{i+4}、w_{i+5}を考慮します。デフォルトでは、作成されるword2vecモデルはCBOWですが、パラメータでsg=1を設定することでSkip-gramに変更できます。

```
logging.basicConfig(format='%(asctime)s : %(levelname)s : %(message)s',
↪  level=logging.INFO)

DATA_DIR = os.path.join(os.path.dirname(__file__), "data")
sentences = word2vec.Text8Corpus(os.path.join(DATA_DIR, "text8"), 50)
model = word2vec.Word2Vec(sentences, size=300, min_count=30)
```

word2vecの実装では、最初に語彙を生成してから実際のモデルを作成するために、データを2回渡します。実行中のコンソールで進行状況を確認できます。

```
2017-11-28 13:53:37,239 : INFO : PROGRESS: at 92.88% examples, 351351
words/s, in_qsize 5, out_qsize 0
2017-11-28 13:53:38,249 : INFO : PROGRESS: at 93.83% examples, 352708
words/s, in_qsize 5, out_qsize 0
2017-11-28 13:53:39,253 : INFO : PROGRESS: at 94.78% examples, 354081
words/s, in_qsize 5, out_qsize 0
2017-11-28 13:53:40,253 : INFO : PROGRESS: at 95.74% examples, 355303
words/s, in_qsize 5, out_qsize 0
2017-11-28 13:53:41,259 : INFO : PROGRESS: at 96.57% examples, 356142
words/s, in_qsize 5, out_qsize 0
2017-11-28 13:53:42,264 : INFO : PROGRESS: at 97.50% examples, 357354
words/s, in_qsize 5, out_qsize 0
2017-11-28 13:53:43,271 : INFO : PROGRESS: at 98.18% examples, 357649
words/s, in_qsize 5, out_qsize 0
2017-11-28 13:53:44,279 : INFO : PROGRESS: at 98.69% examples, 357273
words/s, in_qsize 6, out_qsize 0
2017-11-28 13:53:45,280 : INFO : PROGRESS: at 99.45% examples, 357848
words/s, in_qsize 6, out_qsize 0
2017-11-28 13:53:46,190 : INFO : worker thread finished; awaiting finish
of 2 more threads
2017-11-28 13:53:46,193 : INFO : worker thread finished; awaiting finish
of 1 more threads
2017-11-28 13:53:46,198 : INFO : worker thread finished; awaiting finish
of 0 more threads
2017-11-28 13:53:46,198 : INFO : training on 85026040 raw words
(59640861 effective words) took 166.7s, 357836 effective words/s
2017-11-28 13:53:46,198 : INFO : precomputing L2-norms of word weight
vectors
```

モデルを作成したら、結果のベクトルを正規化する必要があります。gensimのドキュメントによると、これによりメモリの消費量を大幅に節約できます。モデルが学習されたら、save関数を用いてディスクに保存することができます。

```
model.init_sims(replace=True)
model.save("word2vec_gensim.bin")
```

保存されたモデルは、load関数を用いて読み込めます。

```
model = word2vec.Word2Vec.load("word2vec_gensim.bin")
```

モデルに含まれるすべての単語は以下のようにして得られます。

```
>>> list(model.wv.vocab.keys())[0:10]
['homomorphism',
 'woods',
 'spiders',
 'hanging',
 'woody',
 'localized',
 'sprague',
 'originality',
 'alphabetic',
 'hermann']
```

モデルに単語を与えることで、その分散表現を得られます。

```
>>> model["woman"]
array([ -3.13099056e-01, -1.85702944e+00, 1.18816841e+00,
 -1.86561719e-01, -2.23673001e-01, 1.06527400e+00,
 ...
 4.31755871e-01, -2.90115297e-01, 1.00955181e-01,
 -5.17173052e-01, 7.22485244e-01, -1.30940580e+00], dtype=''float32'')
```

ある単語に最も類似した単語を求めることもできます。

```
>>> model.most_similar("woman")
[('child', 0.7057571411132812),
 ('girl', 0.702182412147522),
 ('man', 0.6846336126327515),
 ('herself', 0.6292711496353149),
 ('lady', 0.6229539513587952),
 ('person', 0.6190367937088013),
 ('lover', 0.6062309741973877),
 ('baby', 0.5993420481681824),
 ('mother', 0.5954475402832031),
 ('daughter', 0.5871444940567017)]
```

単語のアナロジー問題を解くこともできます。たとえば、次のコードは、woman と king と似ていて、man とは似ていない上位 10 語を返します。

```
>>> model.most_similar(positive=['woman', 'king'], negative=['man'],
topn=10)
[('queen', 0.6237582564353943),
 ('prince', 0.5638638734817505),
 ('elizabeth', 0.5557916164398193),
```

```
 ('princess', 0.5456407070159912),
 ('throne', 0.5439794063568115),
 ('daughter', 0.5364126563072205),
 ('empress', 0.5354889631271362),
 ('isabella', 0.5233952403068542),
 ('regent', 0.520746111869812),
 ('matilda', 0.5167444944381714)]
```

また、単語間の類似度も計算できます。分散表現空間内の単語の位置が意味とどのように相関しているかを知るために、次の単語のペアを見てみましょう。

```
>>> model.similarity("girl", "woman")
0.702182479574
>>> model.similarity("girl", "man")
0.574259909834
>>> model.similarity("girl", "car")
0.289332921793
>>> model.similarity("bus", "car")
0.483853497748
```

これによると、girl は man より woman に似ており、car は girl より bus に似ていることがわかります。この結果は、これらの単語に対する人間の直感とかなり近いものです。

ソースコードは word2vec_gensim.py です。

5.3 GloVe

単語表現の**グローバルベクトル**（global vector）、すなわち **GloVe** は、Jeffrey Pennington、Richard Socher、Christopher Manning によって作成された分散表現です（詳細については、J. Pennington、R. Socher、C. Manning の "GloVe: Global Vectors for Word Representation", *Proceedings of the 2014 Conference on Empirical Methods in Natural Language Processing (EMNLP)*, pp.1532-1543, 2013 を参照してください）。GloVe の作者たちは、GloVe を「単語のベクトル表現を得るための教師なし学習アルゴリズム」と説明しています。学習はコーパス全体の単語共起統計量を元に行われます。

word2vec と GloVe の違いは、word2vec は予測ベースのモデルであり、GloVe はカウントベースのモデルであることです。学習の第 1 ステップは、学習用コーパスにおいて共起する（単語, 文脈）ペアの巨大な行列を構築することです。**図5-5** に示すように、この行列の各要素は、ある単語とその文脈（通常は単語列）がどのくらい共起するかを表しています。

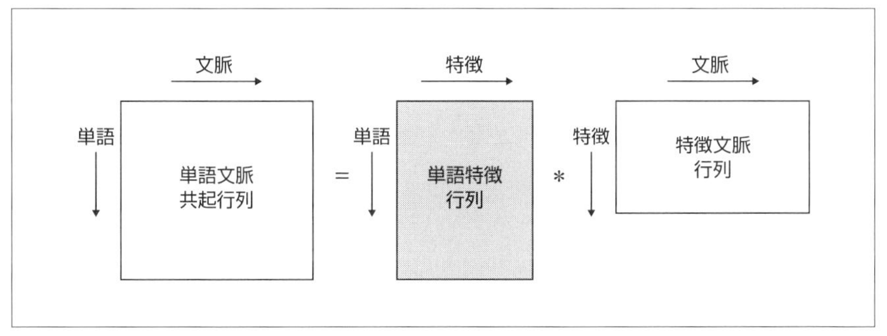

図5-5 行列分解

GloVe の学習過程では、共起行列を単語特徴行列と特徴文脈行列に変換します。この変換は**行列分解**（matrix factorization）と呼ばれます。この 2 つの行列は、最初はランダムな値が設定され**確率的勾配降下法**（stochastic gradient descent：SGD）により学習されて値が更新されていきます。方程式で書いた場合、以下のとおりです。

$$R = P * Q \approx R'$$

ここで、R は元の共起行列です。まず、P と Q にランダムな値を設定し、乗算して行列 R' を再構築しようとします。再構築された行列 R' と元の行列 R の差を再構築誤差と呼ぶことにします。この再構築誤差は、R' を R に近づけるために P および Q の値をどれだけ変化させる必要があるかを示しています。P と Q の値の更新は、SCD が収束し、再構築誤差が指定されたしきい値を下回るまで、複数回繰り返されます。収束した時点の単語特徴行列が GloVe の分散表現です。学習を高速化するために、SGD の計算は並列で行います。この話は “HOGWILD!” という論文で解説されています（詳細については、Feng Niu、Benjamin Recht、Christopher Re、Stephen J. Wright の “HOGWILD!: A Lock-Free Approach to Parallelizing Stochastic Gradient Descent”, arXiv:1106.5730, 2011 を参照してください）。

特筆すべき点のひとつは、word2vec などの予測ベースのモデルと GloVe などのカウントベースのモデルが直感的には非常に似ていることです。どちらの手法も、単語の位置がその隣の単語の影響を受けるようなベクトル空間を構築します。予測ベースのモデルは単語共起の個々のペアから学習が始まり、カウントベースのモデルはコーパス全体の単語共起統計量から学習が始まります。最近の論文では、これら2タイプのモデル間における相関関係が示されています。

本書では、GloVe による分散表現の生成については詳しく説明しません。GloVe は一般に word2vec よりも高い精度を示し、並列化することで学習を高速化できます。しかし、word2vec ほど Python のツールが充実していません。本書執筆時点で GloVe を取り扱うためのツールとしては Glove-Python があります（https://github.com/maciejkula/glove-python）。Glove-Python では、Python 上の GloVe の簡単な実装を提供しています。PyTorch 実装になりますが Stanford 大学が notebook を公開しています（https://nbviewer.jupyter.org/github/DSKSD/DeepNLP-models-Pytorch/blob/master/notebooks/03.GloVe.ipynb）。また、Slide の資料（http://web.stanford.edu/class/cs224n/lectures/lecture3.pdf）と YouTube の授業（https://youtu.be/ASn7ExxLZws）も公開しています。

5.4 事前学習済みベクトルの使用

一般的に、非常に特殊なテキストが多い場合にのみ、ゼロから word2vec または GloVe モデルを学習します。分散表現の最も一般的な使い方は、事前学習済みの分散表現を自身のネットワークで使用するというものです。自身のネットワークで分散表現を使用する方法として、以下の3つの方法があります。

- ゼロから分散表現を学習する
- 事前学習済み GloVe/word2vec モデルをファインチューニングする
- 事前学習済み GloVe/word2vec モデルから分散表現を検索する

1番目の方法では、分散表現の重みは小さなランダム値に初期化され、誤差逆伝播法を用いて学習されます。Skip-gram と CBOW の例では、この方法を用いました。この方法は、ネットワークで Keras の Embedding 層を使用するときのデフォルトモードです。

2番目の方法では、事前学習済みモデルから重み行列を作成し、この重み行列を使用して Embedding 層の重みを初期化します。ネットワークは誤差逆伝播法を用いて重みを更新しますが、良い初期値を重みとして使用するため、モデルはより早く収束します。

3番目の方法では、事前学習済みモデルから単語分散表現を検索し、入力を分散表現に変換します。そのあと、変換された入力を用いて機械学習モデルを学習することができます。その際、モデルはニューラルネットワークである必要はありません。事前学習済みモデルがターゲットドメインと同じドメインで学習されている場合、この方法は非常にうまく動作し、最もコストがかかりません。

一般的な英語のテキストに対して使うのであれば、Google ニュースデータセットから 100 億語以上の単語を学習した word2vec モデルを使用できます。語彙サイズは約 300 万語、分散表現の次元数は 300 です。Google ニュースモデル（約 1.5 GB）は https://drive.google.com/file/d/0B7XkCwpI5KDYNlNUTTlSS21pQmM/edit?usp=sharing からダウンロードできます。

同様に、英語の Wikipedia の 60 億のトークンと Gigaword コーパスから学習された事前学習済みモデルを GloVe のサイトからダウンロードすることができます。語彙サイズは約 40 万語、分散表現の次元数は 50、100、200、300 です。モデルのサイズは約 822 MB です。このモデルは http://nlp.stanford.edu/data/glove.6B.zip からダウンロードできます。Common Crawl と Twitter に基づくより大きなモデルも、上記のサイトから入手できます。

以下の節では、これらの事前学習済みモデルを使用するための 3 つの方法を紹介します。

5.4.1 ゼロから分散表現を学習する

この例では、ひとつの**畳み込みニューラルネットワーク**（convolutional neural network：CNN）を使用して、文をポジティブまたはネガティブのいずれかに分類します。「3 章 畳み込みニューラルネットワーク」で、2 次元 CNN を使用して画像を分類する方法をすでに確認しました。CNN は、隣接する層のニューロン間の局所的な接続を利用することによって、画像内の空間構造を捉えられることを思い出してください。

文章中の単語は、画像が空間構造を示すのと同様に線形構造を示します。ディープでない NLP の言語モデリングへの伝統的なアプローチとして、単語 *n*-gram（https://en.wikipedia.org/wiki/N-gram）による方法があります。これは単語間に内在するこの線形構造を利用した方法です。1 次元の CNN でも *n*-gram と似たようなことをします。1 次元の CNN では一度に数単語を処理する畳み込みフィルターを学習し、その結果をプーリングして最も重要な概念を表現するベクトルを作成します。

また、別の種類のニューラルネットワークとして、**リカレントニューラルネット**

ワーク（recurrent neural network：RNN）があります。RNNは、単語の系列であるテキストなどの系列データを処理するために設計されています。RNNの処理はCNNの処理とは異なります。RNNについては次章で学びます。

ここで例として示すネットワークでは、入力テキストは単語IDの系列に変換されます。**Natural Language Toolkit**（NLTK）を用いることで、テキストを文や単語に変換することが可能です。テキストを単語に分割するために正規表現を用いることもできますが、NLTKによって提供される統計モデルは正規表現よりも強力です。単語分散表現を使用している場合は自然言語に関する何らかの処理を行っていると思うので、そうした場合はNLTKがすでにインストールされてる可能性は高いでしょう。

http://www.nltk.org/install.html には、NLTKのインストールに役立つ情報があります。また、NLTKデータもインストールする必要があります。これはNLTKに標準付属している学習済みコーパスの一部で、単語の分割や正規化に必要な情報が含まれています。NLTKデータのインストール手順は http://www.nltk.org/data.html を参照してください。

単語IDの系列は、あらかじめ決められたサイズ（今回の場合、最長の文の単語数）に成形された上でEmbedding層に入力されます。なお、Embedding層はランダムな値に初期化されています。Embedding層の出力は、単語トライグラム（連続する3つの単語）を256枚のフィルターで畳み込む畳み込み層に接続されています（これは、単語分散表現に加重の異なる線形組合せを適用することと等価になります）。畳み込み層からの出力は、GlobalMaxPooling1D層によって256次元のベクトルに変換されます。このベクトルは全結合層に入力され、2次元のベクトルが出力されます。最後のソフトマックス関数は、この2次元のベクトルをそれぞれポジティブとネガティブに対応する確率のペアに変換します。ネットワークを**図5-6**に示します。

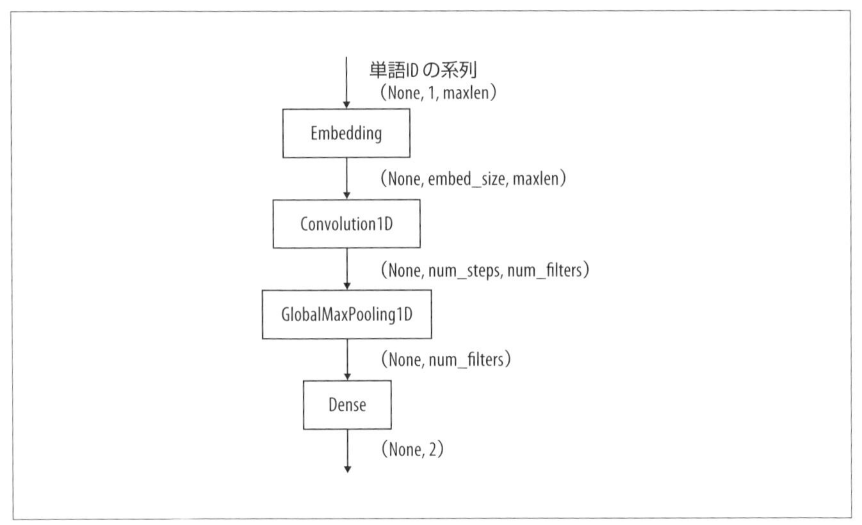

図5-6 ネットワークアーキテクチャ

Kerasを使ってこのネットワークをコード化する方法を見てみましょう。まず、必要なモジュールをインポートします。定数の直後に、random.seedの値を42に設定しています。これは、実行した際に一貫した結果が必要だからです。重み行列の初期化はランダムであるため、初期値の違いは出力の違いにつながる可能性があります。そこで、初期値を制御するためにrandom.seedを42に設定しています。

```
import os
import collections

from keras.callbacks import TensorBoard
from keras.layers import Dense, Dropout, Conv1D, Embedding,
 ↪  GlobalMaxPooling1D
from keras.models import Sequential
from keras.preprocessing.sequence import pad_sequences
from keras.utils import np_utils
from sklearn.model_selection import train_test_split
import matplotlib.pyplot as plt
import nltk
import numpy as np
import codecs

np.random.seed(42)
```

また、学習に必要な定数を宣言します。本章の後続のすべての例について、Kaggle

の「UMICH SI650 評判分析コンテスト」(https://www.kaggle.com/c/si650winter11)の文章(https://www.kaggle.com/c/si650winter11/data)を分類します。このデータセットには約7,000文が含まれ、正例は1、負例は0でラベル付けされています。INPUT_FILEは、文とラベルのファイルへのパスを示しています。ファイルの形式はタブ区切りで、ラベル(0または1)と文が含まれます。なお、データセットをダウンロードするためには、Kaggleに登録する必要があります。

VOCAB_SIZEの設定は、テキスト内の上位5,000個のトークンのみを考慮することを示します。EMBED_SIZEの設定は、ネットワークのEmbedding層によって生成される分散表現の次元数です。NUM_FILTERSは畳み込み層で使用する畳み込みフィルターの数で、NUM_WORDSは各フィルターのサイズ、つまり一度に畳み込む単語の数です。BATCH_SIZEは一度の学習に使用するバッチサイズ、NUM_EPOCHSは学習にデータセット全体を何回使用するかを指定します。

```
INPUT_FILE = os.path.join(os.path.dirname(__file__),
                          "data/umich-sentiment-train.txt")
LOG_DIR = os.path.join(os.path.dirname(__file__), "logs")
VOCAB_SIZE = 5000
EMBED_SIZE = 100
NUM_FILTERS = 256
NUM_WORDS = 3
BATCH_SIZE = 64
NUM_EPOCHS = 20
```

次のブロックでは、まず入力文を読み込み、コーパス内で最も頻繁に出現する単語から語彙を構築します。次に、この語彙を用いて、入力文を単語IDのリストに変換します。

```
counter = collections.Counter()
with codecs.open(INPUT_FILE, "r", encoding="utf-8") as fin:
    maxlen = 0
    for line in fin:
        _, sent = line.strip().split("\t")
        try:
            words = [x.lower() for x in nltk.word_tokenize(sent)]
        except LookupError:
            print("Englisth tokenize does not downloaded. So download
↪   it.")
            nltk.download("punkt")
            words = [x.lower() for x in nltk.word_tokenize(sent)]
        maxlen = max(maxlen, len(words))
        for word in words:
            counter[word] += 1
```

```
word2index = collections.defaultdict(int)
for wid, word in enumerate(counter.most_common(VOCAB_SIZE)):
    word2index[word[0]] = wid + 1
vocab_sz = len(word2index) + 1
index2word = {v: k for k, v in word2index.items()}
```

ここで、Resource punkt not found というエラーが発生する場合があります。このエラーは文の分かち書きに使うためのデータが存在しないときに発生します。その際は、Python インタプリタで以下のコードを実行してデータをダウンロードします。

```
>>> import nltk
>>> nltk.download('punkt')
```

各文章を所定の長さの maxlen（この場合、学習データセット内の文章における最長単語数）にパディングします。また、Keras のユーティリティ関数を用いて、ラベルをカテゴリ形式に変換します。この 2 つの処理は、テキスト入力を扱う際にはよく行われます。

```
xs, ys = [], []
with codecs.open(INPUT_FILE, "r", encoding="utf-8") as fin:
    for line in fin:
        label, sent = line.strip().split("\t")
        ys.append(int(label))
        words = [x.lower() for x in nltk.word_tokenize(sent)]
        wids = [word2index[word] for word in words]
        xs.append(wids)

X = pad_sequences(xs, maxlen=maxlen)
Y = np_utils.to_categorical(ys)
```

データセットは、70：30 で学習用と評価用に分割しました。これでデータはネットワークに入力できる状態になりました。

```
Xtrain, Xtest, Ytrain, Ytest = train_test_split(X, Y, test_size=0.3,
 ↪  random_state=42)
```

データの準備ができたため、本節の前半で説明したネットワークを定義します。

```
model = Sequential()
model.add(Embedding(vocab_sz, EMBED_SIZE, input_length=maxlen))
model.add(Dropout(0.2))
```

```
model.add(Conv1D(filters=NUM_FILTERS, kernel_size=NUM_WORDS,
 ↪  activation="relu"))
model.add(GlobalMaxPooling1D())
model.add(Dense(2, activation="softmax"))
```

モデルを定義したら、コンパイルします。出力はバイナリ（正または負）なので、categorical_crossentropy を損失関数として選択します。最適化アルゴリズムとしては adam を選択します。最後に、実際にモデルを学習します。

```
model.compile(optimizer="adam", loss="categorical_crossentropy",
              metrics=["accuracy"])
history = model.fit(Xtrain, Ytrain, batch_size=BATCH_SIZE,
                    epochs=NUM_EPOCHS,
                    callbacks=[TensorBoard(LOG_DIR)],
                    validation_data=(Xtest, Ytest))
```

コードの出力は次のようになります。

```
Epoch 15/20
4960/4960 [==============================] - 6s - loss: 9.5762e-04 -
acc: 0.9996 - val_loss: 0.0155 - val_acc: 0.9958
Epoch 16/20
4960/4960 [==============================] - 5s - loss: 5.6916e-04 -
acc: 0.9998 - val_loss: 0.0166 - val_acc: 0.9958
Epoch 17/20
4960/4960 [==============================] - 5s - loss: 8.6960e-04 -
acc: 0.9998 - val_loss: 0.0166 - val_acc: 0.9939
Epoch 18/20
4960/4960 [==============================] - 5s - loss: 9.8693e-04 -
acc: 0.9998 - val_loss: 0.0160 - val_acc: 0.9953
Epoch 19/20
4960/4960 [==============================] - 5s - loss: 0.0010 - acc:
0.9998 - val_loss: 0.0166 - val_acc: 0.9934
Epoch 20/20
4960/4960 [==============================] - 5s - loss: 7.7070e-04 -
acc: 0.9998 - val_loss: 0.0164 - val_acc: 0.9953
1920/2126 [==========================>...] - ETA: 0sTest score: 0.016,
accuracy: 0.995
```

このように、ネットワークは評価データに対して 99.5% の精度を与えます。

ソースコードは learn_embedding_from_scratch.py です。

5.4.2 word2vecで学習した分散表現のファインチューニング

word2vecで事前学習済みの分散表現を使用したファインチューニングの例では、分散表現をゼロから学習するために使用したのと同じネットワークを使用します。コードに関する大きな違いは、word2vecモデルを読み込んで、Embedding層の重み行列を構築する部分です。

まず必要なモジュールをインポートし、再現性のためにランダムシードを設定します。以前に用いたインポートに加えて、gensimを用いてword2vecモデルを読み込むためのインポート文があります。

```
import os
import collections

from gensim.models import KeyedVectors
from keras.callbacks import TensorBoard
from keras.layers import Dense, Dropout, Conv1D, Embedding,
 ↪  GlobalMaxPooling1D
from keras.models import Sequential
from keras.preprocessing.sequence import pad_sequences
from keras.utils import np_utils
from sklearn.model_selection import train_test_split
import matplotlib.pyplot as plt
import nltk
import numpy as np
import codecs

np.random.seed(42)
```

次は定数の設定です。前との違いとして、NUM_EPOCHSの設定を20から10に減らしたことを挙げられます。事前学習済みモデルの値はランダムなものよりも良い初期値となるため、より早く収束する傾向があります。したがって、少ないエポック数を設定しています。

```
INPUT_FILE = os.path.join(os.path.dirname(__file__),
                          "data/umich-sentiment-train.txt")
WORD2VEC_MODEL = os.path.join(os.path.dirname(__file__),

 ↪  "data/GoogleNews-vectors-negative300.bin.gz")
LOG_DIR = os.path.join(os.path.dirname(__file__), "logs")
VOCAB_SIZE = 5000
EMBED_SIZE = 300
NUM_FILTERS = 256
```

```
NUM_WORDS = 3
BATCH_SIZE = 64
NUM_EPOCHS = 10
```

次のブロックは、データセットから単語を抽出し、最も頻繁に出現する単語の語彙を作成します。そして、データセットを再度パースして、パディングされた単語リストのリストを作成します。また、ラベルをカテゴリ形式に変換します。最後に、データを学習データと評価データに分割します。このブロックは前の例と同じです。

```
counter = collections.Counter()
with codecs.open(INPUT_FILE, "r", encoding="utf-8") as fin:
    maxlen = 0
    for line in fin:
        _, sent = line.strip().split("\t")
        try:
            words = [x.lower() for x in nltk.word_tokenize(sent)]
        except LookupError:
            print("Englisth tokenize does not downloaded. So download
 ↪  it.")
            nltk.download("punkt")
            words = [x.lower() for x in nltk.word_tokenize(sent)]
        maxlen = max(maxlen, len(words))
        for word in words:
            counter[word] += 1

word2index = collections.defaultdict(int)
for wid, word in enumerate(counter.most_common(VOCAB_SIZE)):
    word2index[word[0]] = wid + 1
vocab_sz = len(word2index) + 1
index2word = {v: k for k, v in word2index.items()}

xs, ys = [], []
with codecs.open(INPUT_FILE, "r", encoding="utf-8") as fin:
    for line in fin:
        label, sent = line.strip().split("\t")
        ys.append(int(label))
        words = [x.lower() for x in nltk.word_tokenize(sent)]
        wids = [word2index[word] for word in words]
        xs.append(wids)

X = pad_sequences(xs, maxlen=maxlen)
Y = np_utils.to_categorical(ys)

Xtrain, Xtest, Ytrain, Ytest = train_test_split(X, Y, test_size=0.3,
                                                random_state=42)
```

次のブロックは、事前学習済みモデルを読み込み word2vec モデルを作成します。

このモデルには、約100億語のGoogleニュース記事が学習されており、300万語の語彙サイズがあります。それを読み込んで、単語から単語分散表現ベクトルを検索し、分散表現ベクトルを重み行列 embedding_weights に書き出します。この重み行列の行は語彙の単語に対応し、各行の列は単語分散表現ベクトルを構成します。

embedding_weights 行列の次元は（vocab_sz, EMBED_SIZE）です。vocab_sz は、語彙には現れない単語を表す疑似トークン_UNK_を加えるため、語彙内の一意な単語の最大数よりもひとつ大きくなります。

語彙の中には、Googleニュースの word2vec モデルに含まれていないものもありますので、そのような単語が出現した場合（_UNK_が使用される場合）、その分散表現ベクトルは初期値の0が使用されることになります。

```
# load word2vec model
word2vec = KeyedVectors.load_word2vec_format(WORD2VEC_MODEL,
 ↪  binary=True)
embedding_weights = np.zeros((vocab_sz, EMBED_SIZE))
for word, index in word2index.items():
    try:
        embedding_weights[index, :] = word2vec[word]
    except KeyError:
        pass
```

次にネットワークを定義します。このブロックの前の例との違いは、上のブロックで作成した embedding_weights 行列で Embedding 層の重みを初期化することです。

```
model = Sequential()
model.add(Embedding(vocab_sz, EMBED_SIZE, input_length=maxlen,
                    weights=[embedding_weights],
                    trainable=True))
model.add(Dropout(0.2))
model.add(Conv1D(filters=NUM_FILTERS, kernel_size=NUM_WORDS,
                 activation="relu"))
model.add(GlobalMaxPooling1D())
model.add(Dense(2, activation="softmax"))
```

次に、損失関数として categorical_crossentropy、最適化アルゴリズムとして adam を使用してモデルをコンパイルします。そして、ネットワークを学習し、学習されたモデルを評価します。

```
model.compile(optimizer="adam", loss="categorical_crossentropy",
              metrics=["accuracy"])
```

```
history = model.fit(Xtrain, Ytrain, batch_size=BATCH_SIZE,
                    epochs=NUM_EPOCHS,
                    callbacks=[TensorBoard(LOG_DIR)],
                    validation_data=(Xtest, Ytest))

score = model.evaluate(Xtest, Ytest, verbose=1)
print("Test score: {:.3f}, accuracy: {:.3f}".format(score[0], score[1]))
```

コードを実行したときの出力は次のようになります。

```
((4960, 42), (2126, 42), (4960, 2), (2126, 2))
Train on 4960 samples, validate on 2126 samples
Epoch 1/10
4960/4960 [==============================] - 20s - loss: 0.1254 - acc:
0.9520 - val_loss: 0.0227 - val_acc: 0.9934
Epoch 2/10
4960/4960 [==============================] - 18s - loss: 0.0114 - acc:
0.9974 - val_loss: 0.0161 - val_acc: 0.9944
Epoch 3/10
4960/4960 [==============================] - 16s - loss: 0.0044 - acc:
0.9992 - val_loss: 0.0151 - val_acc: 0.9939
Epoch 4/10
4960/4960 [==============================] - 18s - loss: 0.0033 - acc:
0.9994 - val_loss: 0.0150 - val_acc: 0.9958
Epoch 5/10
4960/4960 [==============================] - 15s - loss: 0.0024 - acc:
0.9996 - val_loss: 0.0145 - val_acc: 0.9934
Epoch 6/10
4960/4960 [==============================] - 13s - loss: 0.0011 - acc:
0.9998 - val_loss: 0.0142 - val_acc: 0.9939
Epoch 7/10
4960/4960 [==============================] - 15s - loss: 0.0016 - acc:
0.9998 - val_loss: 0.0146 - val_acc: 0.9962
Epoch 8/10
4960/4960 [==============================] - 19s - loss: 0.0024 - acc:
0.9996 - val_loss: 0.0174 - val_acc: 0.9972
Epoch 9/10
4960/4960 [==============================] - 17s - loss: 0.0022 - acc:
0.9994 - val_loss: 0.0158 - val_acc: 0.9967
Epoch 10/10
4960/4960 [==============================] - 16s - loss: 0.0018 - acc:
0.9998 - val_loss: 0.0158 - val_acc: 0.9939
2126/2126 [==============================] - 1s
Test score: 0.016, accuracy: 0.994
```

このモデルは、10 エポックの学習後に評価データで 99.4% の精度を得られました。これは、20 エポック後に 99.5% の精度が得られた前の例と比べると、精度はほぼ同じですが、より短いエポック数で達成できています。

ソースコードは finetune_word2vec_embeddings.py です。

5.4.3 GloVe で学習した分散表現のファインチューニング

GloVe で事前学習済みの分散表現を使用したファインチューニングは、事前学習済みの word2vec 分散表現を用いたファインチューニングと非常によく似ています。実際、Embedding 層の重み行列を構築するブロックを除くすべてのコードは同一です。すでにこのコードを 2 回見てきたので、本節では GloVe 分散表現から重み行列を構築するコードブロックに焦点を当てます。

GloVe 分散表現にはさまざまな種類があります。ここでは、英語の Wikipedia と Gigaword コーパスの 60 億のトークンを用いて学習されたモデルを使用します。モデルの語彙サイズは約 40 万で、次元数が 50、100、200、300 のベクトルを提供しています。今回は 300 次元の分散表現を使用します。

前のコードで変更する必要があるのは、word2vec モデルをインスタンス化し、分散表現行列をロードする部分だけです。それらを以下のコードブロックに置き換えます。300 次元以外のベクトルサイズのモデルを使用する場合は、EMBED_SIZE も変更する必要があります。

GloVe のベクトルはスペース区切りの形式で提供されるので、最初のステップはコードを辞書 word2emb に読み込むことです。これは、前の例の word2vec モデルをインスタンス化する行に似ています。

```
GLOVE_MODEL = os.path.join(os.path.dirname(__file__),
                           "./data/glove.6B.300d.txt")
word2emb = {}
with codecs.open(GLOVE_MODEL, "r", encoding="utf-8") as fglove:
    for line in fglove:
        cols = line.strip().split()
        word = cols[0]
        embedding = np.array(cols[1:], dtype="float32")
        word2emb[word] = embedding
```

次に、(vocab_sz, EMBED_SIZE) サイズの分散表現行列をインスタンス化し、word2emb 辞書からベクトルを取り込みます。語彙には存在しても GloVe モデルには存在しない単語ベクトルは、すべてゼロベクトルのままになります。

```
embedding_weights = np.zeros((vocab_sz, EMBED_SIZE))
for word, index in word2index.items():
    try:
```

```
        embedding_weights[index, :] = word2emb[word]
    except KeyError:
        pass
```

コードを実行したときの出力は次のようになります。

```
(4960, 42) (2126, 42) (4960, 2) (2126, 2)
Train on 4960 samples, validate on 2126 samples
Epoch 1/10
4960/4960 [==============================] - 17s - loss: 0.1265 - acc:
0.9458 - val_loss: 0.0329 - val_acc: 0.9882
Epoch 2/10
4960/4960 [==============================] - 18s - loss: 0.0172 - acc:
0.9962 - val_loss: 0.0243 - val_acc: 0.9929
Epoch 3/10
4960/4960 [==============================] - 19s - loss: 0.0075 - acc:
0.9986 - val_loss: 0.0215 - val_acc: 0.9920
Epoch 4/10
4960/4960 [==============================] - 18s - loss: 0.0047 - acc:
0.9992 - val_loss: 0.0191 - val_acc: 0.9934
Epoch 5/10
4960/4960 [==============================] - 17s - loss: 0.0031 - acc:
0.9992 - val_loss: 0.0191 - val_acc: 0.9929
Epoch 6/10
4960/4960 [==============================] - 17s - loss: 0.0020 - acc:
0.9998 - val_loss: 0.0205 - val_acc: 0.9925
Epoch 7/10
4960/4960 [==============================] - 17s - loss: 0.0019 - acc:
0.9998 - val_loss: 0.0187 - val_acc: 0.9934
Epoch 8/10
4960/4960 [==============================] - 17s - loss: 0.0025 - acc:
0.9996 - val_loss: 0.0204 - val_acc: 0.9939
Epoch 9/10
4960/4960 [==============================] - 18s - loss: 0.0030 - acc:
0.9996 - val_loss: 0.0191 - val_acc: 0.9934
Epoch 10/10
4960/4960 [==============================] - 16s - loss: 0.0016 - acc:
0.9998 - val_loss: 0.0202 - val_acc: 0.9934
2080/2126 [============================>.] - ETA: 0sTest score: 0.020,
accuracy: 0.993
```

これにより、10 エポックで 99.3% の精度が得られます。これは、word2vec の事前学習済みベクトルを用いてネットワークをファインチューニングした結果とほぼ同じです。

ソースコードは finetune_glove_embeddings.py です。

5.4.4 分散表現の検索

最後の戦略は、事前学習したネットワークから分散表現を検索するというものです。最も簡単な方法は、Embedding層の`trainable`パラメータを`False`に設定することです。これにより、誤差逆伝播でEmbedding層の重みを更新しなくなります。

```
model.add(Embedding(vocab_sz, EMBED_SIZE, input_length=maxlen,
                    weights=[embedding_weights],
                    trainable=False))
model.add(Dropout(0.2))
```

word2vecとGloVeの例で`trainable`を`False`に設定すると、10エポックの学習後にそれぞれ98.7%と98.9%の精度が得られました。

しかし、この方法は一般的には使いません。通常は、前処理として事前学習済みモデルから単語の分散表現を取得したあと、取得した分散表現を使用して他のモデルを学習します。単に分散表現を検索するだけのモデルはEmbedding層を含むとは限らず、ニューラルネットワークのモデルでない可能性もあります。

以下に示す例では、文を表す100次元のベクトルを入力とし、ポジティブまたはネガティブの評価に対して1または0を出力する全結合ネットワークについて説明します。私たちのデータセットは、先ほどから使用しているUMICH SI650評判分析コンテストのもので、約7,000文です。

これまでのように、コードの大部分が繰り返されているので、新しい部分や説明が必要な部分についてのみ説明します。まずインポートを行い、再現性のためにランダムシードを設定し、定数を設定します。文章中の単語を100次元の分散表現に変換し合計するため、`glove.6B.100d.txt`ファイルを選択します。

```
import collections

from keras.layers import Dense, Dropout
from keras.models import Sequential
from keras.preprocessing.sequence import pad_sequences
from keras.utils import np_utils
from sklearn.model_selection import train_test_split
import matplotlib.pyplot as plt
import nltk
import numpy as np
import codecs
import os
```

```
np.random.seed(42)

INPUT_FILE = os.path.join(os.path.dirname(__file__),
                          "data/umich-sentiment-train.txt")
LOG_DIR = os.path.join(os.path.dirname(__file__), "logs")
GLOVE_MODEL = os.path.join(os.path.dirname(__file__),
                           "data/glove.6B.100d.txt")
VOCAB_SIZE = 5000
EMBED_SIZE = 100
BATCH_SIZE = 64
NUM_EPOCHS = 10
```

次のブロックは、文章を読み取り、単語頻度テーブルを作成します。これにより、最も一般的な5,000個のトークンが選択され、検索用のルックアップテーブル（単語から単語IDおよびその逆）が作成されます。さらに、語彙に存在しないトークンの疑似トークン_UNK_を作成します。このルックアップテーブルを使用して、各文を単語IDのシーケンスに変換し、すべてのシーケンスが同じ長さ（学習データセット内の文中の最大単語数）になるようにパディングします。また、ラベルをカテゴリ形式に変換します。

```
print("reading data...")
counter = collections.Counter()
with codecs.open(INPUT_FILE, "r", encoding="utf-8") as fin:
    maxlen = 0
    for line in fin:
        _, sent = line.strip().split("\t")
        try:
            words = [x.lower() for x in nltk.word_tokenize(sent)]
        except LookupError:
            print("Englisth tokenize does not downloaded. So download
↪   it.")
            nltk.download("punkt")
            words = [x.lower() for x in nltk.word_tokenize(sent)]
        if len(words) > maxlen:
            maxlen = len(words)
        for word in words:
            counter[word] += 1

print("creating vocabulary...")
word2index = collections.defaultdict(int)
for wid, word in enumerate(counter.most_common(VOCAB_SIZE)):
    word2index[word[0]] = wid + 1
vocab_sz = len(word2index) + 1
index2word = {v: k for k, v in word2index.items()}
index2word[0] = "_UNK_"
```

```
print("creating word sequences...")
ws, ys = [], []
with codecs.open(INPUT_FILE, "r", encoding="utf-8") as fin:
    for line in fin:
        label, sent = line.strip().split("\t")
        ys.append(int(label))
        words = [x.lower() for x in nltk.word_tokenize(sent)]
        wids = [word2index[word] for word in words]
        ws.append(wids)

W = pad_sequences(ws, maxlen=maxlen)
Y = np_utils.to_categorical(ys)
```

GloVe ベクトルを辞書に読み込みます。

```
word2emb = collections.defaultdict(int)
with codecs.open(GLOVE_MODEL, "r", encoding="utf-8") as fglove:
    for line in fglove:
        cols = line.strip().split()
        word = cols[0]
        embedding = np.array(cols[1:], dtype="float32")
        word2emb[word] = embedding
```

次のブロックは、単語 ID 行列 W から各文の単語をルックアップし、行列 E に対応する分散表現ベクトルを取り込みます。これらの分散表現ベクトルは文ベクトルを作成するために用いられ、X ベクトルに E の和（文中に出現する単語の分散表現の和）が設定されます。このコードブロックの出力は、サイズ（num_records, EMBED_SIZE）の行列 X です。

```
X = np.zeros((W.shape[0], EMBED_SIZE))
for i in range(W.shape[0]):
    E = np.zeros((EMBED_SIZE, maxlen))
    words = [index2word[wid] for wid in W[i].tolist()]
    for j in range(maxlen):
        E[:, j] = word2emb[words[j]]
    X[i, :] = np.sum(E, axis=1)
```

事前学習済みモデルを用いてデータを前処理し、最終的なモデルを学習・評価する準備が整いました。いつものようにデータを 70：30 で学習用と評価用に分割しましょう。

```
Xtrain, Xtest, Ytrain, Ytest = train_test_split(X, Y, test_size=0.3,
 →  random_state=42)
```

評判分析タスクを実行するために学習するネットワークは、単純な全結合ネットワークです。損失関数として categorical_crossentropy、最適化アルゴリズムとして adam を用いてモデルをコンパイルし、事前学習済みの分散表現から構築した文脈ベクトルで学習します。最後に、30% の評価データでモデルを評価します。

```
model = Sequential()
model.add(Dense(32, input_dim=EMBED_SIZE, activation="relu"))
model.add(Dropout(0.2))
model.add(Dense(2, activation="softmax"))

model.compile(optimizer="adam", loss="categorical_crossentropy",
              metrics=["accuracy"])
history = model.fit(Xtrain, Ytrain, batch_size=BATCH_SIZE,
                    epochs=NUM_EPOCHS,
                    callbacks=[TensorBoard(LOG_DIR)],
                    validation_data=(Xtest, Ytest))

score = model.evaluate(Xtest, Ytest, verbose=1)
print("Test score: {:.3f}, accuracy: {:.3f}".format(score[0], score[1]))
```

GloVe の分散表現を用いたコードの出力は次のようになります。

```
(4960, 100) (2126, 100) (4960, 2) (2126, 2)
Train on 4960 samples, validate on 2126 samples
Epoch 1/10
4960/4960 [==============================] - 0s - loss: 1.4389 - acc:
0.6147 - val_loss: 0.3327 - val_acc: 0.9120
Epoch 2/10
4960/4960 [==============================] - 0s - loss: 0.3490 - acc:
0.8776 - val_loss: 0.2259 - val_acc: 0.9389
Epoch 3/10
4960/4960 [==============================] - 0s - loss: 0.2245 - acc:
0.9274 - val_loss: 0.1876 - val_acc: 0.9525
Epoch 4/10
4960/4960 [==============================] - 0s - loss: 0.1738 - acc:
0.9524 - val_loss: 0.1498 - val_acc: 0.9595
Epoch 5/10
4960/4960 [==============================] - 0s - loss: 0.1439 - acc:
0.9595 - val_loss: 0.1315 - val_acc: 0.9586
Epoch 6/10
4960/4960 [==============================] - 0s - loss: 0.1294 - acc:
0.9635 - val_loss: 0.1305 - val_acc: 0.9605
Epoch 7/10
4960/4960 [==============================] - 0s - loss: 0.1150 - acc:
0.9688 - val_loss: 0.1224 - val_acc: 0.9610
Epoch 8/10
4960/4960 [==============================] - 0s - loss: 0.1030 - acc:
```

```
0.9712 - val_loss: 0.1134 - val_acc: 0.9657
Epoch 9/10
4960/4960 [==============================] - 0s - loss: 0.1035 - acc:
0.9712 - val_loss: 0.1100 - val_acc: 0.9694
Epoch 10/10
4960/4960 [==============================] - 0s - loss: 0.0909 - acc:
0.9748 - val_loss: 0.1025 - val_acc: 0.9675
1888/2126 [=========================>....] - ETA: 0sTest score: 0.102,
accuracy: 0.968
```

全結合ネットワークでは、100 次元 GloVe 分散表現を用いて前処理した場合、10 エポックのトレーニング後に評価データに対して 96.8% の精度が得られます。word2vec の分散表現（300 次元固定）で前処理すると、評価データに対して 98.5% の精度が得られます。

ソースコードは transfer_glove_embeddings.py と transfer_word2vec_embeddings.py です。

5.5 まとめ

本章では、テキスト内の単語を、分散表現に変換する方法について学びました。また、なぜ単語分散表現がこのような振る舞いを示すのか、なぜテキストデータを扱うディープラーニングモデルで役立つのかについて直感的に理解しました。

次に、2 つの代表的な単語分散表現のモデルである word2vec と GloVe を取り上げ、これらのモデルがどのように動作するかを理解しました。また、gensim を使用して、データから独自の word2vec を学習しました。

最後に、ネットワークで分散表現を使用するさまざまな方法について学びました。1 番目の方法は、分散表現をゼロから学習するというものでした。2 番目の方法は、事前学習した word2vec と GloVe モデルの分散表現の重みをネットワークにインポートし、ネットワークの学習時にファインチューニングするものでした。3 つ目は、事前学習した重みをそのままアプリケーションで使用する方法でした。

次章では、テキストなどの系列データを処理するために適したリカレントニューラルネットワークについて学びます。

6章 リカレントニューラルネットワーク

「3章 畳み込みニューラルネットワーク」では、**畳み込みニューラルネットワーク**（convolutional neural network：CNN）について学び、入力の空間的特徴をいかに活用するかを確認しました。たとえば、CNNは音声やテキストデータに対しては、その時間軸に沿って、1次元で畳み込みとプーリングを適用します。また、画像に対しては（高さ×幅）に沿って2次元で適用し、動画に対しては（高さ×幅×時間）に沿って3次元で適用します。

本章では、入力間の依存性を利用するニューラルネットワークの一種である**リカレントニューラルネットワーク**（recurrent neural network：RNN）について学びます。依存性のある入力としては、テキスト、音声、時系列データなどが考えられますが、系列内の要素の出現がその前に現れた要素に依存するものであれば何でもかまいません。たとえば、「the dog...」という文の次の単語は、「car」よりも「barks」である可能性が高いと考えられます。そのため、このような系列の場合、RNNは「car」より「barks」を予測する可能性が高くなります。

RNNはRNNセルのグラフと考えることができます。ここで各セルは系列内のすべての要素に対して同じ操作を実行します。RNNは非常に柔軟性があり、音声認識、言語モデリング、機械翻訳、評判分析、画像キャプションなどの問題を解決するために使用されてきました。RNNは、グラフ内でのセルの配置を変えることで、異なるタイプの問題に適応させることができます。これらの構成のいくつかの例と、ある問題を解決するためにそれらがどのように使用されるかを確認します。

また、**単純なRNN**（SimpleRNN）の課題と制限を解決するために提案された**LSTM**（long short-term memory）と**GRU**（gated recurrent unit）についても説明します。LSTMとGRUは簡単にSimpleRNNを置き換えることができます。置き換えることで性能が大幅に向上することも珍しくありません。LSTMとGRUだけが

SimpleRNNの亜種というわけではありませんが、実験的には、LSTMとGRUが多くの系列問題にとって最良の選択肢であることが示されています。

最後に、RNNの性能を向上させるためのヒントと、RNNをいつ/どのように適用するのか説明します。

まとめると、本章では以下のトピックについて説明します。

- SimpleRNNセル
- RNNを用いたテキスト生成
- RNNのトポロジー
- LSTM、GRU、およびその他RNNの亜種

6.1 SimpleRNNセル

従来の多層パーセプトロンニューラルネットワークは、すべての入力が互いに独立していると仮定しています。しかし、この仮定は、系列データの場合は成り立ちません。先ほど「the dog...」の例で、文の最初の2つの単語が3番目の単語に影響することを確認しました。同じ考え方が音声にも当てはまります。たとえば、騒々しい部屋で会話しているとき、会話中に聞こえた単語に基づいて聞こえなかった単語を推測できます。株価や天気などの時系列データも、長期的傾向と呼ばれる過去のデータに依存しています。

RNNセルは、過去に出現したデータのエッセンスを保持する隠れ状態を持つことで、依存性を考慮します。任意の時点での隠れ状態の値は、ひとつ前の時刻での隠れ状態の値と、現在の時刻での入力値によって決定されます。

$$h_t = \phi(h_{t-1}, x_t)$$

h_tとh_{t-1}はそれぞれ時刻tと$t-1$における隠れ状態の値であり、x_tは時刻tの入力値です。この方程式は再帰的であることに注意してください。つまり、h_{t-1}はh_{t-2}とx_{t-1}で表せます。このようにすることで、RNNは任意長の系列情報をコード化して組み込むことができます。

図6-1のように、RNNセルをグラフィカルに表すこともできます。時刻tで、セルはx_tを入力しy_tを出力します。出力y_tの一部（隠れ状態h_t）は、あとの時刻$t+1$で使用するためにセルにフィードバックされます。従来のニューラルネット

ワークのパラメータがその重み行列に含まれているのと同様に、RNN のパラメータは、入力、出力、および隠れ状態に対応する 3 つの重み行列 U、V、W に含まれます。

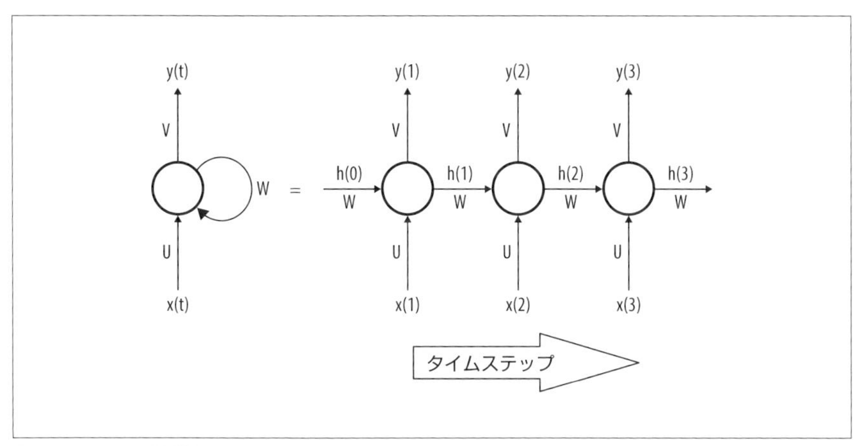

図 6-1　RNN の展開図

図 6-1 の右側のように、RNN を**展開**（unroll）してみることもできます。展開とは、ネットワークを系列長のステップ分だけ書き出すことを意味します。**図 6-1** に示すネットワークは 3 層の RNN であり、3 要素の系列に対する処理に適しています。重み行列 U、V、および W はステップ間で共有されていることに注意してください。これは、各時刻で異なる入力に同じ操作を適用するためです。これらの重みベクトルをすべてのタイムステップにわたって共有することができるため、RNN が学習する必要があるパラメータの数は大幅に削減されます。

RNN 内の計算を式で記述することもできます。時刻 t における RNN の内部状態は、隠れ状態 h_t によって与えられます。これは、時刻 $t-1$ における重み行列 W と隠れ状態 h_{t-1} の積を時刻 t における重み行列 U と入力 x_t の積と合計し、非線形関数である tanh に渡すことで得られます。tanh を選択したのは、2 次微分の減衰が非常にゆっくりとゼロになることと関係があります。これにより、勾配を活性化関数の線形領域に保持し、勾配消失問題に対処するのに役立ちます。本章の後半では、勾配消失問題についてさらに学びます。

時刻 t の出力ベクトル y_t は、重み行列 V と隠れ状態 h_t の積に**ソフトマックス**関数を適用することで得られます。結果のベクトルは各クラスの出力確率を表しています。

$$h_t = \tanh(Wh_{t-1} + Ux_t)$$
$$y_t = \text{softmax}(Vh_t)$$

Kerasは、これまでに説明したすべてのロジックを組み込んだSimpleRNN、および本章の後半で説明するLSTMやGRUを提供しています。したがって、SimpleRNNやLSTM、GRUを使用したモデルを構築する際に、それらがどのように動作するのかを理解しておくことは必須ではありません。ただし、構造と式を理解しておくと、自身でRNNを構築する必要に迫られた際に役立ちます。

6.1.1 RNNを用いたテキスト生成

自然言語処理（natural language processing：NLP）界隈では、RNNはさまざまなアプリケーションに対して広く用いられています。そのようなアプリケーションのひとつが言語モデルを構築することです。言語モデルを使用すると、単語をいくつか与えたときに、次に出現する単語の確率を予測できます。言語モデルは、機械翻訳、スペル訂正など、さまざまな上位レベルのタスクにとって重要な技術です。

以前に出現した単語から次の単語を予測する能力の副産物として、生成モデルを得られます。生成モデルは、出力確率をサンプリングしてテキストを生成できるモデルです。言語モデルでは、通常、入力は単語列であり、出力は予測された単語列です。言語モデルの学習にはラベルなしのテキストを使用します。ここで時刻tのラベルy_tとして、時刻$t+1$の入力x_{t+1}を使用します。

RNNを構築する最初の例として、『不思議の国のアリス』（Alice in Wonderland）のテキストを使って文字ベースの言語モデルを学習します。この言語モデルでは、10個の文字を与えると次の文字を予測します。文字ベースのモデルを構築する理由は、語彙が小さく、学習が高速に進むからです。この考え方は、単語の代わりに文字を使用することを除いて、単語ベースの言語モデルを使用するのと同じです。次に、学習したモデルを使用して、同じスタイルのテキストを生成します。

最初に、必要なモジュールをインポートします。

```
from keras.layers import Dense, Activation, SimpleRNN
from keras.models import Sequential
import numpy as np
```

『不思議の国のアリス』のテキストはプロジェクト・グーテンベルクのWebサイト（http://www.gutenberg.org/files/11/11-0.txt）からダウンロードします。複数のファイル形式で提供しているので`Plain Text UTF-8`を選びます。ダウンロードしたら、ファイル名を alice_in_wonderland.txt に変更してください。このファイルには改行と非 ASCII 文字が含まれているので、事前にクリーンアップを行い、内容を text という変数に書き出します。

```
INPUT_FILE = "./data/alice_in_wonderland.txt"
with codecs.open(INPUT_FILE, "r", encoding="utf-8") as f:
    lines = [line.strip().lower() for line in f
             if len(line) != 0]
    text = " ".join(lines)
```

文字レベルの RNN を構築しているので、語彙はテキストに現れる文字の集合です。今回の場合、語彙数は 60 です。文字自体ではなく、これらの文字のインデックスを処理するので、必要なルックアップテーブルを作成します。

```
chars = set(text)
nb_chars = len(chars)
char2index = dict((c, i) for i, c in enumerate(chars))
index2char = dict((i, c) for i, c in enumerate(chars))
```

次のステップでは、入力テキストとラベルテキストを作成します。これを行うには、STEP 変数（今回は 1）で与えられた文字数によってテキストをスキップし、SEQLEN 変数（今回は 10）で指定されたサイズのテキストを抽出します。抽出したテキストの次の文字をラベル文字とします。

```
SEQLEN = 10
STEP = 1

input_chars = []
label_chars = []
for i in range(0, len(text) - SEQLEN, STEP):
    input_chars.append(text[i:i + SEQLEN])
    label_chars.append(text[i + SEQLEN])
```

上記のコードを使用すると、it turned into a pig というテキストに対する入力とラベルは次のようになります。

```
it turned -> i
 t turned i -> n
 turned in -> t
turned int -> o
urned into ->
rned into -> a
ned into a ->
ed into a -> p
```

```
d into a p -> i
 into a pi -> g
```

次のステップは、これらの入力テキストとラベルテキストをベクトル化することです。RNNへの入力の各行は、前に示した入力テキストのひとつに対応します。この入力にはSEQLEN数分の文字があり、語彙数はnb_charsで与えられるので、各入力文字をnb_chars次元のone-hotエンコードされたベクトルとして表現します。したがって、各入力行のテンソルのサイズは（SEQLEN, nb_chars）です。出力ラベルは1文字なので、入力の各文字を表すのと同様に、nb_chars次元のone-hotベクトルとして表せます。

```
X = np.zeros((len(input_chars), SEQLEN, nb_chars), dtype=np.bool)
y = np.zeros((len(input_chars), nb_chars), dtype=np.bool)
for i, input_char in enumerate(input_chars):
    for j, ch in enumerate(input_char):
        X[i, j, char2index[ch]] = 1
    y[i, char2index[label_chars[i]]] = 1
```

モデルを作成する準備が整いました。RNNの出力次元は128次元とします。出力次元は、本来は実験を通じてチューニングする必要があります。一般的に、値が小さすぎると、自然なテキストを生成できず、同じ文字や同じ単語を繰り返す傾向が見られます。一方、値が大きすぎる場合は、モデルのパラメータが多すぎることになり、効果的に学習するためにさらに多くのデータが必要になります。今回は出力として文字の系列ではなく、単一の文字を返したいので、return_sequences = Falseと設定します。RNNへの入力形状は（SEQLEN, nb_chars）であることはすでに説明したとおりです。unroll = Trueと設定しているのは、TensorFlowバックエンドのパフォーマンスを向上させるためです。

今回構築するモデルでは、RNNは全結合層に接続されています。全結合層のユニット数はnb_charであり、語彙の各文字のスコアが出力されます。全結合層の活性化関数にはソフトマックス関数を使用し、スコアを確率に変換します。そして、確率が最も高い文字を予測結果として使用します。損失関数としてcategorical_crossentropy、最適化アルゴリズムとしてRMSpropを用いてモデルをコンパイルします。

```
HIDDEN_SIZE = 128
BATCH_SIZE = 128
NUM_ITERATIONS = 25
NUM_EPOCHS_PER_ITERATION = 1
NUM_PREDS_PER_EPOCH = 100

model = Sequential()
model.add(SimpleRNN(HIDDEN_SIZE, return_sequences=False,
                    input_shape=(SEQLEN, nb_chars),
                    unroll=True))
model.add(Dense(nb_chars))
model.add(Activation("softmax"))

model.compile(loss="categorical_crossentropy", optimizer="rmsprop")
```

訓練のアプローチは今までとは少し異なります。今までは、エポック数を固定してモデルを学習し、評価データを用いて評価しました。今回はラベル付きデータがないので、モデルを1エポック（NUM_EPOCHS_PER_ITERATION = 1）学習させ、テストします。このような学習を25回繰り返し（NUM_ITERATIONS = 25）、人間に理解できる出力が現れたら学習を停止します。実際には、NUM_ITERATIONS エポック学習し、各エポック後にモデルをテストします。

テストでは、まずランダムに選んだ入力を与えてモデルから1文字生成します。次に、与えた入力から最初の文字を削除し、生成された文字を入力に加えます。そして、新しい入力から別の文字を生成します。これを100回（NUM_PREDS_PER_EPOCH = 100）繰り返して、結果の文字列を生成して出力します。この文字列が、モデルの品質を表しています。

```
for iteration in range(NUM_ITERATIONS):
    print("=" * 50)
    print("Iteration #: %d" % (iteration))
    model.fit(X, y, batch_size=BATCH_SIZE,
↪    epochs=NUM_EPOCHS_PER_ITERATION)

    test_idx = np.random.randint(len(input_chars))
    test_chars = input_chars[test_idx]
    print("Generating from seed: %s" % (test_chars))
    print(test_chars, end="")
    for i in range(NUM_PREDS_PER_EPOCH):
        Xtest = np.zeros((1, SEQLEN, nb_chars))
        for j, ch in enumerate(test_chars):
            Xtest[0, j, char2index[ch]] = 1
        pred = model.predict(Xtest, verbose=0)[0]
        ypred = index2char[np.argmax(pred)]
        print(ypred, end="")
```

```
            # move forward with test_chars + ypred
            test_chars = test_chars[1:] + ypred
        print()
```

この実行の出力は以下のように表示されます。モデルは意味不明な予測をし始めますが、25回目のエポックが終わる頃には、内容に一貫性はないものの、ある程度の品質で正しいつづりの文字列を生成できるようになっています。このモデルの驚くべき点は、モデルが文字ベースであり、単語の知識がないにもかかわらず、元のテキストに出現するような単語を学習できていることです。

```
Iteration #: 21
Epoch 1/1
158773/158773 [==============================] - 19s - loss: 1.4242
Generating from seed: ll difficu
ll difficully of the serpenting of the some of the project gutenberg-tm
electronic work in a moment the dormou
==================================================
Iteration #: 22
Epoch 1/1
158773/158773 [==============================] - 17s - loss: 1.4160
Generating from seed: isper a hi
isper a himpered the caterpillar the caterpillar the caterpillar the
caterpillar the caterpillar the caterpill
==================================================
Iteration #: 23
Epoch 1/1
158773/158773 [==============================] - 18s - loss: 1.4085
Generating from seed: rk, it was
rk, it was the cat her hand have the could not a look at the could not a
look at the could not a look at the c
==================================================
Iteration #: 24
Epoch 1/1
158773/158773 [==============================] - 16s - loss: 1.4020
Generating from seed: ou must re
ou must read the gryphon and she was the pare of the gryphon and she was
the pare of the gryphon and she was t
```

ソースコードは alice_chargen_rnn.py です。学習データは前述したようにプロジェクト・グーテンベルクのWebサイトからダウンロードできます。

この種のモデルでできることは、テキストの次の文字や単語を生成することだけに留まりません。たとえば、株価の予測（A. Bernal、S. Fok、R. Pidaparthi の "Financial Market Time Series Prediction with Recurrent Neural Networks", 2012）や、クラシック音楽の生成（G. Hadjeres、F. Pachet の "DeepBach: A

Steerable Model for Bach Chorales Generation", arXiv:1612.01010, 2016）といったことに成功しています。Andrej Karpathyは彼の書いたブログ記事「The Unreasonable Effectiveness of Recurrent Neural Networks（リカレントニューラルネットワークの不合理な効果）」で、偽のWikipediaページ、代数幾何学的証明、Linuxソースコードの生成といった興味深い例を紹介しています。記事のURLはhttp://karpathy.github.io/2015/05/21/rnn-effectiveness/です。

6.2 RNNのトポロジー

MLPおよびCNNアーキテクチャ用のAPIには制限があります。どちらのアーキテクチャも、固定サイズのテンソルを入力として受け取り、固定サイズのテンソルを出力として生成します。MLPとCNNは、入力から出力への変換を、モデル内の層数によって与えられる一定のステップ数で実行します。一方、RNNにはこの制限がありません。入力、出力、またはその両方に系列を与えることができます。これは、問題を解決するためにRNNをさまざまな方法で構築できることを意味します。

これまでに確認してきたように、RNNは入力ベクトルと状態ベクトルを結合して新しい状態ベクトルを生成します。これは、入力と内部変数がいくつかあるプログラムの実行と同じように考えることができます。したがって、RNNは、本質的にコンピュータープログラムを記述するものと考えることができます。実際、適切な重みが与えられたときに任意のプログラムをシミュレートできるという点で、RNNはチューリング完全であることが示されています（詳細については、H. T. Siegelmann、E. D. Sontagの"On the Computational Power of Neural Nets", *Proceedings of the fifth annual workshop on Computational learning theory*, ACM, 1992を参照してください）。

系列を扱うことができるというこの特性は、多くのトポロジーを生み出します。そのうちのいくつかを**図6-2**で説明します。

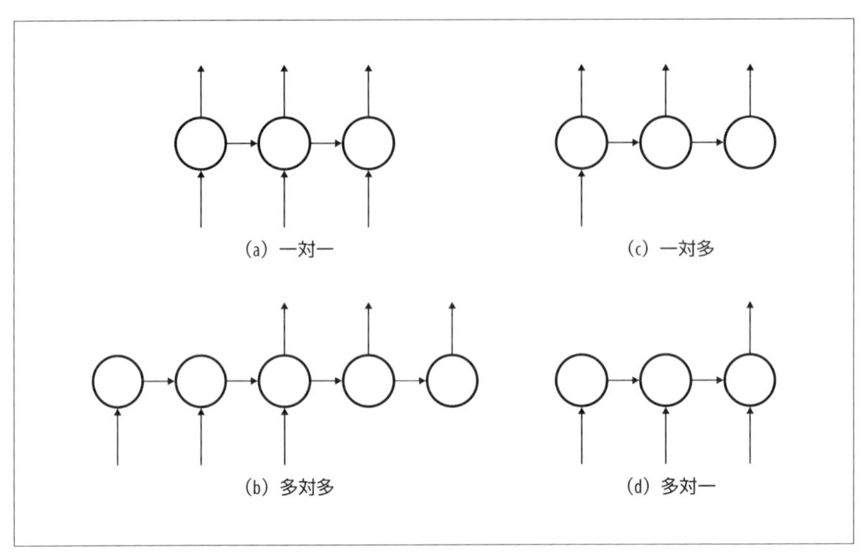

図6-2　RNNのトポロジー

この図のトポロジーはすべて、**図6-2** (a) から派生しました。この基本的なトポロジー (a) では、すべての入力系列は同じ長さであり、各時刻で出力が生成されます。この例は『不思議の国のアリス』で単語を生成するために文字レベルRNNを使用した際に確認しました。

図6-2 (b) に示したのは、多対多のネットワークです。多対多のネットワークは機械翻訳でよく使われます。このネットワークは別名 **Seq2seq** とも呼ばれます（詳細については、O. Vinyals の "Grammar as a Foreign Language", *Advances in Neural Information Processing Systems*, 2015 を参照してください)。Seq2seq は系列を入力すると、別の系列を生成します。たとえば機械翻訳の場合、入力は英単語の系列であり、出力は翻訳されたスペイン語の単語になります。**品詞タグ付け** (POS tagging) の場合、入力は文内の単語であり、出力は対応する POS タグになります。ある時刻では入力がなく、ある時刻では出力がないという点で、(a) のトポロジーとは異なります。本章ではこのようなネットワークの例を紹介します。

図6-2 (c) に示したのは、一対多のネットワークです。一対多のネットワークは画像キャプションでよく使われます。画像キャプションでは入力は画像、出力は単語系列になります（詳細については、A. Karpathy、F. Li の "Deep Visual-Semantic Alignments for Generating Image Descriptions", *Proceedings* *of the IEEE Conference on Computer Vision and Pattern Recognition*, 2015. を参照してください)。

図6-2（d）に示したのは、多対一ネットワークです。多対一ネットワークは、評判分析でよく使われます、評判分析では入力は単語列であり、出力は正または負の評判です（詳細については、R. Socher の "Recursive Deep Models for Semantic Compositionality over a Sentiment Treebank", *Proceedings of the Conference on Empirical Methods in Natural Language Processing (EMNLP)*. Vol.1631, 2013 を参照してください)。本章の後半では、このネットワークを用いた例を示します。

6.3 勾配消失と勾配爆発

伝統的なニューラルネットワークと同じように、RNN の学習でも誤差逆伝播法（バックプロパゲーション）を用います。この場合の違いは、パラメータがすべてのタイムステップで共有されるため、各出力の勾配は現在のタイムステップだけでなく、以前のタイムステップにも依存するということです。このプロセスは **BPTT**（backpropagation through time）と呼ばれています（詳細については、G. E. Hinton、D. E. Rumelhart、R. J. Williams の "Learning Internal Representations by Backpropagating errors", *Parallel Distributed Processing: Explorations in the Microstructure of Cognition* 1, 1985 を参照してください)。**図6-3** に BPTT を示します。

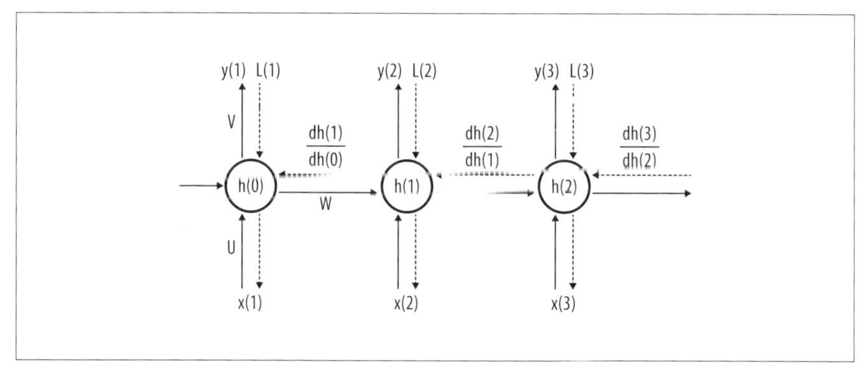

図6-3 BPTT の展開図

図6-3 に示した 3 層の小さな RNN について考えてみましょう。（実線で示す）順

方向への伝播中、ネットワークはラベルを予測します。予測したラベルは、各時刻の損失 L_t を計算するために正解ラベルと比較されます。（点線で示す）逆伝播中、各時刻にパラメータ U、V、W に対する損失の勾配が計算されます。そして、これらのパラメータは勾配の合計によって更新されます。

以下の式は、行列 W に対する損失 L の勾配を示しています。W は長期依存性に対する重みを表しています。今回はこの部分の更新に焦点を当てます。なぜなら、この部分が勾配消失/爆発問題の原因だからです。行列 U と V に関する損失の勾配も同様の方法ですべてのタイムステップにわたって合計されます。

$$\frac{\partial L}{\partial W} = \sum_t \frac{\partial L_t}{\partial W}$$

最後のタイムステップ（$t = 3$）で、損失の勾配に何が起こるかを見てみましょう。この勾配は、連鎖律を使用して3つの勾配の積に分解することができます。W に対する隠れ状態 h_2 の勾配は、前の隠れ状態に対する各隠れ状態の勾配の和としてさらに分解することができます。最後に、前の隠れ状態に対する隠れ状態の各勾配は、前の隠れ状態に対する現在の隠れ状態の勾配の積としてさらに分解することができます。

$$\begin{aligned}
\frac{\partial L_3}{\partial W} &= \frac{\partial L_3}{\partial y_3} \cdot \frac{\partial y_3}{\partial h_2} \cdot \frac{\partial h_2}{\partial W} \\
&= \sum_{t=0}^{2} \frac{\partial L_3}{\partial y_3} \cdot \frac{\partial y_3}{\partial h_2} \cdot \frac{\partial h_2}{\partial h_t} \cdot \frac{\partial h_t}{\partial W} \\
&= \sum_{t=0}^{2} \frac{\partial L_3}{\partial y_3} \cdot \frac{\partial y_3}{\partial h_2} \cdot \prod_{j=t+1}^{2} \frac{\partial h_j}{\partial h_{j-1}} \cdot \frac{\partial h_t}{\partial W}
\end{aligned}$$

同様の計算は、W に対して損失 L_1 と L_2（タイムステップ1と2）の勾配を計算し、それらを合計して勾配を更新するために行われます。本書ではこれ以上、数学的な説明を深めるつもりはありません。BPTTに関するさらなる数学的詳細は、WILDMLのブログ記事（https://goo.gl/l06lbX）を参照してください。

上式の最終式は、なぜRNNが勾配消失/爆発問題を抱えているかを示しています。このことを理解するために、前の隠れ状態に対する隠れ状態の各勾配が1未満である場合を考えてみます。複数のタイムステップにわたって逆伝播するため、勾配の積はどんどん小さくなり、勾配消失につながります。同様に、勾配が1より大きい場合、勾配の積はどんどん大きくなり、勾配爆発につながります。

勾配消失の影響は、遠く離れたステップからの勾配が学習になんの貢献もしないという形で現れます。つまり、RNN は遠く離れた依存性を学習しなくなってしまいます。従来のニューラルネットワークでも勾配消失が発生する可能性はありますが、RNN の場合はそれがより顕著に現れます。なぜなら、RNN は誤差逆伝播しなければならない層（タイムステップ）が多い傾向があるからです。

勾配爆発はより簡単に検出可能です。勾配爆発では勾配が非常に大きくなり、学習が破綻します。勾配爆発は、あらかじめ定めたしきい値以上の値を刈り込むことで対処することができます（詳細については、R. Pascanu、T. Mikolov、Y. Bengio の "On the Difficulty of Training Recurrent Neural Networks", ICML, pp.1310-1318, 2013 を参照してください）。

勾配消失問題による影響を最小化する方法はいくつか提案されています。たとえば、行列 W を適切に初期化する、tanh ではなく ReLU を使用する、教師なしで各層を事前学習するといった方法です。しかし、最も一般的な解決策は、LSTM か GRU を使用することです。LSTM や GRU は、勾配消失問題に対処し、長期にわたる依存性をより効果的に学習するように設計されています。LSTM と GRU については、本章の後半で詳しく説明します。

6.4 LSTM

LSTM（long short-term memory：長短期記憶）は、長期依存性を学習できる RNN の亜種です。LSTM は Hochreiter と Schmidhuber によって最初に提案され、他の多くの研究者によって洗練されてきました。LSTM はさまざまな問題でうまく機能し、RNN の変種の中でも最も広く使用されています。

SimpleRNN が前の時刻の隠れ状態と tanh 層の現在の入力を使用して再帰を実装する方法を見てきました。LSTM も同様の方法で再帰を実装しますが、単一の tanh 層の代わりに、4 つのレイヤーが非常に特殊な方法で相互作用します。**図6-4** は、タイムステップ t で隠れ状態に適用される変換を示しています。

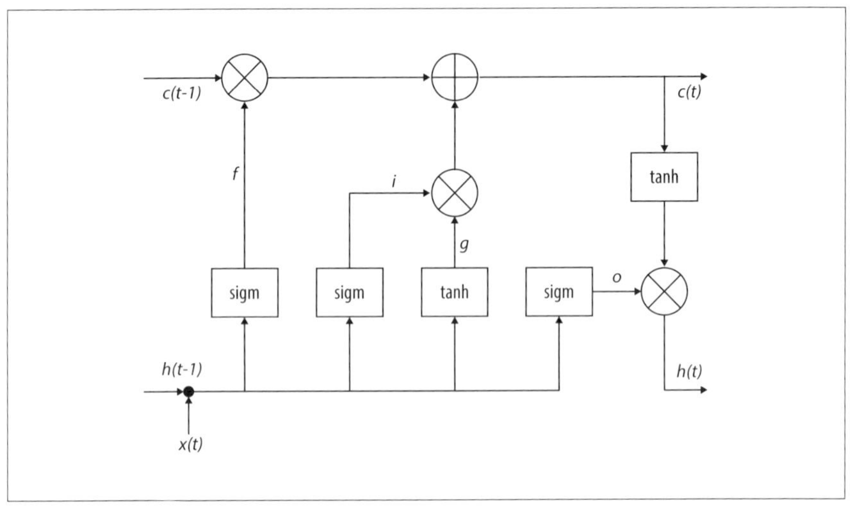

図6-4 LSTMの内部構造

図6-4は複雑に見えますが、要素ごとに見てみましょう。図上部の線はセル状態cで、ユニットの内部メモリを表します。一番下の線は隠れ状態で、i、f、o、gゲートはLSTMが勾配消失問題を回避する仕組みです。学習中、LSTMはこれらのゲートのパラメータを学習します。

各ゲートがLSTMの隠れ状態にどのように影響するかをより深く理解しましょう。そのためにまず、時刻tの隠れ状態h_tを直前の隠れ状態h_{t-1}から計算する方法を見てみましょう。

$$i = \sigma(W_i h_{t-1} + U_i x_t)$$

$$f = \sigma(W_f h_{t-1} + U_f x_t)$$

$$o = \sigma(W_o h_{t-1} + U_o x_t)$$

$$g = \tanh(W_g h_{t-1} + U_g x_t)$$

$$c_t = (c_{t-1} \otimes f) \oplus (g \otimes i)$$

$$h_t = \tanh(c_t) \otimes o$$

ここで、i、f、oはそれぞれ入力ゲート、忘却ゲート、出力ゲートです。それらは同じような式で計算されますが、異なるパラメータ行列を使用します。シグモイド関数は、これらのゲートの出力を0〜1の間の値に変換します。したがって、生成された出力ベクトルと他のベクトルとの要素積を取ることで、他のベクトルがどれだけ出力ベクトルを通過できるかを定義することができます。

忘却ゲートは、前の状態 h_{t-1} をどの程度通過させたいかを定義します。入力ゲートは、現在の入力 x_t に対して新しく計算された状態をどのくらい通過させるかを定義します。出力ゲートは、内部状態をどの程度次の層にさらしたいかを定義します。内部隠れ状態 g は、現在の入力 x_t と前の隠れ状態 h_{t-1} に基づいて計算されます。g の式は SimpleRNN セルの式と同じですが、LSTM の場合は入力ゲート i の出力によって g の出力を変換します。

i、f、o、g が与えられれば、時刻 t におけるセル状態 c_t を計算できます。具体的には、時刻 $t-1$ のセル状態 c_{t-1} に忘却ゲートを乗算し、状態 g を入力ゲート i で乗算して加算することで計算できます。これは基本的に以前のメモリと新しい入力設定を結合する方法です。忘却ゲートを 0 に設定すると古いメモリは無視され、入力ゲートを 0 に設定すると新しく計算された状態は無視されます。

最後に、時刻 t における隠れ状態 h_t を計算します。これは、メモリ c_t に出力ゲートを掛けることによって計算されます。

LSTM が SimpleRNN を簡単に置き換えられることは理解しておきましょう。唯一の違いは、LSTM が勾配消失問題に強いことです。ネットワーク内の RNN セルは副作用を気にすることなく LSTM に置き換えることができます。一般的に、学習時間が長くなると、より良い結果が得られるはずです。

さらに詳しく知りたい方は、WILDML のブログ記事を参照してください。この記事は、LSTM のゲートとそれらの動作方法を詳細に説明しています。より視覚的な説明については、Christopher Olah の記事「Understanding LSTMs」(http://colah.github.io/posts/2015-08-Understanding-LSTMs/) を参照してください。この記事ではステップごとに計算の説明をしています。

6.4.1 LSTM で評判分析

Keras に用意された LSTM 層を使うことで、多対一の RNN を構築して学習させることができます。今回構築するネットワークは、文（単語の系列）を入力し、評判の値（正または負）を出力します。学習データは、Kaggle の UMICH SI650 評判分析コンテスト（https://www.kaggle.com/c/si650winter11/data）の約 7,000 件の文章を使います。各文は、正または負の評判を表す 1 または 0 のラベルが付いています。このデータセットを使って学習と予測を行います。

いつもどおり、まずはインポートから始めます。

```
from keras.callbacks import TensorBoard
from keras.layers import Activation, Dense, Dropout, Embedding, LSTM
from keras.models import Sequential
from keras.preprocessing import sequence
from keras.callbacks import TensorBoard
from sklearn.model_selection import train_test_split
import collections
import nltk
import numpy as np
import os
import codecs
```

nltkがインストールされていなかった場合は、pipを用いてインストールしてください。

```
$ pip install nltk
```

学習を始める前に、データの探索的分析を行います。具体的には、コーパスにいくつの一意な単語があるか、そして各文にいくつの単語が含まれるかを調査します。

```
DATA_DIR = "./data"
LOG_DIR = "./logs"

maxlen = 0
word_freqs = collections.Counter()
num_recs = 0
with codecs.open(os.path.join(DATA_DIR, "umich-sentiment-train.txt"),
 ↪  "r",
                'utf-8') as ftrain:
    for line in ftrain:
        label, sentence = line.strip().split("\t")
        words = nltk.word_tokenize(sentence.lower())
        maxlen = max(maxlen, len(words))
        for word in words:
            word_freqs[word] += 1
        num_recs += 1
```

ここで、Resource punkt not foundというエラーが発生する場合があります。このエラーは文の分かち書きに使うためのコーパスがないときに起きます。その際は、Pythonインタプリタで以下のコードを実行してコーパスをダウンロードします。

```
>>> import nltk
>>> nltk.download('punkt')
```

これで、コーパスに関する情報を得られます。

```
>>> print(maxlen)
42
>>> print(len(word_freqs))
2313
```

このコードで求めた一意な単語数 len(word_freqs) を参考に、語彙数を決定します。そして、他のすべての単語を**語彙外の単語**（out of vocabulary：OOV）として扱い、疑似単語 UNK で置き換えます。こうしておくことで、予測時には、学習時に現れなかった単語を OOV の単語として扱うことができます。

文中の単語数（maxlen）を元に、系列長を決定できます。これにより、系列長より短い文はゼロでパディングし、長い文は切り詰められるようになります。RNN は可変長の系列を扱えますが、実際は、パディングして系列長を揃えるか、系列長ごとにミニバッチを作るということをします。ここでは、前者の方法を採用します。後者の方法では、バッチサイズを 1 にすることが推奨されています（詳細については、https://github.com/fchollet/keras/issues/40 を参照してください）。

前述の見積もりに基づいて、VOCABULARY_SIZE を 2002 に設定しました。これは語彙から 2,000 語を選び、疑似単語である UNK と PAD（パディング用）を足した数になっています。また、最大文長を表す MAX_SENTENCE_LENGTH は 40 に設定しました。

```
LOG_DIR = "./logs"

MAX_FEATURES = 2000
MAX_SENTENCE_LENGTH = 40
vocab_size = min(MAX_FEATURES, len(word_freqs)) + 2
```

次に、2 つのルックアップテーブルを用意します。RNN への入力の各行は単語インデックスの系列であり、インデックスは学習データセット内の頻度によって順序付けされます。2 つのルックアップテーブルは、単語が与えられた場合に対応するインデックスを、インデックスが与えられた場合に対応する単語をルックアップすることを可能にします。このルックアップテーブルには PAD と UNK も含まれます。

```
word2index = {x[0]: i+2 for i, x in
enumerate(word_freqs.most_common(MAX_FEATURES))}
word2index["PAD"] = 0
word2index["UNK"] = 1
index2word = {v:k for k, v in word2index.items()}
```

次に、入力文を単語インデックスの系列に変換します。そして、系列長を MAX_

SENTENCE_LENGTHに合わせます。今回の場合、出力ラベルは2値（正または負の評判）なので、ラベルを処理する必要はありません。

```
X = np.empty((num_recs, ), dtype=list)
y = np.zeros((num_recs, ))
i = 0
with codecs.open(os.path.join(DATA_DIR, "umich-sentiment-train.txt"),
                 'r', 'utf-8') as ftrain:
    for line in ftrain:
        label, sentence = line.strip().split("\t")
        try:
            words = nltk.word_tokenize(sentence.lower())
        except LookupError:
            print("Englisth tokenize does not downloaded. So download
↪  it.")
            nltk.download("punkt")
            words = nltk.word_tokenize(sentence.lower())
        seqs = []
        for word in words:
            if word in word2index:
                seqs.append(word2index[word])
            else:
                seqs.append(word2index["UNK"])
        X[i] = seqs
        y[i] = int(label)
        i += 1

X = sequence.pad_sequences(X, maxlen=MAX_SENTENCE_LENGTH)
```

最後に、データセットを80：20で学習用と評価用に分けます。

```
Xtrain, Xtest, ytrain, ytest = train_test_split(X, y, test_size=0.2,
↪  random_state=42)
```

図6-5は、今回作成するネットワークの構成を示しています。

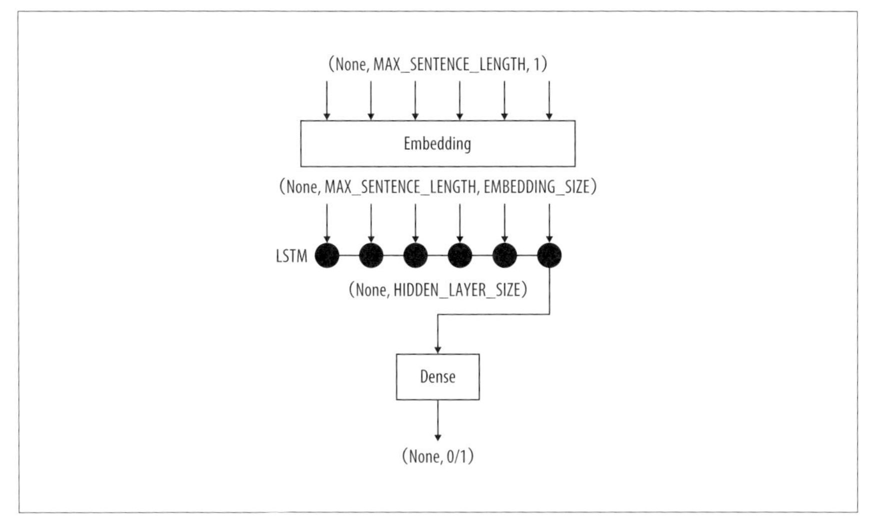

図6-5　ネットワーク構成

入力の各行は単語インデックスの系列です。系列長はMAX_SENTENCE_LENGTHで与えられます。テンソルの第1次元は、Noneを設定します。これは、モデルの定義時にバッチサイズが未知であることを示しています。実際のバッチサイズは実行時にbatch_sizeパラメータを使用して指定します。したがって、バッチサイズを未定義と仮定すると、入力テンソルの形状は(None, MAX_SENTENCE_LENGTH, 1)になります。これらのテンソルは、サイズが「EMBEDDING_SIZE」の分散表現層に与えられます。分散表現層の重みは小さいランダム値で初期化され、学習中に更新されます。この層はテンソルを(None, MAX_SENTENCE_LENGTH, EMBEDDING_SIZE)の形状に変換します。分散表現層の出力は、系列長「MAX_SENTENCE_LENGTH」および出力層サイズ「HIDDEN_LAYER_SIZE」を有するLSTMに与えられるので、LSTMの出力形状は(None, HIDDEN_LAYER_SIZE, MAX_SENTENCE_LENGTH)になります。デフォルトでは、LSTMは最後の系列（return_sequences = False）で形状が(None, HIDDEN_LAYER_SIZE)のテンソルを出力します。このテンソルは、シグモイド関数を持つ出力サイズ「1」の全結合層に与えられ、「0」（否定的レビュー）または「1」（肯定的レビュー）のいずれかを出力します。

バイナリ値を予測するため、損失関数としてbinary_crossentropyを、最適化アルゴリズムとして汎用的に使えるAdamを使用して、モデルをコンパイルします。ハイパーパラメータEMBEDDING_SIZE、HIDDEN_LAYER_SIZE、BATCH_SIZE、

NUM_EPOCHSは何度か実験を繰り返してチューニングしたものを設定します。

```
EMBEDDING_SIZE = 128
HIDDEN_LAYER_SIZE = 64
BATCH_SIZE = 32
NUM_EPOCHS = 10

model = Sequential()
model.add(Embedding(vocab_size, EMBEDDING_SIZE,
                    input_length=MAX_SENTENCE_LENGTH))
model.add(Dropout(0.2))
model.add(LSTM(HIDDEN_LAYER_SIZE, dropout=0.2, recurrent_dropout=0.2))
model.add(Dense(1))
model.add(Activation("sigmoid"))

model.compile(loss="binary_crossentropy", optimizer="adam",
              metrics=["accuracy"])
```

次に、エポック数を10（NUM_EPOCHS）とバッチサイズを32（BATCH_SIZE）に設定してネットワークを学習します。各エポックで、評価データを使用してモデルを検証します。

```
history = model.fit(Xtrain, ytrain, batch_size=BATCH_SIZE,
                    epochs=NUM_EPOCHS,
                    callbacks=[TensorBoard(LOG_DIR)],
                    validation_data=(Xtest, ytest))
```

このステップの出力は、複数エポックにわたって、損失がどのように減少し、精度がどのように増加するかを示しています。

```
Train on 5668 samples, validate on 1418 samples
Epoch 1/10
5668/5668 [==============================] - 13s 2ms/step - loss: 0.2532
- acc: 0.8901 - val_loss: 0.0620 - val_acc: 0.9760
Epoch 2/10
5668/5668 [==============================] - 11s 2ms/step - loss: 0.0320
- acc: 0.9905 - val_loss: 0.0358 - val_acc: 0.9880
Epoch 3/10
5668/5668 [==============================] - 11s 2ms/step - loss: 0.0098
- acc: 0.9977 - val_loss: 0.0365 - val_acc: 0.9908
Epoch 4/10
5668/5668 [==============================] - 14s 3ms/step - loss: 0.0044
- acc: 0.9993 - val_loss: 0.0450 - val_acc: 0.9894
Epoch 5/10
5668/5668 [==============================] - 15s 3ms/step - loss: 0.0024
- acc: 0.9996 - val_loss: 0.0451 - val_acc: 0.9908
```

```
Epoch 6/10
5668/5668 [==============================] - 13s 2ms/step - loss: 0.0073
- acc: 0.9977 - val_loss: 0.0489 - val_acc: 0.9852
Epoch 7/10
5668/5668 [==============================] - 13s 2ms/step - loss: 0.0023
- acc: 0.9995 - val_loss: 0.0508 - val_acc: 0.9873
Epoch 8/10
5668/5668 [==============================] - 13s 2ms/step - loss: 0.0013
- acc: 0.9998 - val_loss: 0.0498 - val_acc: 0.9901
Epoch 9/10
5668/5668 [==============================] - 14s 2ms/step - loss: 0.0014
- acc: 0.9996 - val_loss: 0.0562 - val_acc: 0.9887
Epoch 10/10
5668/5668 [==============================] - 12s 2ms/step - loss:
6.0255e-04 - acc: 0.9996 - val_loss: 0.0563 - val_acc: 0.9901
```

TensorBoardを使用して、精度と損失をエポックごとにプロットすることもできます。

```
$ tensorboard --logdir=logs
```

上記の例の出力は**図6-6**のとおりです。

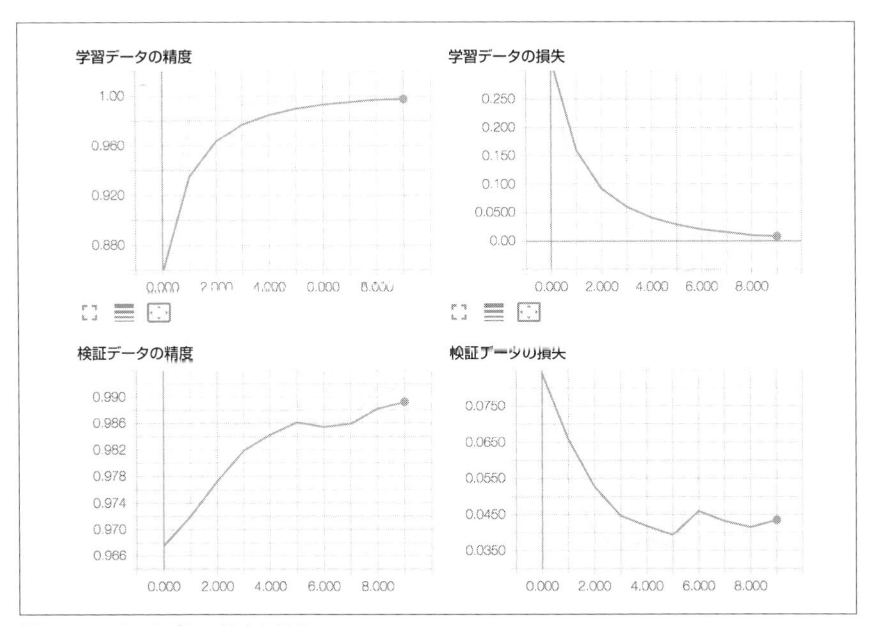

図6-6　エポックごとの精度と損失

最後に、完全な評価データに対してモデルを評価し、スコアと精度を出力します。また、評価データからいくつかランダムに文章を選び、RNN の予測と実際のラベル、文章を出力します。

```
score, acc = model.evaluate(Xtest, ytest, batch_size=BATCH_SIZE)
print("Test score: {:.3f}, accuracy: {:.3f}".format(score, acc))

for i in range(5):
    idx = np.random.randint(len(Xtest))
    xtest = Xtest[idx].reshape(1, 40)
    ylabel = ytest[idx]
    ypred = model.predict(xtest)[0][0]
    sent = " ".join([index2word[x] for x in xtest[0].tolist() if x !=
 ↪  0])
    print("{:.0f}\t{:.0f}\t{}".format(ypred, ylabel, sent))
```

結果からわかるように、精度は 99% に近づきます。これは、モデルが行うすべての予測が正解ラベルに一致するわけではありませんが、ほとんどが一致することを示しています。

```
Test score: 0.046, accuracy: 0.991
1       1       mission impossible 3 was excellent .
1       1       i wanted desperately to love the da vinci code as a film .
0       0       brokeback mountain is fucking horrible..
0       0       i heard da vinci code sucked soo much only 2.5 stars :
0       0       oh , and brokeback mountain was a terrible movie .
```

このコードをローカルで実行する場合、Kaggle からデータセットを入手する必要があります（「5.4.1 ゼロから分散表現を学習する」を参照してください）。

ソースコードは umich_sentiment_lstm.py です。

6.5 GRU

GRU（gated recurrent unit：ゲート付き回帰ユニット）は LSTM の亜種であり、K. Cho によって提案されました（詳細については、K. Cho の "Learning Phrase Representations using RNN Encoder-Decoder for Statistical Machine Translation", arXiv:1406.1078, 2014 を参照してください）。GRU は LSTM と同じく勾配消失問題に対する耐性を持ちます。しかし、LSTM より内部構造が簡単であるため、隠れ状態を更新するのに必要な計算量が少なくて済みます。その結果、学習が高速です。GRU セルのゲートを**図6-7**に示します。

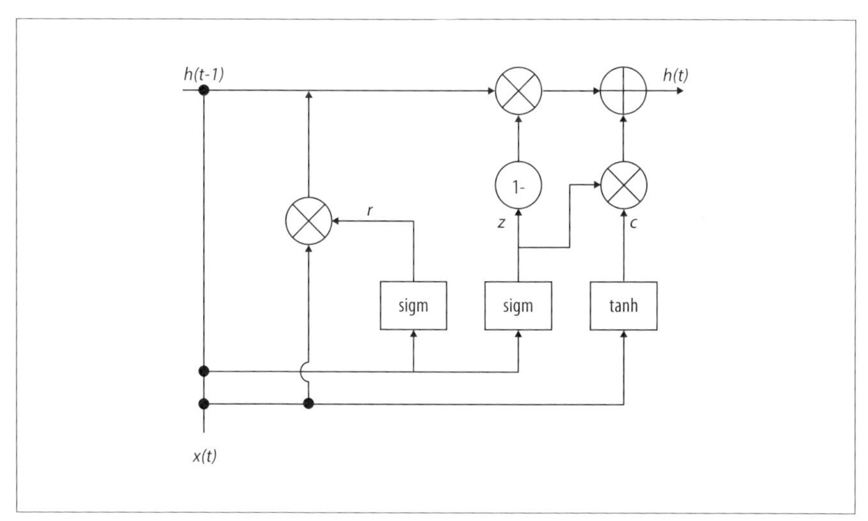

図6-7 GRU の内部構造

LSTM セルの入力ゲート、忘却ゲート、出力ゲートの代わりに、GRU セルには更新ゲート z とリセットゲート r の 2 つのゲートがあります。更新ゲートは、どの程度前のメモリを保持するかを定義し、リセットゲートは新しい入力と前のメモリとの結合方法を定義しています。GRU には、LSTM における隠れ状態とは異なり、永続的なセル状態は存在しません。次の式は、GRU におけるゲートの仕組みを定義しています。

$$z = \sigma(W_z h_{t-1} + U_z x_t)$$

$$r = \sigma(W_r h_{t-1} + U_r x_t)$$

$$c = \tanh(W_c(h_{t-1} \otimes r) + U_c x_t)$$

$$h_t = (z \otimes c) \oplus ((1 - z) \otimes h_{t-1})$$

いくつかの実験による評価によれば、GRU と LSTM は同等の性能を有しており（詳細については、R. Jozefowicz、W. Zaremba、I. Sutskever の "An Empirical Exploration of Recurrent Network Architectures", JMLR, 2015 および J. Chung の "Empirical Evaluation of Gated Recurrent Neural Networks on Sequence Modeling", arXiv:1412.3555. 2014 を参照してください）、特定のタスクにどちらか

一方が適しているとは言えません。GRUは学習が速く、汎化に必要なデータ量がそれほど必要ではありません。一方、LSTMは、十分なデータ量がある状況では、GRUより良い結果になる可能性があります。LSTMと同様に、GRUはSimpleRNNセルを簡単に置き換えられます。

Kerasは`SimpleRNN`とは別に、`LSTM`と`GRU`の実装を提供しています。

6.5.1 GRUで品詞タグ付け

本節では、Kerasの提供するGRUの実装を用いて、品詞タグ付けを行うネットワークを構築します。品詞は、単語を文法的に分類したものです。品詞の例としては、名詞、動詞、形容詞などがあります。たとえば、名詞は物を識別するために使用され、動詞はそれらが何をするかを識別するために使用され、形容詞はこれらの物の属性を記述するために使用されます。かつては、品詞タグ付けは手動で行われてましたが、現在は統計モデルを使用して自動的に行われます。近年では、品詞タグ付けにもディープラーニングが適用されています（詳細については、R. Collobertの“Natural Language Processing (almost) from Scratch”, *Journal of Machine Learning Research*, pp.2493-2537, 2011を参照してください）。

品詞タグ付けの学習を行うには、品詞がタグ付けされた文が必要です。Penn Treebank（https://catalog.ldc.upenn.edu/ldc99t42）はそのようなデータセットのひとつであり、約450万語のアメリカ英語に対して人間がタグ付けしたコーパスです。しかし、Penn Treebankは無料ではありません。ただ、幸いにもNLTK（http://www.nltk.org/）がPenn Treebankの10%を無償で提供しています。今回は、そのデータを用いてモデルを学習します。

これから作るモデルは、単語の系列を入力すると、各単語に対応する品詞タグを出力します。したがって、単語「The」「cat」「sat」「on」「the」「mat」からなる入力系列の場合、品詞タグの系列として、「`DT`（限定詞The）」「`NN`（名詞cat）」「`VB`（動詞sat）」「`IN`（前置詞on）」「`DT`（限定詞the）」「`NN`（名詞mat）」が出力されます。

まずはインポートから始めます。

```
from keras.layers import Activation, Dense, Dropout, RepeatVector,
 ↪  Embedding, GRU, LSTM, TimeDistributed, Bidirectional
from keras.models import Sequential
from keras.preprocessing import sequence
from keras.utils import np_utils
from sklearn.model_selection import train_test_split
import collections
```

```
import nltk
import numpy as np
import os
```

次に、NLTKから以降で使うのに適した形式でデータをダウンロードします。具体的には、NLTK Treebankコーパスの一部として解析された形式でダウンロードします。次のPythonコードを使用して、このデータを2つのファイルにダウンロードします。ひとつは単語用、もうひとつは品詞用です。

```
DATA_DIR = "./data"

with open(os.path.join(DATA_DIR, "treebank_sents.txt"), "w") as fedata,
 ↪  \
        open(os.path.join(DATA_DIR, "treebank_poss.txt"), "w") as
 ↪  ffdata:
    sents = nltk.corpus.treebank.tagged_sents()
    for sent in sents:
        words, poss = [], []
        for word, pos in sent:
            if pos == "-NONE-":
                continue
            words.append(word)
            poss.append(pos)
        fedata.write("{:s}\n".format(" ".join(words)))
        ffdata.write("{:s}\n".format(" ".join(poss)))
```

ここで、`Resource treebank not found`というエラーが発生する場合があります。このエラーは品詞タグ付け用のコーパスが存在しないときに起きます。その際は、Pythonインタプリタで以下のコードを実行してコーパスをダウンロードします。

```
>>> import nltk
>>> nltk.download('treebank')
```

もう一度、データを調べて、語彙数をいくつに設定するかを考えてみます。今回は、2つの語彙について考える必要があります。ひとつは単語に対する語彙、もうひとつは品詞に対する語彙です。それぞれの語彙で一意な単語数を求める必要があります。また、学習コーパスの文章中の最大単語数とレコード数を求める必要があります。品詞タグ付けでは単語と品詞が一対一で対応するため、最大単語数とレコード数は両方の語彙で等しくなります。

```
def parse_sentences(filename):
    word_freqs = collections.Counter()
```

```
    num_recs, maxlen = 0, 0
    with open(filename, "r") as fin:
        for line in fin:
            words = line.strip().lower().split()
            for word in words:
                word_freqs[word] += 1
            maxlen = max(maxlen, len(words))
            num_recs += 1
    return word_freqs, maxlen, num_recs


s_wordfreqs, s_maxlen, s_numrecs =
 ↪  parse_sentences(os.path.join(DATA_DIR, "treebank_sents.txt"))
t_wordfreqs, t_maxlen, t_numrecs =
 ↪  parse_sentences(os.path.join(DATA_DIR, "treebank_poss.txt"))
print("# records: {:d}".format(s_numrecs))
print("# unique words: {:d}".format(len(s_wordfreqs)))
print("# unique POS tags: {:d}".format(len(t_wordfreqs)))
print("# words/sentence: max: {:d}".format(s_maxlen))
```

このコードを実行すると、10947の一意な単語と45の一意な品詞タグがあることがわかります。最大文長は249であり、文章数は3914です。

この情報を利用して、単語に関する語彙については上位5000語だけを考慮することにします。品詞に関する語彙は45個の一意な品詞タグをすべて考慮します。そして、最大文長は250に設定します。

```
MAX_SEQLEN = 250
S_MAX_FEATURES = 5000
T_MAX_FEATURES = 45
```

評判分析の例と同様に、入力の各行は単語インデックスの系列として表せます。対応する出力は品詞タグインデックスの系列になります。したがって、単語/品詞タグとそれに対応するインデックスとの間の変換を行うルックアップテーブルを作成する必要があります。変換のためのコードは以下のとおりです。単語の語彙側では、PADとUNKという2つの余分な単語を加えたルックアップテーブルを作成します。品詞の語彙側では、語彙数を減らさなかったため、UNKを含める必要はありません。

```
s_vocabsize = min(len(s_wordfreqs), S_MAX_FEATURES) + 2
s_word2index = {x[0]:i+2 for i, x in
 ↪  enumerate(s_wordfreqs.most_common(S_MAX_FEATURES))}
s_word2index["PAD"] = 0
s_word2index["UNK"] = 1
s_index2word = {v:k for k, v in s_word2index.items()}
```

```
t_vocabsize = len(t_wordfreqs) + 1
t_word2index = {x[0]: i for i, x in
↪  enumerate(t_wordfreqs.most_common(T_MAX_FEATURES))}
t_word2index["PAD"] = 0
t_index2word = {v: k for k, v in t_word2index.items()}
```

次のステップは、ネットワークに与えるためのデータセットを構築することです。作成したルックアップテーブルを使用して、入力文を長さ MAX_SEQLEN（250）の単語 ID 系列に変換します。ラベルはサイズ T_MAX_FEATURES + 1（46）、長さ MAX_SEQLEN（250）の one-hot ベクトルの系列として構成される必要があります。build_tensor 関数は、2 つのファイルからデータを読み込み、入力と出力のテンソルに変換します。ファイル名以外のパラメータは、テンソルを構築するために渡されます。ミニバッチ処理のために sequence.pad_sequences で MAX_SEQLEN の長さ分 pre を埋めて同一の長さになるように修正しています。これは、np_utils.to_categorical() の呼び出しを起動して、品詞タグ ID の出力系列を one-hot ベクトルに変換します。

```
def build_tensor(filename, numrecs, word2index, maxlen):
    data = np.empty((numrecs, ), dtype=list)
    with open(filename, "r") as fin:
        for i, line in enumerate(fin):
            wids = []
            for word in line.strip().lower().split():
                if word in word2index:
                    wids.append(word2index[word])
                else:
                    wids.append(word2index["UNK"])
            data[i] = wids
    pdata = sequence.pad_sequences(data, maxlen=maxlen)
    return pdata

X = build_tensor(os.path.join(DATA_DIR, "treebank_sents.txt"),
↪  s_numrecs, s_word2index, MAX_SEQLEN)
Y = build_tensor(os.path.join(DATA_DIR, "treebank_poss.txt"), t_numrecs,
↪  t_word2index, MAX_SEQLEN)
Y = np.array([np_utils.to_categorical(d, t_vocabsize) for d in Y])
```

データセットを 80：20 で学習用と評価用に分割します。

```
Xtrain, Xtest, Ytrain, Ytest = train_test_split(X, Y, test_size=0.2,
↪  random_state=42)
```

図6-8はネットワークの構成を示しています。複雑に見えますが、分解して見てみましょう。

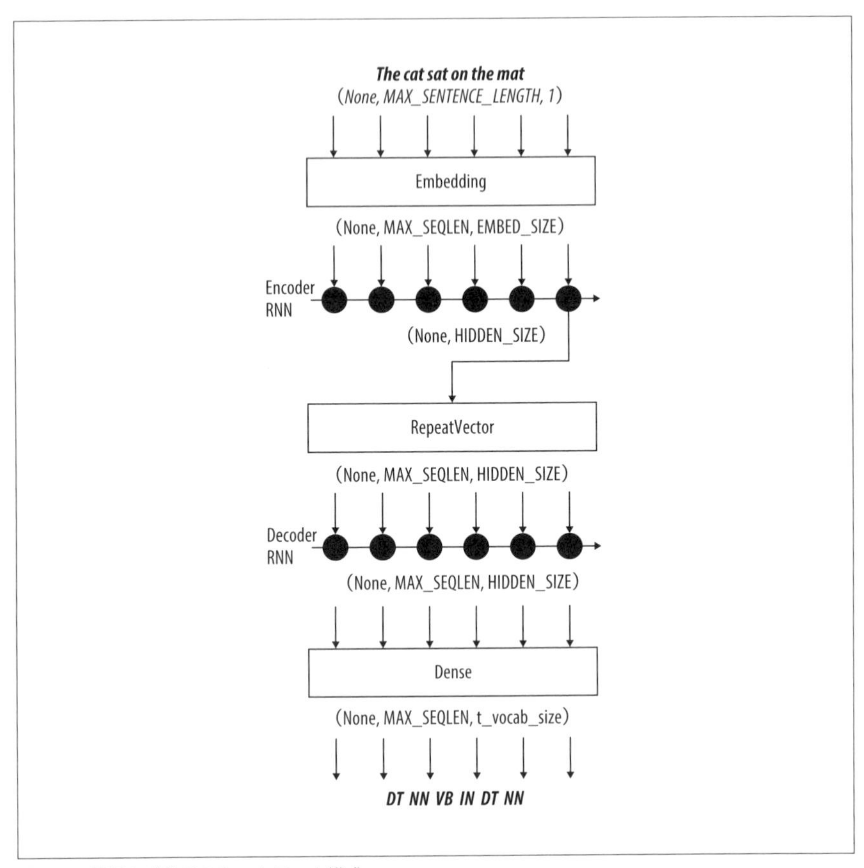

図6-8　品詞タグ付けのネットワーク構成

前述のように、バッチサイズが未定だと仮定すると、ネットワークへの入力は、形状が `(None, MAX_SEQLEN, 1)` の単語IDのテンソルです。このテンソルは分散表現層に与えられ、各単語は `EMBED_SIZE` 次元の密ベクトルに変換されます。その結果、テンソルは `(None, MAX_SEQLEN, EMBED_SIZE)` に変換されます。このテンソルは、出力サイズが `HIDDEN_SIZE` のエンコーダーGRUに与えられます。GRUは、サイズが `MAX_SEQLEN` の系列を見たあと、単一の文脈ベクトル

（return_sequences = False）を返すように設定されているため、GRU 層からの出力テンソルは (None, HIDDEN_SIZE) の形をしています。

この文脈ベクトルは、RepeatVector 層を使用して複製されます。そのテンソルの形状は (None, MAX_SEQLEN, HIDDEN_SIZE) です。このテンソルがデコーダーの GRU 層に渡されます。GRU 層の出力はソフトマックス関数を活性化関数とする全結合層に与えられます。その出力テンソルの形状は (None, MAX_SEQLEN, t_vocab_size) です。このテンソルの各列の出力の最大値のインデックスは、その位置の単語に対する予測した品詞タグのインデックスです。

モデルの定義は次のとおりです。EMBED_SIZE、HIDDEN_SIZE、BATCH_SIZE、および NUM_EPOCHS はハイパーパラメータです。これらの値は実験的に決定しました。また、このモデルは複数カテゴリのラベルを扱うため、損失関数として categorical_crossentropy を使用します。最適化アルゴリズムには adam を使用します。

```
EMBED_SIZE = 128
HIDDEN_SIZE = 64
BATCH_SIZE = 32
NUM_EPOCHS = 1

model = Sequential()
model.add(Embedding(s_vocabsize, EMBED_SIZE, input_length=MAX_SEQLEN))
model.add(Dropout(0.2))
model.add(GRU(HIDDEN_SIZE, dropout=0.2, recurrent_dropout=0.2))
model.add(RepeatVector(MAX_SEQLEN))
model.add(GRU(HIDDEN_SIZE, return_sequences=True))
model.add(TimeDistributed(Dense(t_vocabsize)))
model.add(Activation("softmax"))
model.compile(loss="categorical_crossentropy",
              optimizer="adam",
              metrics=["accuracy"])
```

このモデルを 1 エポックだけ学習します。非常に複雑なモデルであり、パラメータ数が多いので、1 エポック以降は過学習し始めます。1 エポック以降で同じデータを何度も与えた場合、モデルは過学習し始め、検証データでの性能が悪化します。

```
model.fit(Xtrain, Ytrain, batch_size=BATCH_SIZE,
          epochs=NUM_EPOCHS, validation_data=[Xtest, Ytest])
score, acc = model.evaluate(Xtest, Ytest, batch_size=BATCH_SIZE)
print("Test score: {:.3f}, accuracy: {:.3f}".format(score, acc))
```

学習と評価の結果を以下に示します。モデルは 1 エポックの学習後にかなり良い性能を示しています。

```
Train on 3131 samples, validate on 783 samples
Epoch 1/1
3131/3131 [==============================] - 143s - loss: 1.0573 - acc:
0.9071 - val_loss: 0.5493 - val_acc: 0.9159
783/783 [==============================] - 7s
Test score: 0.549, accuracy: 0.916
```

実際のRNNと同様に、Kerasの3つのリカレントクラス（SimpleRNN、LSTM、GRU）は互換性があります。これを実証するために、前のプログラムのGRUのすべてをLSTMに置き換え、プログラムを再実行してみます。モデルの定義とインポート文だけが変更されます。

```
model = Sequential()
model.add(Embedding(s_vocabsize, EMBED_SIZE, input_length=MAX_SEQLEN))
model.add(Dropout(0.2))
model.add(LSTM(HIDDEN_SIZE, dropout=0.2, recurrent_dropout=0.2))
model.add(RepeatVector(MAX_SEQLEN))
model.add(LSTM(HIDDEN_SIZE, return_sequences=True))
model.add(TimeDistributed(Dense(t_vocabsize)))
model.add(Activation("softmax"))
```

出力を見てわかるように、LSTMベースのネットワークの結果はGRUベースのものとほとんど同等の結果になります。

```
Train on 3131 samples, validate on 783 samples
Epoch 1/1
3131/3131 [==============================] - 187s - loss: 1.0094 - acc:
0.9033 - val_loss: 0.5479 - val_acc: 0.9159
783/783 [==============================] - 8s
Test score: 0.548, accuracy: 0.916
```

ソースコードはpos_tagging_gru.pyです。

Seq2seqモデルは非常に強力なモデルです。その最も標準的なアプリケーションは機械翻訳ですが、前に挙げたように多くのアプリケーションがあります。実際に、固有表現認識（詳細については、J. Hammertonの“Named Entity Recognition with Long Short Term Memory”, *Proceedings of the Seventh Conference on Natural Language Learning at HLT-NAACL, Association for Computational Linguistics*, 2003を参照してください）、文章解析（詳細については、O. Vinyalsの“Grammar as a Foreign Language”, *Advances in Neural Information Processing Systems*, 2015を参照してください）、画像キャプション（詳細については、A.

Karpathy、F. Li の "Deep Visual-Semantic Alignments for Generating Image Descriptions", *Proceedings of the IEEE Conference on Computer Vision and Pattern Recognition*, 2015 を参照してください）などのより複雑なネットワークはSeq2seq モデルの例です。

6.6 双方向 RNN

ある時刻 t における RNN の出力は、t 以前のすべての時刻における出力に依存します。しかし、出力は将来の出力に依存している可能性があります。特に、NLP ではそのような状況が起こります。NLP では、予測しようとしている単語またはフレーズの属性が、その前に現れた単語だけでなく、そのあとに現れる単語に依存している可能性があります。**双方向 RNN**（bidirectional RNN）は、ネットワークアーキテクチャが系列の始めと終わりに等しく重点を置くことと、学習に利用できるデータを増やすことに役立ちます。

双方向 RNN は、2 つの RNN から構成されます。それらは互いに反対方向から入力を読み込みます。たとえば単語系列を読み込む場合、ひとつの RNN が左から右に単語を読み込み、もうひとつの RNN が右から左に単語を読み込みます。各時刻での出力は、2 つの RNN の隠れ状態に基づいて行われます。

Keras は、`keras.layers.wrappers` モジュール内の `Bidirectional` クラスを介して、双方向 RNN をサポートしています。たとえば、品詞タグ付けの例では、以下のコードに示すように、LSTM をこの双方向ラッパーでラップするだけで、LSTM を双方向にすることができます。

```
model = Sequential()
model.add(Embedding(s_vocabsize, EMBED_SIZE, input_length=MAX_SEQLEN))
model.add(Dropout(0.2))
model.add(Bidirectional(LSTM(HIDDEN_SIZE, dropout=0.2,
 →   recurrent_dropout=0.2)))
model.add(RepeatVector(MAX_SEQLEN))
model.add(Bidirectional(LSTM(HIDDEN_SIZE, return_sequences=True)))
model.add(TimeDistributed(Dense(t_vocabsize)))
model.add(Activation("softmax"))
```

以下のように単方向の LSTM に匹敵する性能を示します。

```
Train on 3131 samples, validate on 783 samples
Epoch 1/1
3131/3131 [==============================] - 199s - loss: 0.8331 - acc:
```

```
0.9056 - val_loss: 0.4663 - val_acc: 0.9159
783/783 [==============================] - 12s
Test score: 0.466, accuracy: 0.916
```

ソースコードは`pos_tagging_gru.py`です。

6.7 ステートフルRNN

RNNは**ステートフル**（stateful）であり、学習中にバッチ間で状態を維持することができます。すなわち、学習データの1バッチに対して計算された隠れ状態は、次のバッチの初期隠れ状態として使用できるということです。ただし、KerasのRNNはデフォルトでは**ステートレス**（stateless）であり、各バッチ後に状態をリセットします。そのため、ステートフルにする場合は明示的に設定する必要があります。RNNをステートフルに設定すると、学習系列全体で状態を構築し、予測を行うときにその状態を維持することもできます。

ステートフルなRNNを使用する利点は、ネットワークサイズが小さく、学習時間が短い点です。欠点は、データの周期性を反映するバッチサイズでネットワークを学習し、各エポック後に状態をリセットする必要がある点です。さらに、ステートフルなネットワークの場合、データを与える順序が影響します。そのため、ネットワークの学習中はデータをシャッフルすべきではありません。

6.7.1 ステートフルLSTMで電力消費量の予測

この例では、ステートフルなLSTMとステートレスなLSTMを使用して消費者の電力消費量を予測し、その動作を比較します。KerasのRNNはデフォルトではステートレスであることをすでに述べました。ステートフルモデルの場合、入力されたバッチの処理を経て計算された内部状態は、次のバッチの初期状態として再利用されます。つまり、バッチ内の要素iから計算された状態は、次のバッチの要素iの初期状態として使用されます。

今回の例では、電力負荷図データセットを使用します。このデータセットは、UCIマシンラーニングリポジトリ（https://archive.ics.uci.edu/ml/datasets/ElectricityLoadDiagrams20112014）の`LD2011_2014.txt.zip`に含まれています。https://archive.ics.uci.edu/ml/machine-learning-databases/00321/ からダウンロードできます。データセットの内容は、370人の顧客に対して、2011年から2014年の4年間にわたって15分間隔で電力消費情報を記録したものです。今回の例では、顧客番号 250 番の顧客を選択しています。

ほとんどの問題は**ステートレス RNN**（stateless RNN）で解決できることは覚えておいてください。**ステートフル RNN**（stateful RNN）を使用する場合は、本当にそれが必要なのか確認してください。通常、データが周期的な性質を示す場合に必要になります。今回の場合、電力消費が周期的であることはわかるでしょう。日中は夜間よりも消費が多い傾向があります。顧客番号 250 の電力消費データを抽出し、最初の 10 日間のデータをプロットします。最後に、次のステップで使うために、データをバイナリの NumPy ファイルに保存します。

```
import numpy as np
import matplotlib.pyplot as plt
import os
import re

DATA_DIR = "./data"

with open(os.path.join(DATA_DIR, "LD2011_2014.txt"), "r") as fld:
    data = []
    cid = 250
    for line_num, line in enumerate(fld):
        if line.startswith("\"\";"):
            continue
        if line_num % 100 == 0:
            print("{:d} lines read".format(line_num))
        cols = [float(re.sub(",", ".", x)) for x in
                line.strip().split(";")[1:]]
        data.append(cols[cid])

NUM_ENTRIES = 1000
plt.plot(range(NUM_ENTRIES), data[0:NUM_ENTRIES])
plt.ylabel("electricity consumption")
plt.xlabel("time (1pt = 15 mins)")
plt.show()

np.save(os.path.join(DATA_DIR, "LD_250.npy"), np.array(data))
```

次のように実行して、学習用の npy ファイルの取得とコード出力の結果を確認します。

```
$ python econs_data.py
```

コードの出力は**図6-9**のとおりです。

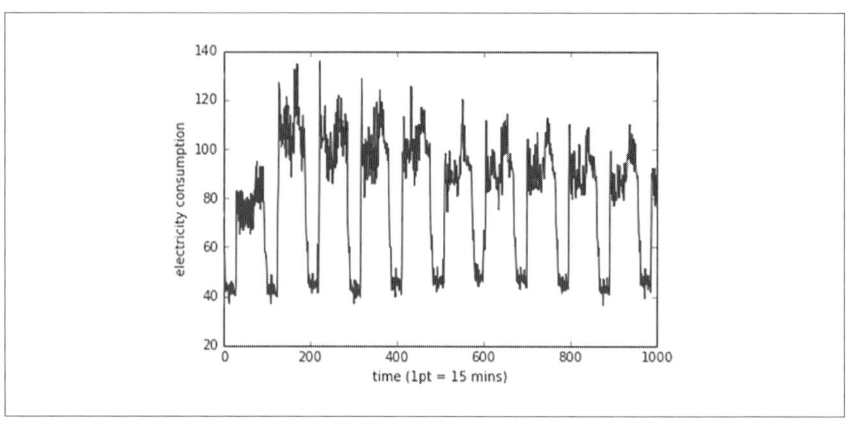

図6-9 時刻ごとの電力消費量

日々の周期的傾向がはっきりしています。そのため、この問題はステートフルなモデルで解くのが適しています。また、データを観察すると、BATCH_SIZEは96（24時間における15分間隔の数＝24 × 60 ÷ 15）がよさそうなことがわかります。

ステートレスなコードもステートフルなコードと一緒に示します。ほとんどのコードは両方のバージョンで同じなので、両方のバージョンを一緒に見ていきます。比較して異なる部分については解説します。

いつもどおり、まずは必要なライブラリとクラスをインポートします。

```
from keras.layers import Dense, LSTM
from keras.models import Sequential
from sklearn.preprocessing import MinMaxScaler
import numpy as np
import math
import os
```

次に、顧客番号250のデータを、保存されたNumPyバイナリファイルから配列に読み込み、(0, 1) の範囲にスケーリングします。最後に、ネットワークに入力するために、入力を3次元に変換します。

```
DATA_DIR = "./data"

data = np.load(os.path.join(DATA_DIR, "LD_250.npy"))
data = data.reshape(-1, 1)
scaler = MinMaxScaler(feature_range=(0, 1), copy=False)
data = scaler.fit_transform(data)
```

各バッチ内で、モデルは 15 分間隔の値の系列を取り、次の値を予測します。入力の系列長は、コード中の NUM_TIMESTEPS 変数によって指定します。事前実験に基づいて、NUM_TIMESTEPS の値は 20 としました。すなわち、各入力行は長さ 20 の系列であり、出力は長さ 1 です。次のステップでは、入力配列を形状が (None, 20) のテンソル X と形状が (None, 1) のテンソル Y に分解します。最後に、ネットワークに入力するために、入力テンソル X を 3 次元に変換します。

```
NUM_TIMESTEPS = 20

X = np.zeros((data.shape[0], NUM_TIMESTEPS))
Y = np.zeros((data.shape[0], 1))
for i in range(len(data) - NUM_TIMESTEPS - 1):
    X[i] = data[i:i + NUM_TIMESTEPS].T
    Y[i] = data[i + NUM_TIMESTEPS + 1]

# reshape X to three dimensions (samples, timesteps, features)
X = np.expand_dims(X, axis=2)
```

次に、X と Y のテンソルを 70：30 で分割します。時系列データを扱っているので、データをシャッフルする train_test_split 関数を使うのではなく、分割点を選択してデータを 2 つの部分に分けるだけです。

```
sp = int(0.7 * len(data))
Xtrain, Xtest, Ytrain, Ytest = X[0:sp], X[sp:], Y[0:sp], Y[sp:]
print(Xtrain.shape, Xtest.shape, Ytrain.shape, Ytest.shape)
```

最初に、ステートレスモデルを定義します。前述した、BATCH_SIZE と NUM_TIMESTEPS の値も設定します。今回の LSTM の出力サイズは、ハイパーパラメータ HIDDEN_SIZE によって指定します。ここでは、2 つのネットワークを比較することを目的としているため、HIDDEN_SIZE は 10 とします。

```
NUM_TIMESTEPS = 20
HIDDEN_SIZE = 10
BATCH_SIZE = 96 # 24 hours (15 min intervals)

# stateless
model = Sequential()
model.add(LSTM(HIDDEN_SIZE, input_shape=(NUM_TIMESTEPS, 1),
               return_sequences=False))
model.add(Dense(1))
```

次に、ステートフルモデルも定義します。以下のようにステートレスモデルと非常によく似ています。LSTMの引数には、`stateful = True`を渡し、実行時にバッチサイズが決まる`input_shape`の代わりに、`batch_input_shape`を用いて明示的にバッチサイズを指定する必要があります。また、学習データと評価データのサイズがバッチサイズの倍数になっていることを確認する必要があります。あとで学習用のコードを見るときに、それを行う方法を解説します。

```
# stateful
model = Sequential()
model.add(LSTM(HIDDEN_SIZE, stateful=True,
               batch_input_shape=(BATCH_SIZE, NUM_TIMESTEPS, 1),
               return_sequences=False))
model.add(Dense(1))
```

では、ステートレスRNNとステートフルRNNをコンパイルします。ここでの評価関数は、精度ではなく平均二乗誤差であることに注意してください。平均二乗誤差なのは今回の問題が回帰問題だからです。つまり、予測がラベルと一致するかどうかを知るよりも、ラベルに関する予測がどれだけ離れているかを知ることに興味があるのです。Kerasに組み込まれている評価関数のリストは、Kerasの評価関数のページhttps://keras.io/metrics/で確認できます。

```
model.compile(loss="mean_squared_error", optimizer="adam",
              metrics=["mean_squared_error"])
```

ステートレスモデルを学習するために、`fit`関数を用いて学習を行います。

```
BATCH_SIZE = 96 # 24 hours (15 min intervals)
NUM_EPOCHS = 5
# stateless
model.fit(Xtrain, Ytrain, epochs=NUM_EPOCHS, batch_size=BATCH_SIZE,
          validation_data=(Xtest, Ytest),
          shuffle=False)
```

ステートフルモデルの対応するコードを以下に示します。ここで注意すべき点が3つあります。

1点目は、データの周期性を反映するバッチサイズを選択する必要があるということです。これは、ステートフルなRNNが各バッチの状態を次のバッチに引き継ぐからです。そのため、正しいバッチサイズを選択すると、ネットワークの学習が速くなります。

バッチサイズを指定したら、学習データと評価データのサイズはバッチサイズの倍数にする必要があります。データセットのサイズをバッチサイズの倍数にするために、今回は、学習データと評価データの両方から最後の数個のレコードを切り捨てています。

2点目は、手動でモデルをフィットさせ、必要なエポック数分ループを回してモデルを学習する必要があることです。各ループでは1エポック分モデルを学習します。その際、状態は複数バッチにわたって保持します。各エポック後、モデルの状態を手動でリセットする必要があります。

3点目は、データを順番に入力することです。デフォルトでは、Kerasは各バッチ内のデータをシャッフルします。データをシャッフルしてしまうと、ステートフルなRNNで効果的に学習できなくなってしまいます。それを防ぐために、model.fit()の呼び出しでshuffle = Falseを設定します。

```
BATCH_SIZE = 96 # 24 hours (15 min intervals)

# stateful
# need to make training and test data to multiple of BATCH_SIZE
train_size = (Xtrain.shape[0] // BATCH_SIZE) * BATCH_SIZE
test_size = (Xtest.shape[0] // BATCH_SIZE) * BATCH_SIZE
Xtrain, Ytrain = Xtrain[0:train_size], Ytrain[0:train_size]
Xtest, Ytest = Xtest[0:test_size], Ytest[0:test_size]
print(Xtrain.shape, Xtest.shape, Ytrain.shape, Ytest.shape)
for i in range(NUM_EPOCHS):
    print("Epoch {:d}/{:d}".format(i+1, NUM_EPOCHS))
    model.fit(Xtrain, Ytrain, batch_size=BATCH_SIZE, epochs=1,
              validation_data=(Xtest, Ytest),
              shuffle=False)
    model.reset_states()
```

最後に、評価データに対してモデルを評価し、スコアを表示します。

```
score, _ = model.evaluate(Xtest, Ytest, batch_size=BATCH_SIZE)
rmse = math.sqrt(score)
print("MSE: {:.3f}, RMSE: {:.3f}".format(score, rmse))
```

ソースコード中のSTATELESSの部分でステートレスモデルかステートフルモデルを選択しています。まず、ステートレスモデルの実行のためにTrueを設定します。

5エポック実行したステートレスモデルの出力は、次のとおりです。

```
Train on 98179 samples, validate on 42077 samples
Epoch 1/5
98179/98179 [==============================] - 84s - loss: 0.0244 -
mean_squared_error: 0.0244 - val_loss: 0.0045 - val_mean_squared_error:
0.0045
```

```
Epoch 2/5
98179/98179 [==============================] - 68s - loss: 0.0051 -
mean_squared_error: 0.0051 - val_loss: 0.0039 - val_mean_squared_error:
0.0039
Epoch 3/5
98179/98179 [==============================] - 62s - loss: 0.0045 -
mean_squared_error: 0.0045 - val_loss: 0.0038 - val_mean_squared_error:
0.0038
Epoch 4/5
98179/98179 [==============================] - 63s - loss: 0.0043 -
mean_squared_error: 0.0043 - val_loss: 0.0039 - val_mean_squared_error:
0.0039
Epoch 5/5
98179/98179 [==============================] - 66s - loss: 0.0043 -
mean_squared_error: 0.0043 - val_loss: 0.0039 - val_mean_squared_error:
0.0039
41952/42077 [============================>.] - ETA: 0s
MSE: 0.004, RMSE: 0.062
```

次に、ステートフルモデルの実行のために、ソースコード中のSTATELESSにFalseを設定します。

5エポック実行したステートフルモデルの出力は、次のとおりです。

```
Epoch 1/5
Train on 98112 samples, validate on 42048 samples
Epoch 1/1
98112/98112 [==============================] - 63s - loss: 0.0229 -
mean_squared_error: 0.0229 - val_loss: 0.0051 - val_mean_squared_error:
0.0051
Epoch 2/5
Train on 98112 samples, validate on 42048 samples
Epoch 1/1
98112/98112 [==============================] - 62s - loss: 0.0051 -
mean_squared_error: 0.0051 - val_loss: 0.0039 - val_mean_squared_error:
0.0039
Epoch 3/5
Train on 98112 samples, validate on 42048 samples
Epoch 1/1
98112/98112 [==============================] - 60s - loss: 0.0046 -
mean_squared_error: 0.0046 - val_loss: 0.0036 - val_mean_squared_error:
0.0036
Epoch 4/5
Train on 98112 samples, validate on 42048 samples
Epoch 1/1
98112/98112 [==============================] - 55s - loss: 0.0045 -
mean_squared_error: 0.0045 - val_loss: 0.0036 - val_mean_squared_error:
0.0036
```

```
Epoch 5/5
Train on 98112 samples, validate on 42048 samples
Epoch 1/1
98112/98112 [==============================] - 56s - loss: 0.0044 -
mean_squared_error: 0.0044 - val_loss: 0.0036 - val_mean_squared_error:
0.0036
42048/42048 [==============================] - 4s

MSE: 0.004, RMSE: 0.060
```

ステートフルモデルはステートレスモデルよりもわずかに良い結果を生成します。それぞれの性能を示すと、ステートレスモデルのエラー率は約6.2%、ステートフルモデルのエラー率は6.0%、逆に言えば精度はそれぞれ93.8%と94.0%でした。したがって、相対的には、ステートフルモデルはステートレスモデルよりもわずかに良い結果です。

ソースコードは、データセットを解析するecons_data.pyと、ステートレスモデルとステートフルモデルを定義して学習するecons_stateful.pyです。

6.8 その他のRNNの亜種

本節では、RNNの亜種をいくつか見ていきます。RNNは活発な研究分野であり、多くの研究者が特定の目的のために亜種を提案しています。

最もよく見るLSTMの亜種として、**Peephole Connections**を追加したLSTMがあります。これは、ゲートレイヤーにセル状態を覗き見ることを許可しています。Peephole Connectionsを追加したLSTMは、GersとSchmidhuberによって提案されました（詳細については、F. A. Gers、N. N. Schraudolph、J. Schmidhuberの"Learning Precise Timing with LSTM Recurrent Networks", *Journal of Machine Learning Research*, pp.115-43, 2002を参照してください）。

別のLSTMの亜種として、忘却ゲートと出力ゲートを結合したものがあります。これが最終的にはGRUにつながりました。ゲートを結合することで、どの情報を忘れるべきか、何を獲得すべきかについての決定が同時に行われ、新しい情報によって忘れられる情報が置き換えられます。

Kerasには、SimpleRNN、LSTM、GRUという3つの基本的な亜種しかありません。しかし、それは必ずしも問題というわけではありません。Grefは、多くのLSTMの亜種に対して実験的調査を行いました。その結果、標準的なLSTMアーキテクチャよりも大幅に改善された亜種はないことがわかりました。したがって、Kerasで提供される機能を使えば、ほとんどの問題を解決するのに十分です（実験の詳細については、K. Greff の“LSTM: A Search Space Odyssey”, arXiv:1503.04069, 2015 を参照してください）。

独自のレイヤーを構築する必要がある場合は、カスタムレイヤーを作成することができます。次章でカスタムレイヤーを構築する方法を見ていきます。また、recurrent shop（https://github.com/datalogai/recurrentshop）というオープンソースフレームワークもあります。これを使えば、Keras を使用して複雑なリカレントニューラルネットワークを構築することができます。

6.9 まとめ

本章では、リカレントニューラルネットワーク（RNN）の基本的なアーキテクチャと、RNN が従来のニューラルネットワークよりも系列データに対して適していることを説明しました。そして RNN を使用してテキストを学習し、学習モデルを使用してテキストを生成する方法を確認しました。また、この方法を拡張して、株価やその他の時系列の予測、ノイズが含まれる音声、音楽の生成などができることを理解しました。

RNN ユニットを構成するさまざまな方法を確認しました。これらのトポロジーを使用して、評判分析、機械翻訳、画像キャプション、テキスト分類などの特定の問題をモデル化して解決できることも理解しました。

次に、SimpleRNN アーキテクチャの最大の欠点のひとつである勾配消失/爆発問題を確認し、LSTM（および GRU）アーキテクチャを使用して勾配消失問題にどのように対処するかを見ました。そして、LSTM と GRU のアーキテクチャについて詳しく確認しました。また、LSTM ベースのモデルを使用して評判を予測し、GRU ベースの Seq2seq のアーキテクチャを使用して品詞タグを予測するといったことを行いました。

次に、ステートフルな RNN と Keras での使用方法について学びました。ここでは、電力消費量を予測するステートフルな RNN を学習する方法を確認しました。

最後に、Keras で利用できない RNN のいくつかの亜種について学び、それらについて簡単に述べました。

次章では、今まで見てきた基本的な型にはあまり当てはまらないモデルを見ていきます。Keras の functional API を使用して、これらの基本モデルをより大きく複雑にする方法や、必要に応じて Keras をカスタマイズする例を見ていきます。

7章 さまざまなディープラーニングのモデル

これまで、本書では分類を行うためのモデルを中心として見てきました。これらのモデルは、付与されたラベルを識別するために有用な入力データの特徴を学習し、未知のデータに対してもラベルが予測できるように訓練されます。またモデルの構造はとてもシンプルであり、入力から出力までが一本のパイプライン、KerasのSequential model APIで実装できる形となっていました。

本章では、パイプラインが必ずしも一本ではない、複雑なアーキテクチャに焦点を当てます。Kerasはそうしたアーキテクチャに対応できるfunctional APIという仕組みを提供しており、本章ではその使い方を学びます。なお、このAPIを利用して今までのようなパイプライン型のモデルを構築することも可能です。

分類問題以外のタスクとしてまず挙げられるのは、回帰問題です。分類と回帰は、教師あり学習における2つの大きな分野です。回帰問題ではカテゴリ（離散値）を予測するのではなく、連続値を予測します。ステートレスRNNとステートフルRNNについて解説したときに、回帰の例を取り上げたと思います。多くの回帰問題は分類問題のモデルを少し工夫することで解くことが可能です。本章では、大気中のベンゼンの濃度を予測するネットワークを構築してみます。

また別のタスクとして、ラベルの付与されていないデータからその構造を学習する手法を扱います。これは**教師なし学習**（あるいは**自己学習**）と呼ばれます。タスクは分類問題に似ていますが、分類区分（ラベル）をデータそのものの中から探し出す必要があります。私たちは、この種のモデルをすでに学んでいます。具体的には、単語分散表現の学習に使用されたCBOWとSkip-gramは教師なし学習のモデルです。本章で紹介する自己符号化器（autoencoder）もまたこのタイプのモデルであり、文のベクトル表現を学習する例からその仕組みを解説していきたいと思います。

さらに、これまでに学んだネットワークを組み合わせてより複雑なモデルを作成する方法を紹介します。これは単一のパイプラインだけでは達成できないタスクを行うためによく用いられる方法で、複数の入力と出力、また外部コンポーネントへの接続を持ちます。本章では、この例として質問応答のモデルを取り上げます。

そのあと、一旦 Keras の backend API と、これを利用してカスタムコンポーネントを作成する方法について紹介します。

最後に、ラベルなしのデータに対して適用できるモデルとして、生成モデルを取り上げます。生成モデルはデータの背後にある分布を学習します。分布が学習されると、「学習データのように見える」サンプルを分布から引き出すことができます。前の章で、『不思議の国のアリス』と似たテキストを生成するために、文字ベースの RNN を訓練する例を取り上げました。アイデアは同じなので仕組みについての詳細は割愛しますが、本章では ImageNet の画像に対してこれを適用します。具体的には、事前学習済みの VGG-16 ネットワークを使用して、モデルの中に学習された分布から興味深い視覚効果を創出する方法を紹介します。

長くなりましたが、本章で取り上げるトピックは以下になります。

- functional API の使い方
- 回帰問題を扱うネットワークを構築する方法
- 自己符号化器（autoencoder）で教師なし学習を行う方法
- functional API を組み合わせてネットワークを構築する方法
- backend API を利用したカスタムコンポーネントの作成方法
- 画像に対する生成モデルの適用

では、始めていきましょう。

7.1 functional API

Keras の functional API は、ネットワークを構成する各層を関数として定義し、これを組み合わせてより複雑なネットワークを構築できるようにするものです。関数とは、単一の入力に対して単一の出力を行う変換とみなせます。具体的には $y = f(x)$ といった形で、f が関数、x および y はそれぞれ入力と出力になります。では、シンプルな Sequential なモデルから考えてみましょう（以下のコードは、Keras のドキュメント https://keras.io/getting-started/sequential-model-guide/ から抜粋したものです）。

```
from keras.models import Sequential
from keras.layers import Dense, Activation

model = Sequential([
    Dense(32, input_shape=(784,)),
    Activation('relu'),
    Dense(10),
    Activation('softmax'),
])
```

これは単一のパイプライン処理で、数式に書き下すと入れ子になった関数として表せます。

$$y = \sigma_K(f(\sigma_2(g(x))))$$

ここで、x は `input_shape=(784,)` にあるとおり `(None, 784)` の行列（`None` は任意の長さで、ここではバッチサイズに相当します）、y は `(None, 10)` となります。各関数は以下のとおりで、これは `Sequential` で定義されている各層と対応します。

$$g(x) = W_g x + b_g \quad ❶$$

$$\sigma_2(x) = \frac{1}{1 + e^{-x}} \quad ❷$$

$$f(x) = W_f x + b_f \quad ❸$$

$$\sigma_K(x) = \frac{e^x}{\sum_{k=1}^{K} e^{x_k}} \quad ❹$$

これを functional API で書き直すと、以下のようになります。ソースコード中に番号を振りましたが、この各番号が先ほど定義した数式と一致します。

```
from keras.layers import Input, Dense, Activation
from keras.models import Model

x = Input(shape=(784,))

g = Dense(32)  # ❶
s_2 = Activation("sigmoid")  # ❷
f = Dense(10)  # ❸
s_K = Activation("softmax")  # ❹
y = s_K(f(s_2(g(x))))
```

```
model = Model(inputs=x, outputs=y)
model.compile(loss="categorical_crossentropy", optimizer="adam")
```

Sequential API や functional API で定義されたモデルは関数の組合せであり、それ自体もまた関数とみなせます。つまり、学習済みのモデルもまた関数として使えます。有用な例としては、学習済みの画像分類モデルを時系列の入力を扱う `TimeDistributed` に組み込むことで、簡単に複数の画像（＝動画）を処理できるようにすることができます。

```
processed_sequences = TimeDistributed(trained_model)(input_sequences)
```

functional API は、Sequential API でモデルを定義するためにも使えます。以下のようなネットワークは、functional API と併用して初めて定義が可能です。

- 複数の入力、また出力を持つモデル
- 複数のサブモデルを組み合わせて作成するモデル
- 層を共有するネットワーク

複数の入力、また出力を扱うモデルには、以下のように入力、また出力をリストで渡します。

```
model = Model(inputs=[input1, input2], outputs=[output1, output2])
```

ネットワークを組み合わせる際は、通常複数のサブネットワークをマージする形で行います。このマージを行うための関数として、加算、内積、連結といった処理が用意されています。本章の後半で、このマージを扱った例を紹介します。

functional API のもうひとつのメリットは、層を共有するモデルを構築できるという点です。共有される層は、その先のそれぞれのネットワークで使用されます。本章で紹介できる例は Keras が提供する機能のうちのごくわずかです。Keras の公式サイトでは多くの利用例が公開されているので、ぜひ参照してください。

https://keras.io/getting-started/functional-api-guide/

7.2 回帰を行うネットワークの構築

教師あり学習における2つの主要なタスクは、分類と回帰です。どちらの場合も、モデルはデータに付与されたラベルを予測するように訓練されます。分類を行う場合、ラベルは文書のジャンルや画像のカテゴリといった離散値です。回帰の場合、ラベルは株価や気温といった連続値になります。

これまで見てきた例の大半は、分類問題を解くためのモデルでした。本節では、回帰を解くためのアプローチについて見ていきます。

分類を行うモデルでは、最後の層は予測するクラス数と同じ数だけの出力を行う全結合層でした（活性化関数は非線形のものが選択されます）。たとえば、ImageNetのモデルでは分類クラス数と同じ1000の出力を行う全結合層が最後にあります。同様に、評判分析のモデルではポジティブか、ネガティブかという2つの出力を行う全結合層が最後にあります。

回帰のモデルも最後に全結合層を持ちますが、その出力は単一値であり、また非線形の変換は行われません。その意味では、最後の全結合層はそのひとつ前の層から伝播された値を合計する形になります。また、損失関数としては一般的に**二乗誤差**（mean squared error：MSE）が用いられます。もちろん他にもさまざまな種類があります。Kerasで利用可能な損失関数については、公式サイト（https://keras.io/losses/）を参照してください。

7.2.1 回帰モデルの実装：大気中のベンゼン濃度の予測

これから紹介する例では、大気中の一酸化炭素や亜酸化窒素などの濃度、また気温、相対湿度といった変数から大気中のベンゼンの濃度を予測します。使用するデータセットは、UCI Machine Learning Repository（https://archive.ics.uci.edu/ml/datasets/Air+quality）からダウンロードできます。このデータセットには、1時間おきに計測された9,358のデータが含まれています（計測値は、5つのセンサーの値を平均したものです）。なお、測定は2004年3月から2005年2月にかけて、イタリアで行われたものです。

まずは、必要なモジュールをインポートします。

```
import os
import urllib.request
from zipfile import ZipFile
from keras.layers import Input
from keras.layers.core import Dense
```

```
from keras.models import Model
from keras.callbacks import TensorBoard
from sklearn.preprocessing import StandardScaler
from sklearn.model_selection import train_test_split
import matplotlib.pyplot as plt
import pandas as pd
```

次に、データセットをダウンロードします。ZIP ファイルで圧縮されているため、ここから CSV ファイルを取り出します。

```
def download_data():
    url =
 ↪  "https://archive.ics.uci.edu/ml/machine-learning-databases/00360/"
    zip_file = "AirQualityUCI.zip"
    file_name = "AirQualityUCI.csv"
    data_root = os.path.join(os.path.dirname(__file__), "data")
    file_path = os.path.join(data_root, file_name)

    if not os.path.isfile(file_path):
        print("Download the data for regression...")
        url += zip_file
        zip_path = os.path.join(data_root, zip_file)
        urllib.request.urlretrieve(url, zip_path)
        with ZipFile(zip_path) as z:
            z.extract(file_name, data_root)
        os.remove(zip_path)

    return file_path
```

続いて、CSV ファイルを読み込む処理を実装します。CSV ファイルの読み込みには、pandas というライブラリを使用します（詳細については、http://pandas.pydata.org/ を参照してください）。

```
def load_dataset(file_path):
    dataset = pd.read_csv(file_path, sep=";", decimal=",")  # ❶

    # Drop nameless columns
    unnamed = [c for c in dataset.columns if "Unnamed" in c]
    dataset.drop(unnamed, axis=1, inplace=True)

    # Drop unused columns
    dataset.drop(["Date", "Time"], axis=1, inplace=True)

    # Fill NaN by its column mean
    dataset.fillna(dataset.mean(), inplace=True)  # ❷
```

```
    # Separate the data to label and features
    X = dataset.drop(["C6H6(GT)"], axis=1).values  # ❸
    y = dataset["C6H6(GT)"].values.reshape(-1, 1)  # get benzene values
    return X, y
```

pandasは、データをデータフレームという表形式のフォーマットに読み込み、そこで整形や分析を行うことができるライブラリです（データフレームは、R言語におけるそれと概念的には近しいものです）。pandasにはファイルをデータフレームに読み込むための機能が用意されており、そこではさまざまなオプションが用意されています。今回は、小数点がカンマで表記されているため、それを前提に読み込むよう指定しています（❶）。また、何らかの理由で計測を行うことができなかったために空白となっている箇所については、全体の平均で埋めるという処理を行っています（❷）。なお、予測に不要な列は削除しています。こうした操作が行いやすいのもpandasの特徴です。

最後に、ベンゼンの値が入っている列とそれ以外の列を分離し、ラベルとラベルの予測に使うデータに分けています（❸）。

次に、予測に使用するネットワークを定義します。これはシンプルな2層の全結合のネットワークです。隠れ層のサイズは8、回帰問題であるため最後の出力層のサイズ（出力する値の数）は1となっています。層の初期化にはglorot uniformという手法を用いています。なお、初期化の手法として何が適切か、という点についてはまだ理論的な証明はありません。ここでは、選択可能なひとつのオプションぐらいに思っていただいてかまいません。Kerasで選択可能な初期化の手法については、公式サイト（https://keras.io/initializers/）を参照してください。

```
def make_model(input_size):
    inputs = Input(shape=(input_size,))
    hidden = Dense(8, activation="relu",
↪    kernel_initializer="glorot_uniform")
    output = Dense(1, kernel_initializer="glorot_uniform")

    pred = output(hidden(inputs))
    model = Model(inputs=[inputs], outputs=[pred])
    return model
```

最後に、実際に学習と予測を行います。

```
def main():
    file_path = download_data()
    X, y = load_dataset(file_path)
```

```
# Normalize the numerical values
yScaler = StandardScaler()
xScaler = StandardScaler()
y = yScaler.fit_transform(y)  # ❶
X = xScaler.fit_transform(X)  # ❶
```

データをモデルに投入する前に、正規化という処理を行っています（❶）。というのも、予測に使う各特徴はそのスケールがバラバラなためです。具体的には、酸化スズの濃度は約 1,000 の範囲に分布している一方で、非メタン炭化水素は約 100 の範囲に分布しています。このように各特徴で分布範囲に差がある場合は、事前に正規化を行っておくことが推奨されます。これは、ラベルデータに対しても行います。

数値データに対する正規化は、各列において平均を引き、標準偏差で割ることで行えます。

$$z = \frac{x - \mu}{\sigma}$$

この正規化は、実装で使用しているとおり scikit-learn ライブラリの `StandardScaler` を使うことで簡単に実行できます。`fit` で平均と標準偏差を計算し、`transform` で算出した値を使用して正規化を行います。`fit_transform` はこの操作を一度に行ってくれます。

正規化を行ったあと、データを学習用と評価用に分割して学習を行います。

```
# Split the data to train and test
X_train, X_test, y_train, y_test = train_test_split(X, y,
↪  test_size=0.3)  # ❶

# Make model
input_size = X.shape[1]  # number of features
model = make_model(input_size)

# Train model
log_dir = os.path.join(os.path.dirname(__file__), "logs")
NUM_EPOCHS = 20
BATCH_SIZE = 10
model.compile(loss="mse", optimizer="adam")  # ❷
model.fit(
    X_train, y_train,
    batch_size=BATCH_SIZE, epochs=NUM_EPOCHS,
    validation_split=0.2,
    callbacks=[TensorBoard(log_dir=log_dir)])
```

train_test_split は scikit-learn に実装されているデータを分割するための関数で、評価用データの割合（test_size）を指定することでその割合で分割を行ってくれます（❶）。そして、回帰の問題であるため、損失関数として二乗誤差（mse）を指定してコンパイルしています（❷）。

学習させた結果は**図7-1**のようになります。学習が進むにつれ、学習データに対する誤差、評価データに対する誤差がいずれも減少していることを確認できます。

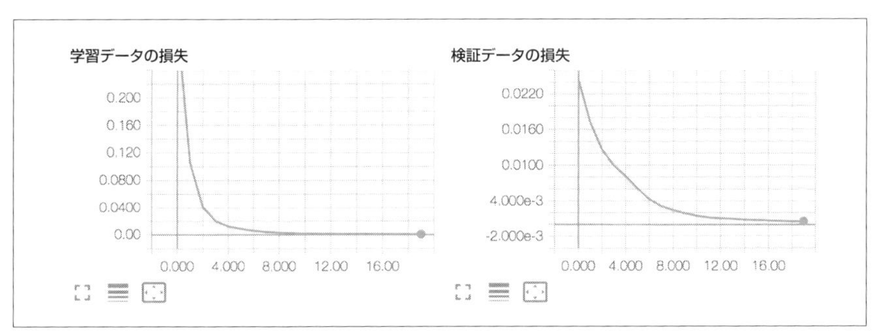

図7-1　回帰モデルの学習結果

学習させたモデルを使用し、予測を行ってみます。予測値は正規化された値で出力されるため、これを元の値に逆変換する必要がある点に注意してください。scikit-learn の StandardScaler は、inverse_transform を行うことでこの逆変換が可能です。

```
# Make prediction
y_pred = model.predict(X_test)

# Show prediction
y_pred = yScaler.inverse_transform(y_pred)
y_test = yScaler.inverse_transform(y_test)
result = pd.DataFrame({
    "prediction": pd.Series(y_pred.flatten()),
    "actual": pd.Series(y_test.flatten())
    })
```

予測結果と実際の値を合わせてプロットしたものが、**図7-2**になります。下のグラフは、予測値と実際の値との差異をプロットしています。差異のグラフを見ると、ほぼ誤差なく（誤差範囲 2.5 程度で）予測できていることがわかると思います。

```
fig, ax = plt.subplots(nrows=2)
ax0 = result.plot.line(ax=ax[0])
ax0.set(xlabel="time", ylabel="C6H6 concentrations")
diff = result["prediction"].subtract(result["actual"])
ax1 = diff.plot.line(ax=ax[1], colormap="Accent")
ax1.set(xlabel="time", ylabel="difference")
plt.tight_layout()
plt.show()
```

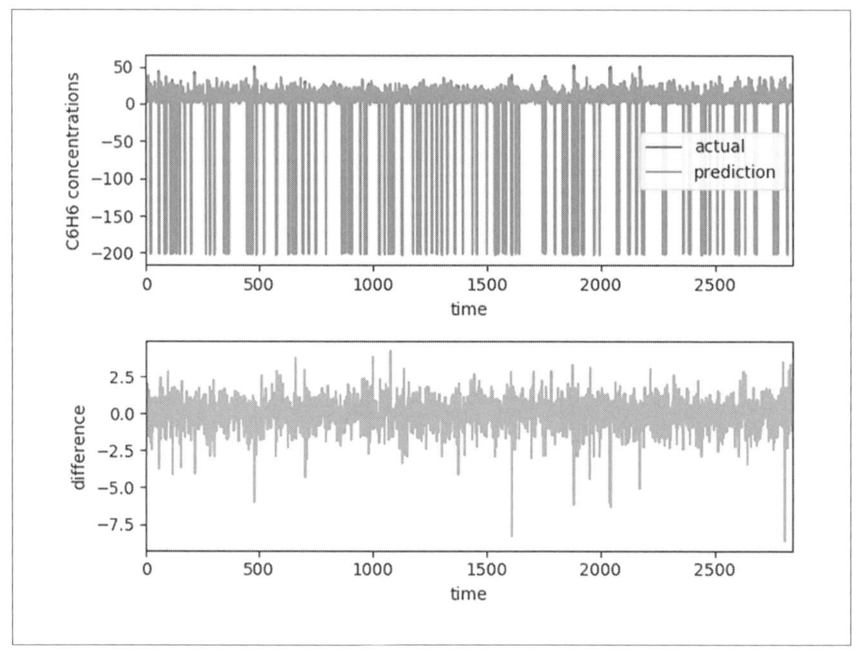

図7-2　予測値と実際の値との比較

ソースコードは regression_net.py です。

7.3 教師なし学習：自己符号化器

自己符号化器（autoencoder）は、入力を復元するようなネットワークで、通常のニューラルネットワークと同様に誤差逆伝播法で学習されます。自己符号化器はエンコーダーとデコーダーの2つの部分で構成されます。エンコーダーは入力を読み出してコンパクトな表現に圧縮し、デコーダーはそのコンパクトな表現から元の入力を再構成します。自己符号化器は、この再構成における誤差を最小化することを目的に学習を行います。

このような入力を単に復元する関数は意味がないように思えるかもしれませんが、有用な特性があります。というのも、エンコーダーにより圧縮された表現は元の入力サイズより小さくなります。しかもそれはデコーダーにより復元可能、つまり元の入力を再現するのに十分な情報を含んでいます。すなわち、元のデータの特徴を残したまま、より小さいサイズで扱うことが可能になるのです。これはデータを特徴づける要素を抽出する、**主成分分析**（principal component analysis：PCA）と似たような効果があります。

一旦自己符号化器を学習させてしまえば、デコーダーを外して入力を圧縮するエンコーダーだけを使うといったことも可能です。また、圧縮した表現をそのまま分類に使うこともできるでしょう。

エンコーダーとデコーダーはさまざまな方式で実装することができ、全結合層でも、畳み込み層（CNN）でも、リカレントニューラルネットワーク（RNN）でも、データに応じた方式を選択することができます。たとえば、全結合層での実装は協調フィルタリングによく用いられます。ユーザーの評価データを圧縮することで、ユーザーの嗜好を表す表現を獲得するというものです（詳細については、S. Sedhain の "AutoRec: Autoencoders Meet Collaborative Filtering", *Proceedings of the 24th International Conference on World Wide Web*, ACM, 2015 および H. Cheng の "Wide & Deep Learning for Recommender Systems", *Proceedings of the 1st Workshop on Deep Learning for Recommender Systems*, ACM, 2016 を参照してください）。

CNN は画像の表現圧縮に、RNN はテキストや時系列データの圧縮に適しています。それぞれのケースについて、興味深い研究を紹介します。

- R. Miotto："Deep Patient: An Unsupervised Representation to Predict the Future of Patients from the Electronic Health Records", *Scientific Reports 6*, 2016
- R. Kiros："Skip-Thought Vectors", *Advances in Neural Information Processing Systems*, 2015

また、実装に際してはエンコーダーを積み重ねることでより小さいサイズに圧縮することも可能です（デコーダーはそれと逆の順序で積み重ね、復号を行います）。

ディープラーニングにおいて層が深くなるほど表現力が増すように、積み重ねられた層で構成された自己符号化器は高い表現力を持ちます。これはちょうど、畳み込みネットワークを構築する際に畳み込み層とプーリング層を重ねていったこととよく似ています。

層の積み重ねで作られた自己符号化器は、以前は層ごとに学習させるのが一般的でした。たとえば、**図7-3**のネットワークを学習させる際は、まず隠れ層 $H1$ について入力 X を復元する（X'）よう学習させます（このとき、$H2$ は無視します）。次に $H2$ を、$H1$ からの入力を復元する（$H1'$）ように学習させます（このとき、$H1$ の重みは固定します）。最後に、事前学習した各層を結合して入力 X を復元する（X'）ようファインチューニングする、というものでした。

現在は大量のデータセットと計算資源が手に入るようになったことと、活性化関数や正則化のための工夫も進化したことから、最初から一気通貫で学習させることが一般的です。

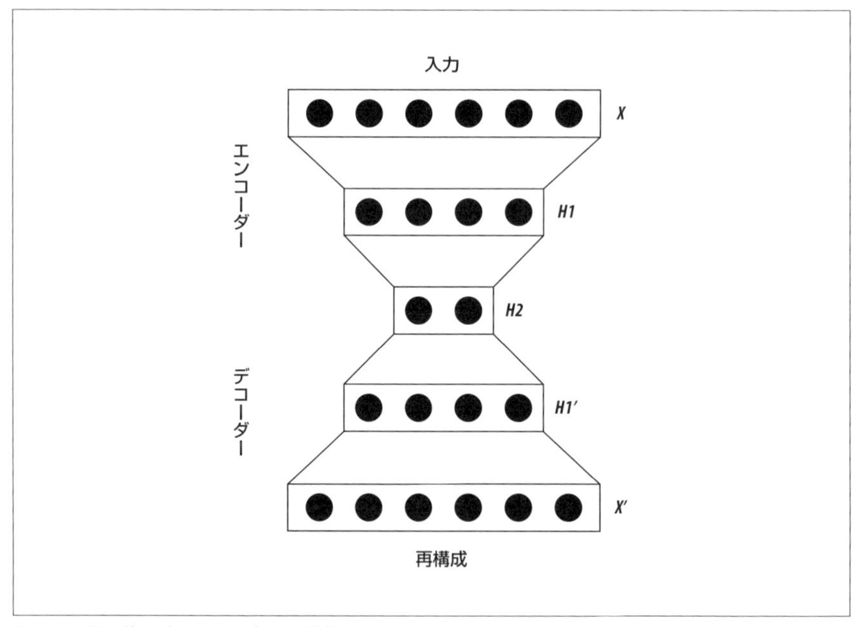

図7-3 層を積み重ねて作る自己符号化器

Keras 公式のブログ記事である「Building Autoencoders in Keras」（https:

//blog.keras.io/building-autoencoders-in-keras.html）には、全結合層と畳み込み層を用いて作成した自己符号化器で、MNIST の手書き文字の再構成を行うというすばらしいチュートリアルがあります。また、そこには本書では取り上げない**ノイズ除去自己符号化器**（denoising autoencoder）、**変分自己符号化器**（variational autoencoder：VAE）の解説も掲載されています。

7.3.1 自己符号化器の実装：文ベクトルの作成

本節では、前述の公式ブログ記事では取り上げられていない、文章を対象にした自己符号化器を作成してみます。具体的には LSTM で自己符号化器を作成し、文書分類によく利用されるロイターコーパス（Reuters-21578）を学習させることで文の特徴を圧縮してみます。「5 章 単語分散表現」では単語ベクトルの獲得を行いましたが、ここでは文ベクトルを獲得する方法を見ていきます。

文ベクトルを得る最も簡単な方法は、文中に登場する単語ベクトルを合算して単語数で割ることです（平均を取るということです）。ただ、この方法では単語が登場する順番は考慮されません。そのため、「The dog bit the man」（犬が男を噛んだ）と、「The man bit the dog」（男が犬を噛んだ）は同じ表現として扱われます。LSTM は連続した要素を扱えるよう設計されており、このため語順を考慮した文ベクトルの作成を行うことができます。

では、実装を見ていきます。今回の実装は、以下の構成となっています。

1. `ReutersCorpus`（データの読み込みを行う）
2. `EmbeddingLoader`（事前学習済みの単語ベクトル GloVe を読み込む）
3. `Autoencoder`（モデルの定義）
4. `main`（モデルの学習を実行する）
5. `predict`（学習したモデルを利用して、文の分類を行う）

まず、必要なモジュールをインポートします。

```
import os
import argparse
from zipfile import ZipFile
from urllib.request import urlretrieve
from collections import Counter
import re
import numpy as np
import nltk
```

```
from nltk.corpus import reuters
from nltk.corpus import stopwords
from keras.layers import Input, LSTM, Bidirectional, RepeatVector
from keras.models import Model
from keras.callbacks import TensorBoard, ModelCheckpoint
from keras.models import load_model
```

続いて、データの読み込みを行うクラスを作成します。

```
class ReutersCorpus():

    def __init__(self, padding="PAD", unknown="UNK"):
        self.documents = []
        self.stopwords = []
        self.vocab = []
        self._ignores = re.compile("[.,-/\"'>()&;:]")
        self.PAD = padding
        self.UNK = unknown
        try:
            self.documents = reuters.fileids()
        except LookupError:
            print("Reuters corpus does not downloaded. So download it.")
            nltk.download("reuters")  # ❶
            self.documents = reuters.fileids()

        try:
            self.stopwords = stopwords.words("english")
        except LookupError:
            print("Englisth stopword does not downloaded. So download
↪ it.")
            nltk.download("stopwords")  # ❷
            self.stopwords = stopwords.words("english")

    def build(self, vocab_size=5000):
        words = reuters.words()
        words = [self.trim(w) for w in words]
        words = [w for w in words if w]
        freq = Counter(words)
        freq = freq.most_common(vocab_size)
        self.vocab = [w_c[0] for w_c in freq]
        self.vocab = [self.PAD, self.UNK] + self.vocab

    def trim(self, word):
        w = word.lower().strip()
        if w in self.stopwords or self._ignores.match(w):
            return ""
        if w.replace(".", "").isdigit():
            return "9"
```

```
        return w
```

今回は、ロイターニュースのデータを使用します。このデータは、自然言語処理を行うためのライブラリである nltk を使用することで簡単に取得できます（❶）。

ストップワードという出現頻度が高く、かつ文の特徴とはならない語のリストも取得します（❷）。英語で言うと、「a」や「the」といった単語が該当します。こうした語、また記号の除去を trim という処理で行っています。trim では、小文字への変換と数字の文字をすべて 9 に統一するという処理を行っています。これらは、表記揺れを吸収するための措置です。その上で、ニュースデータに含まれる単語のリスト（ボキャブラリー＝辞書）を build で作成しています。辞書は、単語を番号に変換するために利用します（「apple」なら 5 番――辞書の 5 番目――など）。というのも、モデルは数字しか扱うことができないので、何らかの方法で単語を数字に変換する必要があるためです。

この中で、2 つ特殊な単語があります。ひとつは PAD で、これは文字列の長さを揃えるために使用します。モデルは固定された長さしか扱えませんが、文の長さはニュースによって変わります。長いものは切ることができますが、短いものはモデルが想定しているサイズに合うよう、間を埋める必要があります。この埋めるための特殊な単語が PAD になります。

もうひとつは UNK で、これは辞書にない単語（out of vocabulary：OOV）が出てきた場合に使用されます。単語の数は無数にありますが、すべての単語を網羅しようとするとそのサイズ分だけモデルの入力を大きくしなければなりません。ほとんど登場しない単語のためにモデルをいたずらに大きくするのは得策ではないので、通常は出現頻度に応じて扱う単語の数を制限します（以下の実装では build の vocab_size で制限しています）。そうすると、当然、辞書に登録されていない単語が発生します。その場合に使用するのが UNK です。今回は扱う単語数を 5000 に設定していますが、これでロイターニュースに出てくる単語の 93% をカバーできます。

データは文という形で与えられるため、これをモデルが学習できる形に加工します。

```
    def batch_iter(self, embedding, kind="train", batch_size=64,
↪   seq_size=50):
        if len(self.vocab) == 0:
            raise Exception(
                "Vocabulary hasn't made yet. Please execute 'build'
↪   method."
            )
```

```
        steps = self.get_step_count(kind, batch_size)
        docs = self.get_documents(kind)
        docs_i = self.docs_to_matrix(docs, seq_size)
        docs = None  # free memory

        while True:
            indices = np.random.permutation(np.arange(len(docs_i)))
            for s in range(steps):
                index = s * batch_size
                x = docs_i[indices[index:(index + batch_size)]]
                x_vec = embedding[x]  # ❺
                # input = output
                yield x_vec, x_vec

    def docs_to_matrix(self, docs, seq_size):
        docs_i = []
        for d in docs:
            words = reuters.words(d)  # ❶
            words = self.sentence_to_ids(words, seq_size)  # ❷❸❹
            docs_i.append(words)
        docs_i = np.array(docs_i)
        return docs_i

    def sentence_to_ids(self, sentence, seq_size):
        v = self.vocab
        UNK = v.index(self.UNK)
        PAD = v.index(self.PAD)
        words = [self.trim(w) for w in sentence][:seq_size]  # ❷
        words = [v.index(w) if w in v else UNK for w in words if w]  # ❸
        if len(words) < seq_size:
            words += [PAD] * (seq_size - len(words))  # ❹
        return words

    def get_step_count(self, kind="train", batch_size=64):
        size = len(self.get_documents(kind))
        return size // batch_size

    def get_documents(self, kind="train"):
        docs = list(filter(lambda doc: doc.startswith(kind),
↪   self.documents))
        return docs
```

具体的には、以下5つの処理を行います。

❶ 文を単語に分割する

❷ 一定の長さに切り取る

❸ 辞書を使い、単語を数値（インデックス）に変換する（辞書にない場合、UNK を使用する）
❹ サイズが一定の長さに満たない場合、PAD で埋める
❺ 単語の数値を、事前学習済みの単語ベクトルに変換する

この処理を、データ全体からバッチサイズ分だけ抜き出した各文に対して行います。コードには各処理に該当する箇所にコメントをつけていますので、参考にしてください。

さて、実装の中に「❺ 単語の数値を、事前学習済みの単語ベクトルに変換する」という手順があります。これは単語のインデックスをそのまま使用するのではなく、単語の特徴を表す事前学習済みのベクトルに変換して使用するということです。これには2つメリットがあります。1点目は、単語のインデックスを使用する場合に比べてベクトルのサイズを小さくすることができるという点です。単語のインデックスを使用する場合は通常、one-hot ベクトルという、その単語のインデックスにだけ1が設定されていてあとは0となっているベクトルを使用します。ただ、この場合はベクトルが辞書のサイズ分だけ必要になってしまいます。一方、事前学習済みのベクトルを使用する場合はそのサイズ分だけで済みます（通常は辞書のサイズよりずっと小さくなります）。2点目は、「事前学習」の結果を使用できるという点です。事前学習した単語ベクトルは各単語の意味を捉えたものになっているため、学習速度やモデルの精度を向上させることができます。

以下が、事前学習済みの単語ベクトルを読み込む処理になります。

```
class EmbeddingLoader():

    def __init__(self, embed_dir="", size=100):
        self.embed_dir = embed_dir
        self.size = size
        if not self.embed_dir:
            self.embed_dir = os.path.join(os.path.dirname(__file__),
↪   "embed")

    def load(self, seq_size, corpus, download=True):
        url = "http://nlp.stanford.edu/data/wordvecs/glove.6B.zip"
        embed_name = "glove.6B.{}d.txt".format(self.size)
        embed_path = os.path.join(self.embed_dir, embed_name)
        if not os.path.isfile(embed_path):
            if not download:
                raise Exception(
```

```
                "Can't load embedding from {}.".format(embed_path)
                )
        else:
            print("Download the GloVe embedding.")
            file_name = os.path.basename(url)
            if not os.path.isdir(self.embed_dir):
                os.mkdir(self.embed_dir)
            zip_path = os.path.join(self.embed_dir, file_name)
            urlretrieve(url, zip_path)
            with ZipFile(zip_path) as z:
                z.extractall(self.embed_dir)
                os.remove(zip_path)

    vocab = corpus.vocab
    if len(vocab) == 0:
        raise Exception("You have to make vocab by 'build' method.")
    embed_matrix = np.zeros((len(vocab), self.size))
    UNK = vocab.index(corpus.UNK)
    with open(embed_path, mode="r", encoding="utf-8") as f:
        for line in f:
            values = line.strip().split()
            word = values[0]
            vector = np.asarray(values[1:], dtype="float32")
            if word in vocab:
                index = vocab.index(word)
                embed_matrix[index] = vector
    embed_matrix[UNK] = np.random.uniform(-1, 1, self.size)
    return embed_matrix
```

今回は、事前学習済みの単語ベクトルとしてGloVeを使用します。GloVeではそれぞれ50、100、200、300次元の単語ベクトルのファイルが提供されています（以下の実装では、デフォルトで100次元のものを使用するようにしています）。このファイルは、単語とそのベクトル値がスペース区切りで並んだものになっています。ここから単語とそのベクトルを読み込み、GloVe内の単語と一致する単語が辞書にある場合、そのベクトル値を取ってくるようにします。なお、PADにはゼロベクトル、UNKには -1〜1 の範囲での一様乱数が使用されるのが一般的です。

これでモデルに対する入力の準備はできました。続いて、本体となる自己符号化器の定義を行います。その構成は図7-4のようになっています。

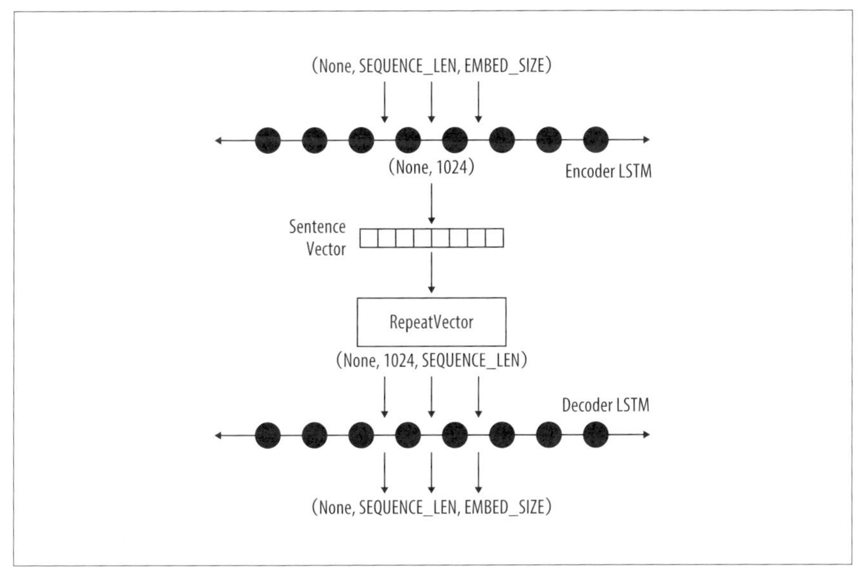

図7-4　自己符号化器のモデル

実装は以下のようになります。

```
class AutoEncoder():

    def __init__(self, seq_size=50, embed_size=100, latent_size=256):
        self.seq_size = seq_size
        self.embed_size = embed_size
        self.latent_size = latent_size
        self.model = None

    def build(self):
        # ❶
        inputs = Input(shape=(self.seq_size, self.embed_size),
↪   name="input")
        encoded = Bidirectional(
            LSTM(self.latent_size),
            merge_mode="concat", name="encoder")(inputs)
        # ❷
        encoded = RepeatVector(self.seq_size, name="replicate")(encoded)
        # ❸
        decoded = Bidirectional(
            LSTM(self.embed_size, return_sequences=True),
            merge_mode="sum", name="decoder")(encoded)
```

```
        self.model = Model(inputs, decoded)

    @classmethod
    def load(cls, path):
        model = load_model(path)
        _, seq_size, embed_size = model.input.shape  # top is batch size
        latent_size = model.get_layer("encoder").input_shape[1]
        ae = AutoEncoder(seq_size, embed_size, latent_size)
        ae.model = model
        return ae

    # ❹
    def get_encoder(self):
        if self.model:
            m = self.model
            encoder = Model(m.input, m.get_layer("encoder").output)
            return encoder
        else:
            raise Exception("Model is not built/loaded")
```

❶ 前からだけでなく、後ろからも処理を行う双方向（Bidirectional）LSTMで、文のエンコーディングを行います。これにより前後2つのベクトルができますが、これは merge_mode="concat"の指定により結合されてひとつの文ベクトルになります（このため、出力ベクトル長は2倍になります。なお、Bidirectional の場合は基本的に最もパフォーマンスが良いのは結合です）。

❷ デコーダーは単語の数×単語ベクトル長の入力を想定しているので、エンコーダーからの出力を単語の数分だけ複製してデコーダー用の入力を作成します（RepeatVector）。

❸ デコーダーは、エンコーダーと同様に Bidirectional によって復号を行います。ここでは merge_mode="sum"を指定しているため前後方向のベクトルは合計されてひとつになります。return_sequences=True により seq_size 分だけ embed_size が返却されるため、出力される行列の形状はエンコーダーへの入力と等しくなります（seq_size × embed_size）。

学習後にエンコードされた値（文ベクトル）を使用する際は、デコーダー部分を切り離してエンコーダーの部分だけを使用します（❹）。

これでデータとモデルが揃いました。実際に学習させてみましょう。

```
def main(log_dir, model_name="autoencoder.h5"):
    print("1. Prepare the corpus.")
```

```
corpus = ReutersCorpus()
corpus.build(vocab_size=5000)

print("2. Make autoencoder model.")
ae = AutoEncoder(seq_size=50, embed_size=100, latent_size=512)
ae.build()

print("3. Load GloVe embeddings.")
embed_loader = EmbeddingLoader(size=ae.embed_size)
embedding = embed_loader.load(ae.seq_size, corpus)

print("4. Train the model (trained model is saved to
↪ {}).".format(log_dir))
batch_size = 64
ae.model.compile(optimizer="sgd", loss="mse")
model_file = os.path.join(log_dir, model_name)
train_iter = corpus.batch_iter(embedding, "train", batch_size,
↪ ae.seq_size)
test_iter = corpus.batch_iter(embedding, "test", batch_size,
↪ ae.seq_size)
train_steps = corpus.get_step_count("train", batch_size)
test_steps = corpus.get_step_count("test", batch_size)

ae.model.fit_generator(
    train_iter, train_steps,
    epochs=10,
    validation_data=test_iter,
    validation_steps=test_steps,
    callbacks=[
        TensorBoard(log_dir=log_dir),
        ModelCheckpoint(filepath=model_file, save_best_only=True)
        ]
    )
```

学習結果は、**図7-5**のような形になります。

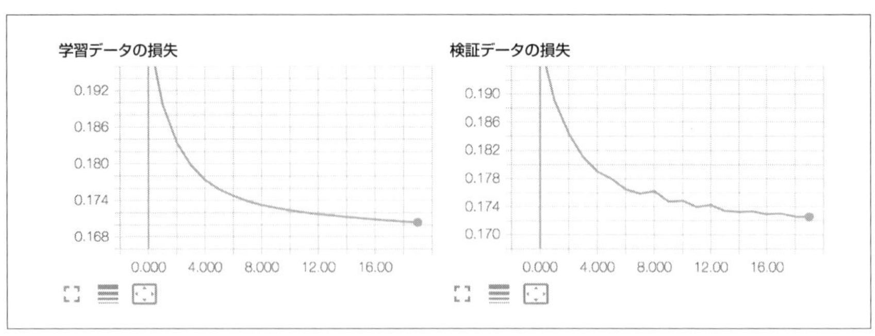

図7-5 自己符号化器の学習結果

さて、学習した自己符号化器は文をよく表現するベクトルを作成できるようになっているはずです。そこで、エンコーダー部分だけを使って文書分類（クラスタリング）を行ってみます。

```
def predict(log_dir, model_name="autoencoder.h5"):
    print("1. Load the trained model.")
    model_file = os.path.join(log_dir, model_name)
    ae = AutoEncoder.load(model_file)

    print("2. Prepare the corpus.")
    corpus = ReutersCorpus()
    test_docs = corpus.get_documents("test")
    labels = [reuters.categories(f)[0] for f in test_docs]
    categories = Counter(labels).most_common()
    # Use categories that has more than 30 documents
    categories = [c[0] for c in categories if c[1] > 50]  # ❶
    filtered = [i for i, lb in enumerate(labels) if lb in categories]
    labels = [categories.index(labels[i]) for i in filtered]
    test_docs = [test_docs[i] for i in filtered]
    corpus.build(vocab_size=5000)

    print("3. Load GloVe embeddings.")
    embed_loader = EmbeddingLoader(size=ae.embed_size)
    embedding = embed_loader.load(ae.seq_size, corpus)

    print("4. Use model's encoder to classify the documents.")
    from sklearn.cluster import KMeans
    docs = corpus.docs_to_matrix(test_docs, ae.seq_size)
    doc_vecs = embedding[docs]
    features = ae.get_encoder().predict(doc_vecs)  # ❷
    clf = KMeans(n_clusters=len(categories))
    clf.fit(features)  # ❸
    ae_dist = clf.inertia_
```

```
    from sklearn.feature_extraction.text import CountVectorizer
    test_doc_words = [" ".join(reuters.words(d)) for d in test_docs]
    vectorizer = CountVectorizer(vocabulary=corpus.vocab)
    c_features = vectorizer.fit_transform(test_doc_words)  # ❹
    clf.fit(c_features)
    cnt_dist = clf.inertia_
    print(" Sum of distances^2 of samples to their closest center is")
    print(" Autoencoder: {}".format(ae_dist))
    print(" Word count base: {}".format(cnt_dist))


if __name__ == "__main__":
    parser = argparse.ArgumentParser(
        description="Try text autoencoder by reuters corpus")
    parser.add_argument(
        "--predict", action="store_const", const=True, default=False,
        help="Classify the sentences by trained model")

    args = parser.parse_args()
    log_dir = os.path.join(os.path.dirname(__file__), "logs")
    if args.predict:
        predict(log_dir)
    else:
        main(log_dir)
```

❶ 評価データの中から、50以上文書があるカテゴリを抽出

❷ 学習済みのモデルからエンコーダー部分を使って、文の表現を獲得

❸ エンコードされた表現を特徴量とし、K-means法を利用して各文の類似度を元にクラスタリング

比較対象として、単純な単語カウントベースの特徴量でも分類を試しています。scikit-learnでは、CountVectorizerを利用することで文のリストから簡単に単語カウントのベクトルを作成することができます（❹）。

結果は、以下のようになります。数値は各サンプルが、所属するクラスタの中心からどれだけ離れているかを表しています。この値が小さいほどよくまとまったクラスタが多い、つまりよく文書を分類できていることになります。よって、作成したモデルから得られる特徴量を使うことで、単純な単語カウントベースの特徴量よりは良い分類ができていることがわかります。

```
4. Use model's encoder to classify the documents.
 Sum of distances^2 of samples to their closest center is
```

```
Autoencoder: 2863.267569035378
Word count base: 287223.6233374621
```

ソースコードは `lstm_autoencoder.py` です。

7.4 ネットワークを組み合わせる：複合ネットワーク

これまで、私たちは「全結合」「CNN」「RNN」というディープラーニングにおける3つの基本的なネットワークを見てきました。これらのモデルにはそれぞれ最適なユースケースがありますが、これらを組み合わせることでより複雑なモデルを作成することもできます。

ネットワークを組み合わせて作成する複合ネットワークは、特定のタスクを行うために特別に作られる場合が多いため、その形態を一般化して分類するのは難しいです。ただ、多くの場合は複数の入力を取るか、複数の出力を行います。たとえば文章と質問から、答えを出力する質問回答のネットワークがあります。もうひとつの例は、画像のペアを入力としその類似性を計算するsiamese（サイアミーズ）ネットワークです。このネットワークが出力する類似度は、似ている/似ていないのバイナリ値か、類似度の段階（カテゴリ値）で表現されます。さらに別の例としては、画像からオブジェクトの位置とそのオブジェクトのカテゴリを同時に予測するネットワークがあります。最初の2つは複数の入力を持つ複合ネットワークの例で、最後は複数の出力を持つ複合ネットワーク例になります。

7.4.1 複合ネットワークの実装：質問回答を行うMemory Network

本節では、複合ネットワークの一例として質問回答を行うMemory Network（メモリネットワーク）を構築します。Memory Network は、本体のネットワーク（通常はRNN）と記憶を格納するためのメモリユニットを組み合わせた構造になっています。各入力はメモリの状態を更新し、最終出力は本体のネットワークとメモリから計算されます。このアーキテクチャは、2014年に以下の論文で提案されたものです。

- J. Weston、S. Chopra、A. Bordes："Memory Networks", arXiv:1410.3916, 2014

また、1年後に公開された以下の論文では、より回答が難しい20の質問回答タスクとデータセットを提案し、改善したMemory Networkで検証を行っています。

- J. Weston："Towards AI-Complete Question Answering: A Set of Prerequisite Toy Tasks", arXiv:1502.05698, 2015

もちろん、Memory Networkはすべてのタスクで最良のスコアを記録しています。このデータセットは、FacebookのbAbI(https://research.fb.com/projects/babi/)で公開されています。

Memory Networkにはいくつかバリエーションがありますが、これから実装するネットワークは以下の論文に近いものです。

- S. Sukhbaatar、J. Weston、R. Fergus："End-To-End Memory Networks", *Advances in Neural Information Processing Systems*, 2015

このネットワークは複合した1ネットワークで処理を行います。これで、bAbIの質問回答タスクに挑戦してみましょう。

まず、必要なモジュールをインポートします。

```
import os
import tarfile
from collections import Counter
from urllib.request import urlretrieve
import numpy as np
from keras.layers import Input, add, concatenate, dot
from keras.layers.core import Activation, Dense, Dropout, Permute
from keras.layers.embeddings import Embedding
from keras.layers.recurrent import LSTM
from keras.models import Model
from keras.preprocessing.text import text_to_word_sequence
from keras.utils import to_categorical
from keras.callbacks import TensorBoard
```

次に、bAbIのデータセットをダウンロードする処理を実装します。

```
class bAbI():

    def __init__(self, use_10k=True, data_root="", padding="PAD"):
        self.url =
↪   "http://www.thespermwhale.com/jaseweston/babi/tasks_1-20_v1-2.tar.gz"
        self.vocab = []
```

```
        self.story_size = -1
        self.question_size = -1
        self.data_root = data_root
        self.use_10k = use_10k  # ❶
        if not self.data_root:
            self.data_root = os.path.join(os.path.dirname(__file__),
↪  "data")
        self.PAD = padding

    @property
    def vocab_size(self):
        return len(self.vocab)

    @property
    def data_dir(self):
        _dir = "tasks_1-20_v1-2/"
        _dir += "en-10k" if self.use_10k else "en"
        return _dir

    def _get_location(self, kind="train"):
        file_name =
↪  "qa1_single-supporting-fact_{}.txt".format(kind.lower())
        return self.data_dir + "/" + file_name

    def download(self):
        tar_file = os.path.basename(self.url)
        if os.path.exists(os.path.join(self.data_root, self.data_dir)):
            return
        if not os.path.exists(self.data_root):
            os.mkdir(self.data_root)

        file_path = os.path.join(self.data_root, tar_file)
        if not os.path.isfile(file_path):
            print("Download the bABI data...")
            urlretrieve(self.url, file_path)
        with tarfile.open(file_path, mode="r:gz") as gz:
            for kind in ["train", "test"]:
                target = self._get_location(kind)
                gz.extract(target, self.data_root)
        os.remove(file_path)
```

bAbIにおける最初の質問回答タスクでは、学習用に10,000、テスト用に1,000の質問が用意されています（学習データが1,000件しかないものも提供されており、コードでは❶にある`use_10k`のフラグでどちらを使用するか選択できます）。ストーリーを読んでそれについての質問に回答するという形式になっており、データファイルは以下のように2〜3文のストーリーのあとに質問とその回答が提示されるという構成になっています。回答の隣にある番号は、回答の根拠となるストーリーの番号となっています。

```
1 John travelled to the hallway.
2 Mary journeyed to the bathroom.
3 Where is John?    hallway 1
```

以下は、このデータを読み出すための処理です。

```
def _read_qa(self, kind="train"):
    path = os.path.join(self.data_root, self._get_location(kind))
    stories, questions, answers = [], [], []
    with open(path, "r", encoding="utf-8") as f:
        story_lines = []
        for line in f:
            line = line.strip()
            index, text = line.split(" ", 1)
            if "\t" in text:
                question, answer, _ = text.split("\t")
                stories.append(" ".join(story_lines))
                questions.append(question.strip())
                answers.append(answer.strip())
                story_lines = []
            else:
                story_lines.append(text)

    return stories, questions, answers
```

データの用意ができたら、そこから単語辞書の作成を行います。今回は使用されている単語がとても少ないため（20 単語のみ）、すべて辞書に登録してしまいます。

```
def make_vocab(self):
    train_s, train_q, train_a = self._read_qa(kind="train")
    test_s, test_q, test_a = self._read_qa(kind="test")

    all_s = train_s + test_s
    all_q = train_q + test_q

    # Make vocabulary from all stories and questions
    words = []
    for s, q in zip(all_s, all_q):
        s_words = self.tokenize(s)
        if len(s_words) > self.story_size:
            self.story_size = len(s_words)

        q_words = self.tokenize(q)
        if len(q_words) > self.question_size:
```

```
                self.question_size = len(q_words)

            words += s_words
            words += q_words

        word_count = Counter(words)
        words = [w_c[0] for w_c in word_count.most_common()]
        words.insert(0, self.PAD)  # add pad
        self.vocab = words

    def tokenize(self, string):
        words = text_to_word_sequence(string, lower=True)
        return words
```

Memory NetworkはRNNをベースにしており、そのため入力するデータは一定の長さの数値列である必要があります。今回は、ストーリーについてはストーリーの最大長に揃え、足りない場合はパディングを行います。今まで行ってきたように、単語は辞書を使い数値（インデックス）へと変換します。質問文についても、同様にして質問文の最大長に揃えます。`to_string`は、数値列を単語列に戻すための処理です。

```
    def get_batch(self, kind="train"):
        if self.vocab_size == 0:
            self.make_vocab()
        stories, questions, answers = self._read_qa(kind)
        s_indices = [self.to_indices(s, self.story_size) for s in
↪   stories]
        q_indices = [self.to_indices(q, self.question_size)
                     for q in questions]
        a_indices = [self.vocab.index(a) for a in answers]
        a_categorical = to_categorical(a_indices,
↪   num_classes=self.vocab_size)

        return np.array(s_indices), np.array(q_indices), a_categorical

    def to_indices(self, string, fit_length=-1):
        if self.vocab_size == 0:
            raise Exception("You have to execute make_vocab")
        words = self.tokenize(string)
        indices = [self.vocab.index(w) for w in words]
        if fit_length > 0:
            indices = indices[:fit_length]
            pad_size = fit_length - len(indices)
            if pad_size > 0:
                indices += [self.vocab.index(self.PAD)] * pad_size
        return indices
```

```
    def to_string(self, indices):
        words = [self.vocab[i] for i in indices]
        string = " ".join([w for w in words if w != self.PAD])
        return string
```

ここからはモデルを定義していきます。モデルの定義は以前に比べ長くなりますが、**図7-6** に沿って行うので見比べながら参照してみてください。

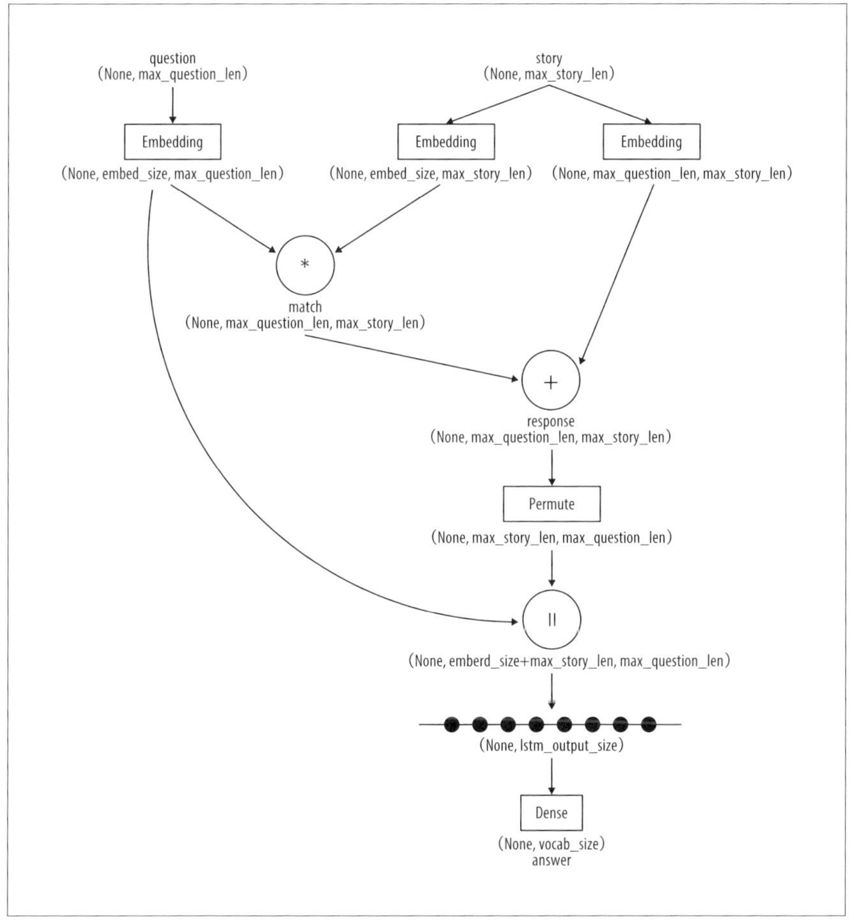

図7-6　Memory Network の実装

```
def make_model(story_size, question_size, vocab_size,
               embedding_size=64, latent_size=32, drop_rate=0.3):
    story_input = Input(shape=(story_size,))
    question_input = Input(shape=(question_size,))

    story_embed_for_a = Embedding(
                        input_dim=vocab_size,
                        output_dim=embedding_size,
                        input_length=story_size)
    question_embed = Embedding(
                        input_dim=vocab_size,
                        output_dim=embedding_size,
                        input_length=question_size)
    story_encoder_for_a =
↪   Dropout(drop_rate)(story_embed_for_a(story_input))  # ❶
    question_encoder =
↪   Dropout(drop_rate)(question_embed(question_input))  # ❷

    # match story & question along seq_size to make attention on story
    # (axes=[batch, seq_size, embed_size] after encoding)
    match = dot([story_encoder_for_a, question_encoder], axes=[2, 2])  #
↪   ❸

    story_embed_for_c = Embedding(
        input_dim=vocab_size,
        output_dim=question_size,
        input_length=story_size
    )
    story_encoder_for_c =
↪   Dropout(drop_rate)(story_embed_for_c(story_input))  # ❹

    # merge match and story context
    response = add([match, story_encoder_for_c])  # ❺
    # (question_size x story_size) => (story_size x question_size)
    response = Permute((2, 1))(response)

    answer = concatenate([response, question_encoder], axis=-1)
    answer = LSTM(latent_size)(answer)  # ❻
    answer = Dropout(drop_rate)(answer)
    answer = Dense(vocab_size)(answer)
    output = Activation("softmax")(answer)
    model = Model(inputs=[story_input, question_input], outputs=output)

    return model
```

このモデルはストーリーと質問という2つの入力を受け取ります。各単語は数値で表現されているため、Embedding層を使用し一定長（`embedding_size`）の単語べクトルへと変換します（❶、❷）。変換された質問とストーリーの内積を取り、関連ベクトルを算出します（❸の match）。ストーリーをまた別のベクトル表現に変換し（❹）、関連ベクトルと合算することで回答用の情報を作成します（❺の response）。これは、ちょうど質問で聞かれた内容にとって重要な箇所（❸）を記憶したストーリー（❹）から引用する、というような処理になります。

作成した回答用の情報は質問と結合し、LSTM に入力します（❻）。最後は全結合のネットワークから回答である一単語を予測する、という構成になっています。

では、作成したモデルを学習させます。単語というカテゴリの予測のため損失関数は categorical_crossentropy、オプティマイザーは RMSprop を使用しています。

```
def main(batch_size, epochs, show_result_count):
    log_dir = os.path.join(os.path.dirname(__file__), "logs")
    if not os.path.exists(log_dir):
        os.mkdir(log_dir)
    corpus = bAbI()
    corpus.download()
    corpus.make_vocab()
    train_s, train_q, train_a = corpus.get_batch(kind="train")
    test_s, test_q, test_a = corpus.get_batch(kind="test")
    print("{} train data, {} test data.".format(len(train_s),
↪  len(test_s)))
    print("vocab size is {}.".format(corpus.vocab_size))

    model = make_model(
                corpus.story_size, corpus.question_size,
↪  corpus.vocab_size)

    # train the model
    model.compile(optimizer="rmsprop", loss="categorical_crossentropy",
                  metrics=["accuracy"])
    model.fit([train_s, train_q], [train_a],
              validation_data=([test_s, test_q], [test_a]),
              batch_size=batch_size, epochs=epochs,
              callbacks=[TensorBoard(log_dir=log_dir)]
              )
```

学習結果は**図7-7**、**図7-8**のようになります。学習データに対してはほぼ 80%、評価データに対しては 75% ほどの正答率が得られています。

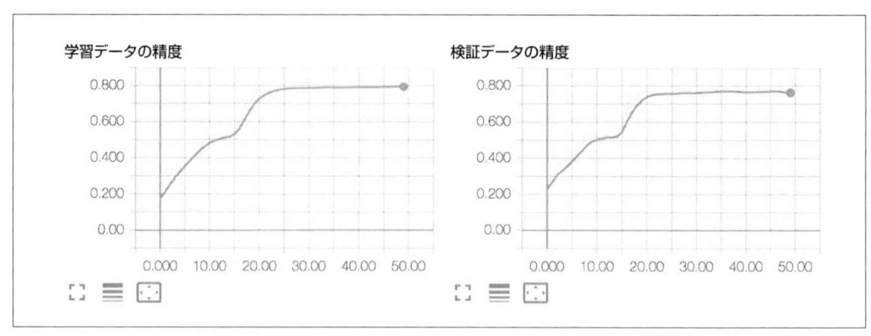

図7-7　Memory Network の学習結果（精度）

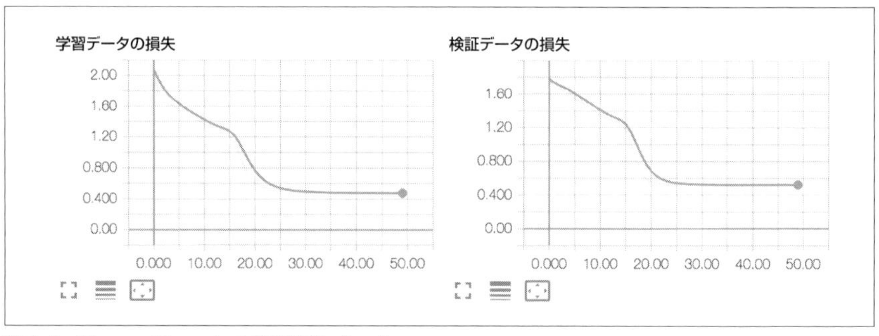

図7-8　Memory Network の学習結果（loss）

学習した結果、実際に答えられているかを見てみましょう。以下は、実際の回答と予測結果を見比べるための処理です。

```
    answer = np.argmax(test_a, axis=1)
    predicted = model.predict([test_s, test_q])
    predicted = np.argmax(predicted, axis=1)

    for i in range(show_result_count):
        story = corpus.to_string(test_s[i].tolist())
        question = corpus.to_string(test_q[i].tolist())
        a = corpus.to_string([answer[i]])
        p = corpus.to_string([predicted[i]])
        ox = "o" if a == p else "x"
        print(story + "\n", question + "\n",
              "{} True: {}, Predicted: {}".format(ox, a, p))


if __name__ == "__main__":
```

```
main(batch_size=32, epochs=50, show_result_count=10)
```

回答結果は、**図7-9**のような形になります。多くのケースで正答できているのがわかると思います。

ストーリー	質問	回答	予測結果
john travelled to the hallway mary journeyed to the bathroom	where is john	hallway	hallway
daniel went back to the bathroom john moved to the bedroom	where is mary	bathroom	garden
john went to the hallway sandra journeyed to the kitchen	where is sandra	kitchen	kitchen
sandra travelled to the hallway john went to the garden	where is sandra	hallway	hallway
sandra went back to the bathroom sandra moved to the kitchen	where is sandra	kitchen	kitchen
sandra travelled to the kitchen sandra travelled to the hallway	where is sandra	hallway	hallway
mary went to the bathroom sandra moved to the garden	where is sandra	garden	garden
sandra travelled to the office daniel journeyed to the hallway	where is daniel	hallway	hallway
daniel journeyed to the office john moved to the hallway	where is sandra	office	bathroom
john travelled to the bathroom john journeyed to the office	where is daniel	office	garden

図7-9　Memory Networkの予測

ソースコードはcomposite_qa_net.pyです。

7.5 Kerasのカスタマイズ

Kerasには多くの機能が組み込まれており、提供されているコンポーネントを組み合わせるだけでたいていのモデルは構築することができます。複雑なモデルを構築するときも、先ほどの節で見たとおり基礎的なコンポーネントを組み合わせて実装することが可能です。そのため、あえてカスタマイズする必要性を感じないかもしれませんが、Kerasではカスタマイズのための機能も提供されています。

思い出してほしいのは、KerasはTensorFlowやCNTKといったバックエンドに計算処理を委譲する高レベルのAPIであるということです。そのため、Keras上で作成したカスタム処理も同様にこれらのバックエンドを呼び出すことになります。この複数のバックエンドにまたがる処理を実装するために、KerasではKeras backend APIを提供しています（https://keras.io/backend/）。backend APIを利用して実装することで、実装した処理を実行する際にはユーザーが選択したバックエンドに応じて適切な呼び出しが行われます（TensorFlowならTensorFlowの、CNTKならCNTKの処理がbackend APIを通じて呼び出されます）。ちょうど、各バックエンドの窓口となっている形です。backend APIで利用可能な関数とその詳細は、先ほど挙げたKerasの公式ページで参照できます。

Kerasのカスタマイズとは、通常、独自の層または関数を作成することを意味します。本節では、この2つを簡単な例で紹介します。

7.5.1 層のカスタマイズ：Lambda層の使用

Kerasは、独自の関数処理を組み込めるLambda層を提供しています。たとえば、要素単位で値を二乗する層を作成する場合は、以下のようにします。

```
model.add(Lambda(lambda x: x ** 2))
```

外部で定義した関数をLambda層内で使用することもできます。たとえば、2つの行列における行ごとのユークリッド距離を計算する層を実装する際は、まず値を計算する関数と出力形状を返す関数の2つを用意します。

```
def euclidean_distance(vecs):
    x, y = vecs
    return K.sqrt(K.sum(K.square(x - y), axis=1, keepdims=True))


def euclidean_distance_output_shape(input_shapes):
    shape1, shape2 = input_shapes
    assert shape1 == shape2  # shape have to be equal
    return (shape1[0], 1)
```

これらを、Lambda層に組み込みます。

```
left = Input(shape=(vec_size,))
right = Input(shape=(vec_size,))

distance = Lambda(euclidean_distance,
                  output_shape=euclidean_distance_output_shape
                 )([left, right])
model = Model([left, right], distance)
```

ソースコードは`custom_layer_lambda.py`です。

7.5.2 層のカスタマイズ：カスタムの正規化層を作成する

Lambda層はとても便利ですが、場合によっては層内でより多くの処理を実装する必要があるかもしれません。ここではその一例として、**局所応答正規化**（local response normalization）と呼ばれる処理をカスタムレイヤーで実装してみます。この処理は各入力をその周辺の値で正規化するという手法ですが、現在はより有効なドロップアウトやバッチ正規化といった手法や、より良い初期化方法が発見されたことからあまり用いられません。ただ、カスタムレイヤーを作成してみる題材としては適しています。

カスタムレイヤーの実装にあたっては、Kerasにおける層の扱いを考慮する必要があります。具体的には、計算グラフを構築するというプロセスのあとに、実際のデータがその計算グラフ上を流れるというプロセスをたどる点です。このため、カスタムレイヤーの実装は難易度が高くなります。Kerasの公式ページではカスタムレイヤーを実装するにあたっての方法を紹介しているため、実装する際には参照するとよいでしょう（https://keras.io/layers/writing-your-own-keras-layers/）。

カスタムレイヤーの実装を簡単に進める方法として、層内のbackend APIを利用した処理がうまく動くかどうかを簡単なテストで確認しながら進めることを推奨します。以下は、特定の入力（x）に対して層の動作をチェックするためのテスト例です。

```
from keras.layers.core import Dropout, Reshape
from keras.layers.convolutional import ZeroPadding2D
from keras.models import Sequential
import numpy as np


def test_layer(layer, x):
    # Adjust layer input_shape to x shape
    layer_config = layer.get_config()
    layer_config["input_shape"] = x.shape
    layer = layer.__class__.from_config(layer_config)
    model = Sequential()
    model.add(layer)
    # ❶ Test building the computation graph process
    model.compile("rmsprop", "mse")
    _x = np.expand_dims(x, axis=0)  # Add dimension for batch size

    # ❷ Test run the graph process
    return model.predict(_x)[0]
```

compileを行うことでモデル構築を（❶）、predictを行うことでグラフ内にデータを通したときにうまく動くかをチェックしています（❷）。

以下のコードは、Kerasで提供されている層に対してこのテストコードをかけてみた例になります。

```
# test the test harness
x = np.random.randn(10, 10)
layer = Dropout(0.5)
y = test_layer(layer, x)
assert(x.shape == y.shape)

x = np.random.randn(10, 10, 3)
layer = ZeroPadding2D(padding=(1, 1))
y = test_layer(layer, x)
assert(x.shape[0] + 2 == y.shape[0])
assert(x.shape[1] + 2 == y.shape[1])

x = np.random.randn(10, 10)
layer = Reshape((5, 20))
y = test_layer(layer, x)
assert(y.shape == (5, 20))
```

さて、ここからは実際に局所応答正規化を行うカスタムレイヤーを作成していきます。ただ、その前にまずこの手法がどういうものかを理解する必要があります。局所応答正規化はCaffeというフレームワークで利用されたのが始まりで、Caffeのドキュメントにその説明を見ることができます（http://caffe.berkeleyvision.org/tutorial/layers/lrn.html）。これは脳の中の側方抑制という機能を真似たもので、入力を周辺の値で正規化します。ACROSS_CHANNELで行う場合はチャンネル（RGBなど）方向で（1 × 1 × local_sizeの範囲を扱います）、WITHIN_CHANNELで行う場合は同じチャンネルの平面上で処理が行われます（local_size × local_size × 1の範囲を扱います）。各範囲の値は、以下の式により正規化されます。

$$LRN(x_i) = \frac{x_i}{(k + \frac{a}{n} \sum_j x_j^2)^\beta}$$

実装のためのコードは以下になります。

```
class LocalResponseNormalization(Layer):

    def __init__(self, n=5, alpha=0.0005, beta=0.75, k=2, **kwargs):
        self.n = n
```

```
        self.alpha = alpha
        self.beta = beta
        self.k = k
        super(LocalResponseNormalization, self).__init__(**kwargs)

    def build(self, input_shape):
        # In this layer, no trainable weight is used.
        super(LocalResponseNormalization, self).build(input_shape)

    def call(self, x):
        squared = K.square(x)
        # WITHIN_CHANNEL Normalization
        average = K.pool2d(squared, (self.n, self.n), strides=(1, 1),
                           padding="same", pool_mode="avg")
        denom = K.pow(self.k + self.alpha * average, self.beta)
        return x / denom

    def compute_output_shape(self, input_shape):
        return input_shape
```

主要な関数は以下の 4 点です。

`__init__`
: 通常のクラスと同様、ハイパーパラメータの設定処理などを行います。

`build`
: 層が学習可能な重みを持つ場合は、ここで宣言して初期化処理を行います。今回は正規化を行うのみで重みは持たないため、ここでの処理はありません。

`call`
: 伝播処理で行われる処理を実装します。バッチサイズは入力されるまでわからないため、バッチサイズに依存しない処理にしておく必要があります。

`compute_output_shape`
: この層を通過したあとの形状を出力します。今回は処理前後で行列のサイズに変更はないため、`input_shape` をそのまま返却しています。

局所応答正規化の処理を実装している `call` は、数式の定義をなぞる形で実装を行っています（`WITHIN_CHANNEL` のほうを採用しています）。分母の右の項は入力を二乗したものの Average Pooling に α を掛けたものと同等なので、`K.pool2d` を利用し処理を行っています。これに k を足して β 乗したもので入力を割って

WITHIN_CHANNELの局所応答正規化を行っています。

この層を組み込んだモデルを作る前に、先ほど作成したtest_layerを利用し動作をチェックすることができます。

```
# test custom layer
x = np.random.randn(225, 225, 3)
layer = LocalResponseNormalization()
y = test_layer(layer, x)
assert(x.shape == y.shape)
```

Kerasの扱いに慣れた開発者の間ではカスタムレイヤーを作成するのは一般的なようですが、公開されている実装例はあまり見つけることができません。カスタムレイヤーは特定の目的を達成するために作られるもので、あまり汎用的に作られることはないのかもしれません。そういう意味では、発見可能な数少ない例からカスタムレイヤーでできることすべてを推測するのは難しいでしょう。ただ、以下に紹介するブログ記事を参照することで、カスタムレイヤー構築のヒントを得ることができます。

- Keunwoo Choi：“For beginners; Writing a custom Keras layer”
  https://keunwoochoi.wordpress.com/2016/11/18/for-beginners-writing-a-custom-keras-layer/
- Shashank Gupta：“Writing a custom model in Keras with a demonstration on Graph Embedding problem”
  http://shashank-gupta.com/2016/10/12/Custom-Layer-In-Keras-Graph-Embedding-Case-Study/

ソースコードはcustom_layer_normalize.pyです。

7.6 生成モデル

生成モデル（generative model）は、学習データに近いデータを生成するように学習させたモデルです。「6章 リカレントニューラルネットワーク」で紹介した『不思議の国のアリス』に似た文書を書くRNNはその一例であり、そこでは与えられた10文字から次の11文字目を予測するようモデルを学習させました。もうひとつのタイプの生成モデルは、「4章 GANとWaveNet」で紹介した、近年非常に強力なモデルとして知られている**敵対的生成ネットワーク**（generative adversarial network：

GAN）です。直感的な生成モデルの仕組みとしては、学習データから入力の特徴をよく表す潜在表現を学習することで、その潜在表現を元によく似たデータを生成するという形になります。

生成モデルは、確率モデルと見ることもできます。典型的な分類、また回帰のモデルは識別モデルとも言われ、入力データ X をあるカテゴリや値 y に変換する関数を学習します。これは条件付き確率 $P(y|X)$ を学習していると見ることができます。一方、生成モデルは (X, y) というペアが発生する確率（同時確率）の獲得を試みます（ラベルが y とされるような X の生成を試みる）。そのため、生成モデルは入力データそのものの構造を、ラベルがない状態から推定することが可能です。現実世界ではラベルの付いているデータよりも付いていないデータが多いため、これは大きな利点となります。

確率モデルで表現する生成モデルは、音声にも、たとえば音楽の生成にも応用することができます。DeepMind の WaveNet は、この一例となります（詳細については、A. van den Oord の "WaveNet: A Generative Model for Raw Audio", 2016 を参照してください）。

7.6.1 生成モデルの実装：Deep Dream

生成モデルについては「4 章 GAN と WaveNet」で GAN の実装を行ったため、ここでは生成モデルとは異なりますが興味深い「生成」を行うネットワークを紹介します。これは、事前学習済みの CNN を利用して画像の中にオブジェクトを生成するというものです。十分に学習された識別モデルが獲得しているはずである「入力の特徴をよく表す潜在表現」を生成に利用しようという試みです。これは Alexander Mordvintsev が Google Research のブログで初めて紹介しました（https://research.googleblog.com/2015/06/inceptionism-going-deeper-into-neural.html）。もともとは inceptionalism と呼ばれていましたが、Deep Dream という呼称のほうが普及しています。

Deep Dream は通常のネットワークと同様に勾配を計算しますが、この勾配はネットワークではなく入力された画像に適用されます（つまり、画像をネットワークにとって認識しやすいように変えていくという形になります）。これにより、そのままでは可視化しにくい高次元の隠れ層が何を捉えようとしているのかを間接的に見ることができます。

これを実現する方法には多くのバリエーションがあり、それぞれ見たことのないような、興味深い効果をもたらします。最もシンプルなアプローチは、事前学習済みモデル内の特定の層の出力（アクティベーション）を最大化するように、入力を調整していくことです（通常は重みが調整されますが、入力を調整します）。この調整方法にはいくつかバリエーションがあり、たとえば適用のたびに画像の拡大や切り取りなどを行っていけば、より変わった効果を生むことができます。

今回は事前学習済みのモデルとして VGG-16 を用い、選択したプーリング層の出力の平均を最大化するように、入力画像を変更していきます。

まずは、必要なモジュールをインポートします。

```
import os
import sys
from urllib.request import urlretrieve
from keras.preprocessing.image import load_img, img_to_array
from keras import backend as K
from keras.applications import vgg16
import matplotlib.pyplot as plt
import numpy as np
```

次に、画像の前処理と、出力された行列を再度画像にするための後処理を実装します。今回は事前学習済みのモデルとして VGG-16 を利用するため、VGG-16 の入力に合うよう調整しています。

```
def preprocess_image(img_path):
    img = load_img(img_path)
    img = img_to_array(img)
    img = np.expand_dims(img, axis=0)
    img = vgg16.preprocess_input(img)
    return img


def deprocess_image(x, gradient=False):
    img = x.copy()
    # Util function to convert a tensor into a valid image.
    img = img.reshape(x.shape[1], x.shape[2], x.shape[3])  # H, W, C
    if gradient:
        img = (img - img.mean()) * 255 / img.std()
    else:
        # Remove zero-center by mean pixel
        img[:, :, 0] += 103.939
        img[:, :, 1] += 116.779
        img[:, :, 2] += 123.68

    # 'BGR'->'RGB'
    img = img[:, :, ::-1]
    img = np.clip(img, 0, 255).astype("uint8")
```

```
        return img
```

VGG-16のモデルの読み込みにあたっては、ImageNetで学習されたものを、最後の全結合層を外した上で読み込みます（事前学習済みモデルの利用方法については、「3章 畳み込みニューラルネットワーク」で紹介しました）。全結合層を外すことで、入力する画像のサイズを固定する必要がなくなります。というのも、画像サイズの制約はこの全結合層のサイズにより発生するためです（畳み込み層やプーリング層では、サイズの制約は生まれません）。

モデルを読み込んだら、辞書型のオブジェクトに保管します。キーは各層の名前、値はレイヤーオブジェクトとします。

```
    def main(image_path, num_pool_layers=5, iter_count=3, step=100):
        image = preprocess_image(image_path)
        model = vgg16.VGG16(weights="imagenet", include_top=False)
        layer_dict = dict([(layer.name, layer) for layer in model.layers])
```

今回は、指定された数（num_pool_layers）のプーリング層についてDeep Dreamの作成を行っていきます。

```
        fig = plt.figure(figsize=(17, 8))
        dream = model.input
        for i in range(num_pool_layers):
            _image = image.copy()
            rand_input = np.random.randint(
                            100, 150, size=_image.shape, dtype=np.uint8)
            layer_name = "block{:d}_pool".format(i + 1)
            layer_output = layer_dict[layer_name].output
            loss = K.mean(layer_output)  # ❶
            grads = K.gradients(loss, dream)[0]  # ❷
            grads /= K.maximum(K.mean(K.abs(grads)), 1e-5)  # normalize grad
            converter = K.function([dream], [loss, grads])

            grad_sum = None
            for j in range(iter_count):
                _loss_value, _grads_value = converter([_image])
                _image += _grads_value * learning_rate  # gradient "ascent"
                if show_rand:
                    _, _grads_value = converter([rand_input])
                if grad_sum is None:
                    grad_sum = _grads_value
                else:
                    grad_sum += _grads_value
            grad_mean = grad_sum / iter_count
```

```
            ax = plt.subplot(2, num_pool_layers, i + 1)
            ax.imshow(deprocess_image(_image))
            ax.axis("off")
            ax.set_title("dream from {}".format(layer_name))

            ax = plt.subplot(2, num_pool_layers, num_pool_layers + i + 1)
            ax.imshow(deprocess_image(grad_mean, gradient=True))
            ax.axis("off")
            ax.set_title("{}'s gradient".format(layer_name))

        plt.tight_layout()
        dir_name, file_name = os.path.split(image_path)
        file_root, ext = os.path.splitext(file_name)
        plt.savefig(os.path.join(dir_name, file_root + "_deep_dream.png"))
        plt.show()


    if __name__ == "__main__":
        # cat image url
        image_url =
    ↪    "http://farm2.static.flickr.com/1200/525304657_c59f741aac.jpg"
        data_path = os.path.join(os.path.dirname(__file__), "data/cat.jpg")
        urlretrieve(image_url, data_path)
        if len(sys.argv) > 1 and sys.argv[1] == "--rand":
            main(data_path, show_rand=True)
        else:
            main(data_path)
```

対象となるプーリング層の出力を平均し（❶）、この平均値を最大化するための勾配を計算します（❷）。勾配は一定回数（iter_count）だけ入力画像に適用します（今回は、いつもの「最小化」ではなく「最大化」が目的になっています）。勾配そのものを見るために、勾配の値についても表示を行っています。

適用した結果は図7-10のようになります。

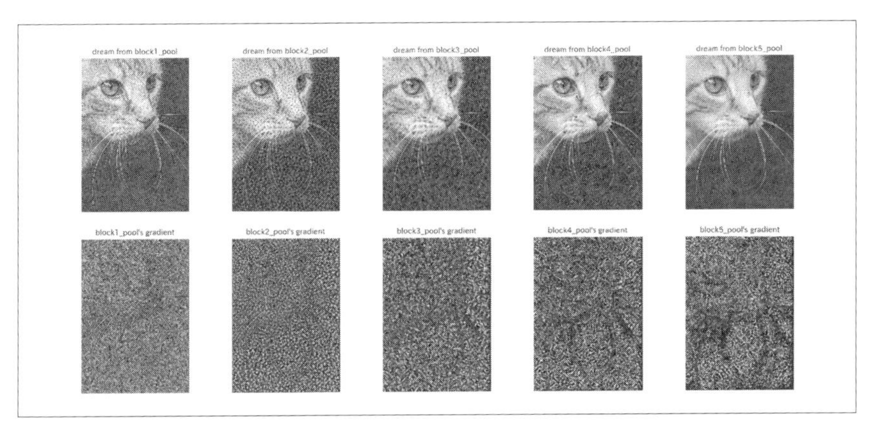

図7-10 Deep Dreamの実行結果

実行結果を見るとわかるとおり、プーリングの階層に応じて適用される効果が変わっています。後半の層になるほどより適用される歪みが大きくなっていますが、これはより広い範囲の、複雑な特徴を認識する能力を持っていることを表しています。

学習済みモデルが特定のクラスだけでなく、さまざまなカテゴリの表現を学習していることを確認するには、ランダムな入力を与えてその中の構造をどう捉えようとしているのかを確認するのが良い手段になります。先ほどのファイルに`--rand`という引数を与えて実行することで、この実行結果を確認できます。

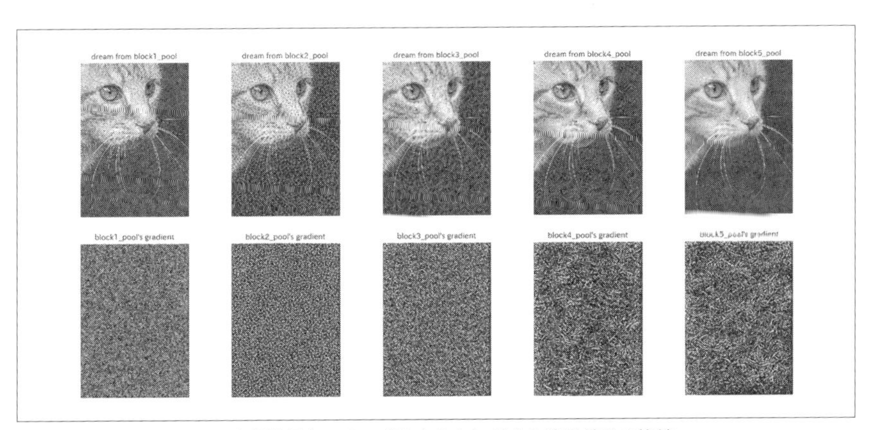

図7-11 Deep Dreamの実行結果と、ランダムな入力に対する適用結果の比較

ランダムな入力に対しても、先ほどの猫の例と同様に後半のプーリング層ほどより大きく、複雑な特徴を捉えようとしているのがわかるでしょう。

ソースコードは deep_dream.py です。

7.6.2 Deep Dream の応用：スタイルトランスファー

Deep Dream を応用した技術として、**スタイルトランスファー**（style transfer）という技術が提案されています。これは、VGG-16 のような事前学習済みのモデルはコンテンツとそのスタイルの 2 つを学習しており、それらを独立して操作することができるというものです。同じ風景を別々の画家が描くと結果が異なるように、同じコンテンツにさまざまなスタイルを適用することが可能になります（詳細については、L. A. Gatys、A. S. Ecker、M. Bethge の "Image Style Transfer Using Convolutional Neural Networks", *Proceedings of the IEEE Conference on Computer Vision and Pattern Recognition*, 2016 を参照してください）。

まず、必要なモジュールのインポートを行います。今回は VGG-16 ではなく VGG-19 のほうを利用します。

```
import os
from urllib.request import urlretrieve
from keras.preprocessing.image import load_img, img_to_array
from keras.applications import vgg19
from keras import backend as K
import matplotlib.pyplot as plt
import numpy as np
```

次に、画像の大きさについての情報を管理するクラスを用意します。今回はベースの画像とスタイル用の画像の 2 種類があるため、最後に出力する画像の大きさをここで管理します。

```
class TransferDefinition():

    def __init__(self, content_image_path, style_image_path,
↪ img_nrows=400):
        self.width, self.height = load_img(content_image_path).size
        self.img_nrows = img_nrows
        self.img_ncols = int(self.width * self.img_nrows / self.height)

    def preprocess_image(self, image_path):
        img = load_img(image_path, target_size=(self.img_nrows,
↪ self.img_ncols))
        img = img_to_array(img)
```

```
        img = np.expand_dims(img, axis=0)
        img = vgg19.preprocess_input(img)
        return img

    def deprocess_image(self, x):
        img = x.copy()
        img = img.reshape(self.img_nrows, self.img_ncols, 3)
        # Remove zero-center by mean pixel
        img[:, :, 0] += 103.939
        img[:, :, 1] += 116.779
        img[:, :, 2] += 123.68
        # "BGR"->"RGB"
        img = img[:, :, ::-1]
        img = np.clip(img, 0, 255).astype("uint8")
        return img
```

次に、スタイルトランスファーを行うために重要な3つの誤差の定義を行います。

Content loss
: 元の画像を維持するための誤差です。これは、作成した画像と元の画像の間の二乗誤差で計測します。

Style loss
: スタイルを適用するための誤差です。学習済みモデルの層は画像の特徴を捉える力を持っているので、各層における2つの画像の出力を近づければスタイルが近くなるということです。これは、`gram_matrix`という内積空間で比較を行います（行列Aに対するA^TAが`gram_matrix`になります）。内積で比較するのは双方の共起関係を見るためです。Style lossについてはContent lossのようにすべてが一致しているのでなく、スタイルが似ていればよいので、二乗誤差ではなく`gram_matrix`の差分で比較を行います。

Total variation loss
: 近くのピクセルの値はなるべく近しくなるようにするための誤差です。画像を滑らかにする効果があります。

```
def gram_matrix(x):
    assert K.ndim(x) == 3
    features = K.batch_flatten(K.permute_dimensions(x, (2, 0, 1)))
    gram = K.dot(features, K.transpose(features))
    return gram
```

```
def content_loss(content, combination):
    return K.sum(K.square(combination - content))


def style_loss(tdef, style, combination):
    assert K.ndim(style) == 3
    assert K.ndim(combination) == 3
    S = gram_matrix(style)
    C = gram_matrix(combination)
    channels = 3
    size = tdef.img_nrows * tdef.img_ncols
    return K.sum(K.square(S - C)) / (4. * (channels ** 2) * (size ** 2))


def total_variation_loss(tdef, x):
    assert K.ndim(x) == 4
    a = K.square(x[:, :tdef.img_nrows - 1, :tdef.img_ncols - 1, :] -
 ↪  x[:, 1:, :tdef.img_ncols - 1, :])
    b = K.square(x[:, :tdef.img_nrows - 1, :tdef.img_ncols - 1, :] -
 ↪  x[:, :tdef.img_nrows - 1, 1:, :])
    return K.sum(K.pow(a + b, 1.25))
```

あとはこれらを組み合わせるだけです。まず、コンテンツ画像、スタイル画像、そして事前学習済みモデルを用意します。combination_imageが、生成後の画像になります。

```
def main(content_image_path, style_image_path, iter_count=10,
         content_weight=1.0, style_weight=0.1,
 ↪  total_variation_weight=0.001,
         learning_rate=0.001):
    tdef = TransferDefinition(content_image_path, style_image_path)

    # inputs
    content_image =
 ↪  K.variable(tdef.preprocess_image(content_image_path))
    style_image = K.variable(tdef.preprocess_image(style_image_path))
    # generated image
    combination_image = K.placeholder((1, tdef.img_nrows,
 ↪  tdef.img_ncols, 3))
    input_tensor = K.concatenate([content_image,
                                  style_image,
                                  combination_image], axis=0)

    # load pre-trained model
    model = vgg19.VGG19(input_tensor=input_tensor,
                        weights="imagenet", include_top=False)
```

```
outputs_dict = dict([(layer.name, layer.output)
                     for layer in model.layers])
```

次に、事前定義した損失関数を組み合わせることで最適化すべき誤差を定義します。以下では、content_loss は block5_conv2 で計測し、style_loss は block1_conv1〜block5_conv1 の特徴マップで計測しています。

```
# define loss
loss = K.variable(0.)
feature_map = outputs_dict["block5_conv2"]
feature_of_content = feature_map[0, :, :, :]
feature_of_combination = feature_map[2, :, :, :]

loss += content_weight * content_loss(
                                feature_of_content,
                                feature_of_combination)

feature_layers = ["block1_conv1", "block2_conv1",
                  "block3_conv1", "block4_conv1",
                  "block5_conv1"]

for layer_name in feature_layers:
    feature_map = outputs_dict[layer_name]
    feature_of_style = feature_map[1, :, :, :]
    feature_of_combination = feature_map[2, :, :, :]
    sl = style_loss(tdef, feature_of_style, feature_of_combination)
    loss += (style_weight / len(feature_layers)) * sl

loss += total_variation_weight * total_variation_loss(tdef,
↪ combination_image)
grads = K.gradients(loss, combination_image)[0]
style_transfer = K.function([combination_image], [loss, grads])
```

最後に、誤差の最適化を行います。

```
image = tdef.preprocess_image(content_image_path)
for i in range(iter_count):
    print("Start of iteration {}".format(i + 1))
    loss_value, grad_values = style_transfer([image])
    image -= grad_values * learning_rate

fig = plt.figure(figsize=(10, 5))
for kind in ["original", "style", "styled"]:
    if kind == "original":
        img = load_img(content_image_path,
                       target_size=(tdef.img_nrows, tdef.img_ncols))
        ax = plt.subplot(1, 3, 1)
```

```
        elif kind == "style":
            img = load_img(style_image_path,
                           target_size=(tdef.img_nrows, tdef.img_ncols))
            ax = plt.subplot(1, 3, 2)
        elif kind == "styled":
            img = tdef.deprocess_image(image)
            ax = plt.subplot(1, 3, 3)
        ax.set_title(kind)
        ax.imshow(img)
        ax.axis("off")

    plt.tight_layout()
    dir_name, file_name = os.path.split(content_image_path)
    file_root, ext = os.path.splitext(file_name)
    plt.savefig(os.path.join(dir_name, file_root + "_styled.png"))
    plt.show()


if __name__ == "__main__":
    image_url =
↪   "http://farm2.static.flickr.com/1200/525304657_c59f741aac.jpg"
    content_path = os.path.join(os.path.dirname(__file__),
↪   "data/content.jpg")
    urlretrieve(image_url, content_path)

    image_url =
↪   "https://upload.wikimedia.org/wikipedia/commons/e/ed/Cats_forming_
the_caracters_for_catfish.jpg"
    style_path = os.path.join(os.path.dirname(__file__),
↪   "data/style.jpg")
    urlretrieve(image_url, style_path)

    main(content_path, style_path)
```

実行した結果が**図7-12**です。猫の写真に昔の絵のフラットなスタイルが適用されているのがわかります。

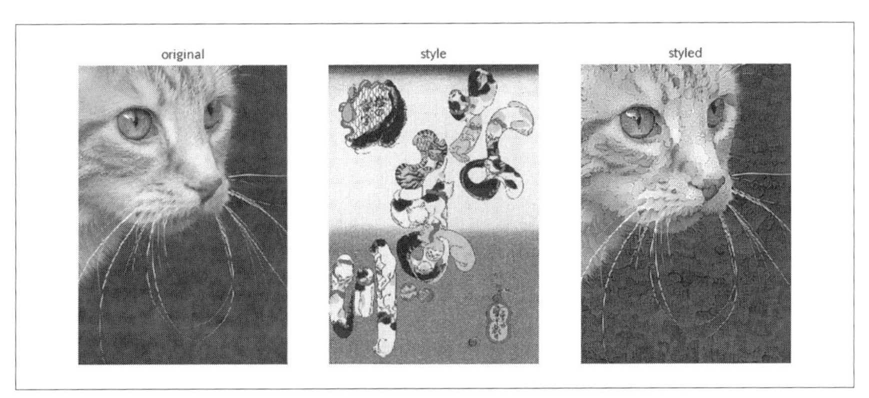

図7-12 スタイルトランスファーの適用結果

スタイルの適用に対して実感がわくまでには、学習の時間（iter_count）をもっと長くする必要があります。また、weight の配分を変えることで結果が大きく変わるため、いろいろなパラメータで試してみてください。

ソースコードは style_transfer.py です。

7.7 まとめ

本章では、これまでに取り上げなかったさまざまなネットワークを紹介しました。まず、より複雑なモデルを構築するための機能を提供する Keras の functional API を紹介しました。次に、連続値の予測を可能にする回帰モデルを紹介しました。回帰モデルは分類モデルの単純な変形でしたが、これにより扱える問題の範囲が広がったと思います。続いて、自己符号化器を紹介しました。このモデルを利用することにより、ラベルの付いていない大量のデータから意味ある表現を抽出することが可能になりました。そしてまた、既存のネットワークをモジュールのようにして組み合わせ、より複雑なモデルを構築する方法を学びました。さらに、Keras の backend API を利用しカスタムレイヤーを作成する方法を学びました。最後に、入力データを模倣する生成モデルと、その応用として入力を変化させる興味深い使い方を学びました。

次章では、これまでとは異なる学習方法である強化学習に着目します。強化学習という手法を学ぶとともに、実際に Kears を用い簡単なコンピューターゲームの攻略に挑戦します。

8章 AIによるゲームプレイ

これまでの章では、値の予測や分類といった教師あり学習の手法、またGANや自己符号化器、生成モデルといった教師なし学習の手法を見てきました。教師あり学習では入力とそれに対する出力の関係を学習させることで、新しい入力に対して適切な出力が予測できるようにします。一方、教師なし学習では入力のみを与えて、そのデータ構造を学習させることで分類などが行えるようにします。

本章では、**強化学習**（reinforcement learning）と、ディープラーニングを強化学習に適用する方法について学びます。強化学習は、その起源を行動心理学に持ちます。教育対象となるエージェントは、正しい行動に対しては報酬が与えられ、間違った行動に対してはペナルティ（負の報酬）が与えられます。これはディープラーニングを利用して作成された強化学習のネットワークでも同様で、ある入力に対してネットワークが望ましい出力（行動）を行うか否かによって報酬が与えられ、それにより学習が行われます。報酬の確定は一連の行動の結果を待たないといけないため（ゲームの勝敗がつくのに何手か必要なように）、報酬は間隔が空いた事後的なものとなります。この出力と報酬の獲得を繰り返すことで、ネットワークは学習をしていきます。

ディープラーニングを強化学習へ適応する手法は、2013年にDeepMindという、その当時は小さなイギリスの会社が発表した論文で最初に提案されました（詳細については、V. Mnihの“Playing Atari with Deep Reinforcement Learning”, arXiv:1312.5602, 2013を参照してください）。この論文では主に画像認識で利用されるモデルである**畳み込みニューラルネットワーク**（convolutional neural network：CNN）にAtari 2600というゲームの画面を入力し、ゲーム上のスコアが増えた場合に報酬を与えて学習させるという手法が紹介されています。この手法によりAtari 2600の中にある7つのゲームのうち6つで既存の強化学習のモデルを圧倒し、さらにうち3つではゲームに慣れた人間のプレイヤーを上回りました。

これまで学んだ教師あり・教師なし学習では各問題に対して個別のネットワークを構築する必要がありましたが、強化学習はAtariのさまざまなゲームに対応できるように、より汎用的な学習アルゴリズムとなっています。その意味では、汎用人工知能への第一歩と言えるでしょう。DeepMindはその後Googleに買収され、その研究チームはAI研究の最前線に立っています。先ほどの論文に続いて発表された論文は同様のアルゴリズムをさらに49のゲームに適用し、権威ある雑誌『Nature』に掲載されました（詳細については、V. Mnihの“Human-Level Control through Deep Reinforcement Learning”，*Nature* 518.7540, pp.529-533, 2015を参照してください）。

本章では、このディープラーニングの強化学習への適用についてその理論的な仕組みを見ていきます。そしてこの仕組みをKerasで実装し、ボールキャッチゲーム（Catch）をプレイ・学習させます。学習に際しては、ネットワークの予測精度をこの分野における最新の研究に比肩させるためのいくつかのテクニックについて紹介します。

では、ここから強化学習の中核となる以下3つのコンセプトを学んでいきます。

- Q-learning（Q学習）
- exploration vs exploitation（探索と活用のバランス）
- Experience Replay（経験の蓄積と活用）

8.1 強化学習

本章のゴールは、ボールキャッチゲームをプレイできるニューラルネットワークを構築することです。このゲームは、画面上のランダムな位置からボールが落とされることから始まります。それが底につく前に画面下部のパドルを左右のキーで動かしキャッチすることが目標になります。ゲームとしては、とてもシンプルなものです。ゲームのどの時点においても、ゲームの状態はボールとパドルのx, y座標で表現できます。ただ、大半のアーケードゲームはこれよりも自由度の高い可動域を持っています。そのため、ネットワークをより多くのゲームに対応させるには、座標ではなくゲーム画面全体をそのまま状態として認識させるほうが適切です。**図8-1**は、これから取り組むボールキャッチゲームの4つの連続したスクリーンショットを示しています。

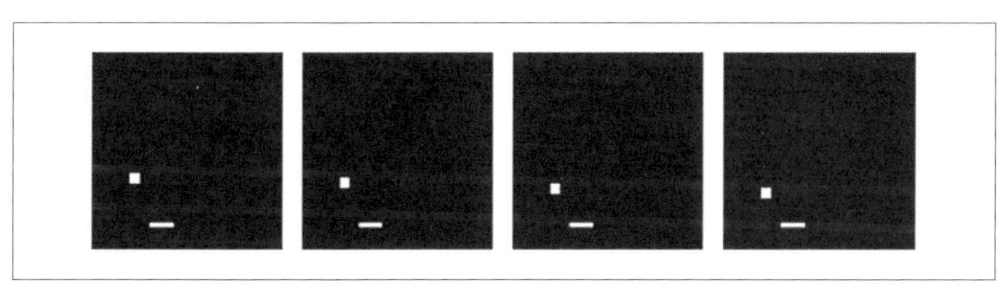

図8-1 ボールキャッチゲームの画面

鋭い読者は、ここから入力がゲーム画面であり、出力が3つのアクション（左へ移動、留まる、右へ移動）からの選択となる分類問題としてモデル化できることに気づくかもしれません。しかしこのようにモデル化した場合、学習のためには上手な人間のプレイを録画し、プレイ中の各画像を学習データとして用意する必要があります。代わりの簡単なアプローチは、ネットワークを構築してゲームを繰り返しプレイさせ、ボールのキャッチに成功したかどうかに基づいてフィードバックを与えることです。このアプローチは、より直感的で、人間や動物が学ぶ方法に近いものです。

このアプローチを行うためのモデル化として一般的な方法は、**マルコフ決定過程**（Markov decision process：MDP）と呼ばれるものです。私たちのゲームを、エージェントが学習しようとしている環境と定義します。時刻 t における環境の状態を、s_t と表現します（s_t はつまるところ、ゲーム画面になります）。

エージェントは特定の行動 a_t（パドルを左右へ動かすなど）を実行できます。この行動に応じて、正または負（スコアの増減など）の報酬 r_t が与えられる場合があります。エージェントが行動をとることで環境は変化し（パドルの位置が動くため）、環境は次の状態（s_{t+1}）に遷移します。そして、さらにエージェントは行動 a_{t+1} をとり……と続いていきます。この状態、行動、報酬のセットは、ある状態から別の状態へ移行するためのルールとともに、マルコフ決定過程を構成します。1ゲーム（ボールが落ちてから、キャッチするか底に落ちるかするまで）はエピソードと呼ばれ、この状態、行動、報酬の有限個の連なりで表現されます。

マルコフ決定過程では、状態 s_{t+1} へ遷移する確率は、現在の状態 s_t とそこでの行動 a_t のみに依存します。

8.1.1 将来の報酬を最大化する

私たちの目的は、エージェントが各エピソードで獲得する報酬の総和を最大にすることです。報酬の総和は以下のように表すことができます。

$$R = \sum_{i=1}^{n} r_i$$

報酬の総和を最大にするためには、エージェントはゲーム中のどの時刻においても「その時刻から将来までの報酬の和」を最大にしようと試みる必要があります。つまり、目先の利益を最大化した結果、全体の報酬を損ねてしまうようなことは避けなければならないということです。時刻 t からの報酬の総和は R_t と表現し、以下のように定義できます。エージェントは、目先の r_t ではなく、時刻 t から将来にわたっての報酬の総和である R_t を最大化することが求められます。

$$R_t = \sum_{i=t}^{n} r_i = r_t + r_{t+1} + ... + r_n$$

しかし将来の報酬は得られるかどうか不確定なものです。この点を考慮するために、割引率という概念を導入します。これは、先の報酬になるほど割引率 γ を掛けて報酬を割り引くという手法です(割引現在価値と呼ばれます)。割引率を導入した場合、R_t は以下のように定義できます。

$$\begin{aligned} R_t &= r_t + \gamma r_{t+1} + \gamma^2 r_{t+2} + ... + \gamma^{n-t} r_n \\ &= r_t + \gamma(r_{t+1} + \gamma(r_{t+2} + ...)) \\ &= r_t + \gamma R_{t+1} \end{aligned}$$

式の最後に示したとおり、次の時刻における割引現在価値の総和を R_{t+1} とすると、再帰的に表現/計算することができます。

γ が 0 の場合は将来の報酬を考慮しない(得られないものとして扱う)ことになり、γ が 1 の場合は将来の報酬が確実に得られるものとして扱うことになります。おおむね、γ の値は 0.9 と設定されることが多いです。

エージェントは、時刻 t におけるこの割引現在価値の総和 R_t を最大化するように学習を行う必要があります。

8.1.2 Q-learning

DeepMind が発表した深層強化学習モデルでは、強化学習の手法のひとつである **Q-learning**(Q 学習)と呼ばれる手法を利用しています。

Q-learning は有限のマルコフ決定過程において、ある状態における最適な行動を見つけるために使用できる手法です。Q-learning では、状態 s において行動 a を実行するときの割引現在価値を Q 関数の出力という形で定義します。つまり、R_t を使用すると以下のように書けます。

$$Q(s_t, a_t) = \max(R_{t+1})$$

Q 関数を定義すると、状態 s における最適な行動 a は、Q 関数の出力（Q 値）が最も高い行動ということになります。よって、任意の状態において最適な行動を選択する戦略 π は、以下のように書けます。

$$\pi(s) = \arg\ \max_a Q(s, a)$$

時刻 t における Q 関数 $Q(s_t, a_t)$ は、割引現在価値 R_t を R_{t+1} を利用して再帰的に定義したように、次の状態における Q 関数 $Q(s_{t+1}, a_{t+1})$ を利用して以下のように再帰的に書くことができます。この定義は、**ベルマン方程式**（Bellman equation）と呼ばれています。

$$Q(s_t, a_t) = r + \gamma \max_{a_{t+1}} Q(s_{t+1}, a_{t+1})$$

これにより、Q 関数の出力を計算することができます。Q 関数は状態 s のときに行動 a をとるとどれくらいの価値（$Q(s, a)$）が見込めるかを出力するものであり、これはクロス表のようなものと捉えることもできます。具体的には、縦に状態 s、横に行動 a をとり、交わる点が見込みの価値、という表です。これは **Q-table** と呼ばれます。この Q-table の中身を精緻（せいち）化していけば、それは Q 関数の出力を精緻化することと等価になります。その過程は、以下のように書けます。

1. Q-table をランダムな値で初期化する
2. 適当な行動 a を実行し、報酬が発生すればそれを得る
3. 得られた報酬を利用し、ベルマン方程式から状態 s にて行動 a をとった場合の割引現在価値（$Q(s, a)$）を計算し、その値で表を更新する
4. 遷移した状態 s' にて、適当な行動 a' を実行する（＝ 2 に戻る）

疑似コードで記載すると、以下のようになります。

```
initialize Q-table Q
observe initial state s
repeat
    select and execute action a
    observe reward r and move to new state s'
    Q(s, a) = Q(s, a) + α (r + γ max_a'Q(s', a') - Q(s, a))
    s = s'
until episode end
```

$Q(s,a)$ の更新を行っている箇所を見ると、SGD（確率的勾配降下法）に近い形であることがわかると思います。誤差、つまり実際の報酬と予測の差は $r + \gamma \max_{a'} Q(s', a')$ と $Q(s,a)$ の差で表現されています。α は SGD で言うところの学習率になり、先述の実際と予測の間の差をどれくらい反映するかを調整するパラメータになります。この更新を行動のたびに繰り返すことで、$Q(s,a)$ を平均化していきます。

8.1.3 ディープニューラルネットワークによるQ関数の実装

更新式が似ていることからも察せますが、Q 関数をニューラルネットワークで実装すること自体はできそうです。どんな種類のニューラルネットワークを使えばよいでしょうか？

これから攻略しようとしているゲームの画面は 80 × 80 のサイズで、ある程度の動き（ボールがどちらの方向に動いているかなど）を把握できるようこれを 4 フレーム合わせたものをひとつの「状態」とすると（ちょうど**図8-1** で示したとおりです）、白黒画像の場合でもそのパターンは $2^{80 \times 80 \times 4}$ もの数に上ります。Q-table を使用する場合は同じ行数のテーブルを用意する必要があり、とても計算できるサイズではありません。

CNN は一定サイズの領域（フィルター）を 1 ノードと接続する方式であるため、この組合せ爆発を回避することができます。しかも、画像の特徴を抽出するのに優れています。つまり、CNN を使用することで Q 関数をうまくモデル化することができます。

DeepMind の論文では、3 つの畳み込み層と、2 つの全結合層を使用しています（詳細については、V. Mnih の “Playing Atari with Deep Reinforcement Learning”, arXiv:1312.5602, 2013 を参照してください）。画像分類、また画像認識を目的とした CNN でよく使われるプーリング層はありません。プーリングはもともと情報を圧縮する手法であり、これを行ってしまうとゲーム画面内のオブジェクトの位置をネットワークが認識しづらくなってしまうためです。ゲームの場合、（ボールなどの）オブジェクトの位置情報は報酬を得るために必要なことが多く、これを欠くことはできません。

図8-2 は、これから使用するディープニューラルネットワークによる Q 関数の実装、Deep Q-network の構造を示しています。入力と出力のサイズを除いて、元の DeepMind の論文と同じ構造になっています。私たちのボールキャッチゲームの入力は 4 つの連続した白黒画像であり、(80, 80, 4) となります。そして出力は、3 つの可能なアクション（左へ移動、留まる、右へ移動）に対するそれぞれの Q 値 —— $Q(s,$"左へ移動"$)$、$Q(s,$"留まる"$)$、$Q(s,$"右へ移動"$)$ に対応します。これは Q-table の「行」を出力するのと同等になります。

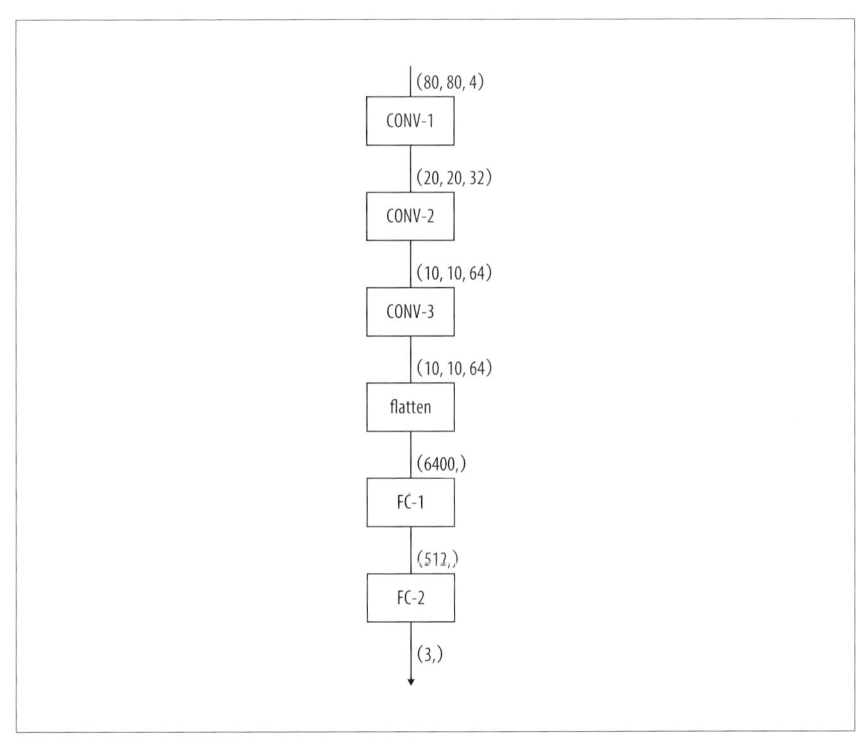

図8-2　ディープネットワークによる Q 関数の実装

ネットワークの出力は 3 つの Q 値であるので、これは全体としては回帰のタスクになります。

誤差はQ-learningの節で説明したとおり、現在の$Q(s, a)$と、実際に観測された報酬に基づいた値（状態sで実際に得られたrと、遷移先s'における最大の割引現在価値$\max Q(s', a')$の和）との差（二乗誤差）になります。

$$L = \frac{1}{2}[r + \gamma \max Q(s', a') - Q(s, a)]^2$$

8.1.4 探索（exploration）と活用（exploitation）のバランス

強化学習は、データが手に入りしだい学習を行うオンライン学習の側面があります。オンライン学習の対極にあるのはバッチ学習で、これはあらかじめ与えられた一定量のデータセットで学習を行います。一方オンライン学習では、データが手に入りしだい逐次学習を行い、絶えずモデルを更新していきます。

学習の初期においてはなるべく新規のデータを得ること、言うなればランダムに行動をすることがパフォーマンスの向上につながります。これを実現するシンプルな方法として、ε-greedy法があります。これは、εの確率でランダムに行動し、$1 - \varepsilon$の確率でネットワークの学習結果を活用して行動するという手法です。

学習が進むほどQ関数の値は信頼性が増してくるため、ランダムな行動をとる確率であるεの値はそれに伴い下げていくのが通常です。これにより、学習の後半では学習結果であるQ関数の出力を元に行動する確率が高くなります。DeepMindの論文では、εの値を1から0.1まで徐々に下げていっていますが、今回の実装では0.1から0.001まで下げるようにしています。

多く探索したほうが正確なQ関数が得られますが、その分、学習成果を生かす時間は短くなります。その逆もしかりで、これらは**探索と活用のトレードオフ**(exploration-exploitation trade-off)と呼ばれます。ε-greedy法を利用することで、少ないパラメータによりこのトレードオフを調整することができます。

8.1.5 Experience Replay（経験の蓄積と活用）

Q関数の更新が成立する、すなわち報酬r_tと遷移先で得られるであろう報酬$Q(s_{t+1}, a_{t+1})$によって$Q(s_t, a_t)$を更新していくことで最適解に至れるとすれば、状態・行動・報酬（s, a, t）のセットから次の状態s'を正確に推定することも可能なはずです。しかし、これはうまくいきません。なぜなら、連続するフレームはほとんど似たような画面であり、これで学習させてもほとんど似た次の画面を出力するようになってしまうためです。換言すれば、Q 関数の学習もこのためうまくはいきません。

これに対処するために、学習中の行動結果（s, a, r, s'）を一定サイズのメモリに格納しておき、学習を行う際はこのメモリからランダムに抽出してバッチを作成します。これにより、似たような画面が連続することを防ぐわけです。この行動結果（＝経験）を蓄積するメモリを **replay memory** と呼び、このメモリから抽出して学習に利用する（＝経験を再生して利用する）手法を **Experience Replay** と呼びます。

ただ、最初は replay memory が空なので、まずこれを埋める必要があります。埋めるためには人間のゲームプレイから収集する方法もあれば、埋まるまで完全にランダムに行動させるという方法もあります。

8.1.6 Q-network の固定

Q 関数の更新には、$Q(s', a')$ という、次の状態における報酬の期待値が必要です。これには自分自身、つまり Q 関数自身を利用して計算を行います。このため、更新を行った瞬間 $Q(s', a')$ の値も変わります。これは、教師あり学習で言えば教師データが変わってしまうことを意味します。この場合、当然正しく学習するのが難しくなります。

これに対処するために、$Q(s', a')$ の算出については一定期間、重みを固定したネットワークを使用します。これにより真の $Q(s', a')$ を得ることはできなくなりますが、同じ条件では同じ値を返すようネットワークを固定することで学習を安定させることができます。これを、**Q-network の固定**（fixed target Q-network）と呼びます。ある程度学習が進んだら教師側の重みを更新し、またしばらく固定して学習する、というプロセスを繰り返します。

8.1.7 報酬のクリッピング

ゲームによって設定されている報酬はさまざまで、たとえばボールをラケットに当てられたら 1 点、そのボールが相手コートに入ったら 5 点、といったように行動結果によって報酬が使い分けられていることもあります。これは学習に有利に働く場合もありますが、その設定が難しくもなります。具体的には、ボールが相手コートに入った場合、その得点をラケットに当てられた場合の何倍にすべきかなどです。また、ゲームによってそのスコア付けは大きく異なるでしょう。

そのため報酬については、失敗は -1・成功は 1 というように固定してしまいます。これが報酬のクリッピングと呼ばれる手法です。報酬の重みを学習に生かすことはできなくなるものの、どんなゲームでも報酬が −1、1（または0）となるため学習が行いやすくなります。

ディープニューラルネットワークによるQ関数の実装自体は、DeepMindが論文を公開する以前から試みられてきました。しかし、それまでは学習させるのが困難でした。DeepMindの研究の大きな意義は、上記3点の工夫を行い学習を成功・安定させたことであり、したがってこの3つの工夫を行って初めて「Deep Q-network」と言えます（詳細については、David Silverの "Deep Reinforcement Learning", http://www0.cs.ucl.ac.uk/staff/d.silver/web/Resources_files/deep_rl.pdf, ICLR 2015 Keynote, 2015を参照してください）。

8.2 ボールキャッチゲームのためのDeep Q-networkの実装

本節では、実際に「Deep Q-network」を使ってボールキャッチゲームを学習させてみます。

このボールキャッチゲームの目的は、スクリーン上部のランダムな位置から落とされるボールを、左右の矢印キーを使ってパドルを水平に動かし、ボールが下に落ちてしまう前にキャッチすることです。パドルがボールをキャッチできればプレイヤーの勝ち、ボールが下に落ちてしまえば失敗となります。このゲームは非常に理解しやすく構築が簡単であることから、Eder Santanaがブログ記事で紹介して以降、深層強化学習のためのサンプルとしてよく使用されています（詳細については、Eder Santanaの "Keras Plays Catch, a Single File Reinforcement Learning Example", 2017を参照してください）。

OpenAI Gymは、強化学習を行うための環境を集めたライブラリです。OpenAI Gymの登場により学習環境が統一され、研究者は環境の構築（それこそゲームの作成など）に煩わされることなく、アルゴリズムの実装に集中できるようになりました。また、アルゴリズムが達成したスコアの比較も行いやすくなりました。

今回利用するボールキャッチゲームも、OpenAI Gymで使用可能です。そのため、OpenAI Gymを利用して学習を行っていきたいと思います。

学習環境のインストール

以降のコードを実行するための、環境構築手順について紹介します。

ボールキャッチゲームは Pygame というライブラリで実装されており、Pygame で構築された強化学習用の環境が集められた PyGame-Learning-Environment（https://github.com/ntasfi/PyGame-Learning-Environment）に収録されています。これを OpenAI Gym から使用するには、gym-ple（https://github.com/lusob/gym-ple）という簡単なラッパーが必要になります。この 2 つのライブラリは Python パッケージとして公開されていないため、Git リポジトリからインストールを行う必要があります。環境構築の手順は、以下のようになります。

Linux（Ubuntu 16.04）環境では pygame をインストールする前に依存ライブラリのインストールが必要です。

```
$ sudo apt-get build-dep python-pygame
...
$ pip install gym
$ pip install pygame
$ git clone https://github.com/ntasfi/PyGame-Learning-Environment.git
$ pip install -e PyGame-Learning-Environment/
$ git clone https://github.com/lusob/gym-ple
$ pip install -e gym-ple/
```

最後に、ゲーム画面を表示するのに FFmpeg というソフトウェアが必要です。Windows の場合は、公式ページ（https://www.ffmpeg.org/download.html）からダウンロードして、bin フォルダへパスを通してください。

Mac で Homebrew を使える環境であれば、以下のコマンドでインストールが可能です。

```
$ brew install ffmpeg  # Mac
```

Linux では ffmpeg を PPA のリポジトリを追加してインストールを行います。

```
$ sudo add-apt-repository ppa:mc3man/trusty-media
$ sudo apt-get update
$ sudo apt install ffmpeg  # Linux
```

実装にあたり、まず必要なモジュールをインポートします。

```
import os
import sys
from collections import deque
from keras.models import Sequential
from keras.layers.core import Activation, Dense, Flatten
from keras.layers.convolutional import Conv2D
from keras.optimizers import Adam
from keras.models import clone_model
from keras.callbacks import TensorBoard
import tensorflow as tf
from PIL import Image
import numpy as np
import gym
import gym_ple
```

次に、Q関数を表すネットワークを定義します。このQ関数に基づいてエージェントは行動をとります。ネットワークの定義は、DeepMindの論文で提案されたものと同等です。異なるのは、入力と出力のサイズになります。DeepMindの入力サイズが(84, 84, 4)であるのに対して、今回構築するものは(80, 80, 4)です。そして、DeepMindの出力数はAtariのゲームに応じて18となっていますが、私たちのボールキャッチゲームではパドルの操作の数は3のため(左へ移動、留まる、右へ移動)、出力サイズも3となります。なお、以下のコードでは行動の数をnum_actionsとして外部から受け取る形にしており、他のゲームにも対応できるようにしています。

ネットワークは、3つの畳み込み層と2つの全結合層からなり、各層では活性化関数としてReLUが採用されています。最後の出力には活性化関数は使用していません。これはQ関数が出力するのは値であり、学習は正確な値を出力できるようにする回帰問題として扱われるためです。

```
class Agent(object):
    INPUT_SHAPE = (80, 80, 4)

    def __init__(self, num_actions):
        self.num_actions = num_actions
        model = Sequential()
        model.add(Conv2D(32, kernel_size=8, strides=4,
            kernel_initializer="normal", padding="same",
            input_shape=self.INPUT_SHAPE,
            activation="relu"))
        model.add(Conv2D(64, kernel_size=4, strides=2,
            kernel_initializer="normal",
            padding="same",
```

```
                activation="relu"))
        model.add(Conv2D(64, kernel_size=3, strides=1,
                kernel_initializer="normal",
                padding="same",
                activation="relu"))
        model.add(Flatten())
        model.add(Dense(512, kernel_initializer="normal",
↪   activation="relu"))
        model.add(Dense(num_actions, kernel_initializer="normal"))
        self.model = model

    def evaluate(self, state, model=None):
        _model = model if model else self.model
        _state = np.expand_dims(state, axis=0)  # add batch size
↪   dimension
        return _model.predict(_state)[0]

    def act(self, state, epsilon=0):
        if np.random.rand() <= epsilon:
            a = np.random.randint(low=0, high=self.num_actions,
↪   size=1)[0]
        else:
            q = self.evaluate(state)
            a = np.argmax(q)
        return a
```

act 関数では、前述した ε-greedy 法にのっとり、エージェントは epsilon の確率でランダムに行動し、そうでない場合は自らの Q 関数の出力に基づいて行動します。具体的には、evaluate によってある状況（state）に対するそれぞれの出力（Q 値）を求め、その値が最も高い（np.argmax）行動をとります。

次に、環境の状態を観測する処理を実装します。というのも、今回は単にゲームの各画面を処理するのではなく、4 つのフレームを合わせて入力とする（つまり 80 × 80 の画面を 4 つ集めて (80, 80, 4) にする）ためです。

```
class Observer(object):

    def __init__(self, input_shape):
        self.size = input_shape[:2]  # width x height
        self.num_frames = input_shape[2]  # number of frames
        self._frames = []

    def observe(self, state):
        g_state = Image.fromarray(state).convert("L")  # to gray scale
        g_state = g_state.resize(self.size)  # resize game screen to
↪   input size
```

```
        g_state = np.array(g_state).astype("float")
        g_state /= 255  # scale to 0~1
        if len(self._frames) == 0:
            # full fill the frame cache
            self._frames = [g_state] * self.num_frames
        else:
            self._frames.append(g_state)
            self._frames.pop(0)  # remove most old state

        input_state = np.array(self._frames)
        # change frame_num x width x height => width x height x
↪   frame_num
        input_state = np.transpose(input_state, (1, 2, 0))
        return input_state
```

まず画面をグレースケールにし、ネットワークの想定するサイズ（input_shape）にリサイズします。次に画面を4つまとめることになりますが、もちろん最初はなんの画面もありません。そのため最初の画面（フレーム）が来たときにそれを複製し4つにします。そのあとは、最新の画面を追加し一番古い画面を出す処理をしています。

そして、エージェントを学習させる処理を実装します。

```
class Trainer(object):

    def __init__(self, env, agent, optimizer, model_dir=""):
        self.env = env
        self.agent = agent
        self.experience = []  # ❶
        self._target_model = clone_model(self.agent.model)  # ❷
        self.observer = Observer(agent.INPUT_SHAPE)
        self.model_dir = model_dir
        if not self.model_dir:
            self.model_dir = os.path.join(os.path.dirname(__file__),
↪   "model")
            if not os.path.isdir(self.model_dir):
                os.mkdir(self.model_dir)

        self.agent.model.compile(optimizer=optimizer, loss="mse")  # ❻
        self.callback = TensorBoard(self.model_dir)
        self.callback.set_model(self.agent.model)

    def get_batch(self, batch_size, gamma):
        batch_indices = np.random.randint(
            low=0, high=len(self.experience), size=batch_size)  # ❸
        X = np.zeros((batch_size,) + self.agent.INPUT_SHAPE)
        y = np.zeros((batch_size, self.agent.num_actions))
```

```
        for i, b_i in enumerate(batch_indices):
            s, a, r, next_s, game_over = self.experience[b_i]
            X[i] = s
            y[i] = self.agent.evaluate(s)
            # future reward
            Q_sa = np.max(self.agent.evaluate(next_s,
↪   model=self._target_model))  # ❹
            if game_over:
                y[i, a] = r
            else:
                y[i, a] = r + gamma * Q_sa  # ❺
        return X, y
```

先ほど紹介した、3つの工夫を思い出してください。

❶ Experience Replay（経験の蓄積と活用）を行うために、経験を蓄積する `self.experience` を用意します。
❷ $Q(s', a')$ の計算にあたっては、一定期間重みを固定した Q-network を使用します。そのため `self._target_model` を、もともとのモデルからコピーして作成しています。
❸ `get_batch` では、まず `self.experience` から `batch_size` 分だけ「経験」を取り出します。
❹ $Q(s', a')$ の計算には重みを固定した `self._target_model` を使用します。
❺ $Q(s', a')$ は将来の報酬のため、割引率である `gamma` を乗じます。

報酬のクリッピングについては、もともとゲームの報酬がキャッチに成功した場合 +1、失敗した場合 −1 となっているので処理は特に行っていません。

そして、今回は Q 関数の出力を学習する回帰問題であるため、誤差には二乗誤差（`mse`）を使用しています（❻）。

学習状況は TensorBoard で表示するようにしますが、学習に `fit` や `fit_generator` を利用できないため、`callbacks` が使えません。そのため、TensorBoard に出力する処理を `write_log` で実装しています。

```
    def write_log(self, index, loss, score):
        for name, value in zip(("loss", "score"), (loss, score)):
            summary = tf.Summary()
            summary_value = summary.value.add()
            summary_value.simple_value = value
            summary_value.tag = name
```

```
            self.callback.writer.add_summary(summary, index)
            self.callback.writer.flush()
```

学習の中心はTrainerのtrain関数になります。

- gammaは割引率になります。
- ε-greedy法にのっとり、εの値はinitial_epsilonからfinal_epsilonまで徐々に下げられていきます。
- memory_sizeが、経験の蓄積を行う量になります。
- observation_epochsの間は完全にランダムに行動し、「経験を蓄積」します。それが終わったあとは、training_epochs分学習を行います。
- batch_sizeは学習のバッチサイズになります。
- renderがTrueの場合は、学習中にゲーム画面を表示します。

```
    def train(self,
        gamma=0.99,
        initial_epsilon=0.1, final_epsilon=0.0001,
        memory_size=50000,
        observation_epochs=100, training_epochs=2000,
        batch_size=32,
        render=True):

        self.experience = deque(maxlen=memory_size)
        epochs = observation_epochs + training_epochs  # ❶
        epsilon = initial_epsilon
        model_path = os.path.join(self.model_dir, "agent_network.h5")

        for e in range(epochs):
            loss = 0.0
            rewards = []
            initial_state = self.env.reset()  # ❷
            state = self.observer.observe(initial_state)
            game_over = False
            is_training = True if e > observation_epochs else False

            # ❸ let's play the game
            while not game_over:
                if render:
                    self.env.render()

                # ❹
                if not is_training:
                    action = self.agent.act(state, epsilon=1)
                else:
```

```
                    action = self.agent.act(state, epsilon)

                next_state, reward, game_over, info =
↪   self.env.step(action)  # ❺
                next_state = self.observer.observe(next_state)
                self.experience.append((state, action, reward,
↪   next_state, game_over))  # ❻

                rewards.append(reward)

                if is_training:
                    X, y = self.get_batch(batch_size, gamma)  # ❼
                    loss += self.agent.model.train_on_batch(X, y)

                state = next_state

            loss = loss / len(rewards)
            score = sum(rewards)

            if is_training:
                self.write_log(e - observation_epochs, loss, score)  # ❽

↪   self._target_model.set_weights(self.agent.model.get_weights())

            if epsilon > final_epsilon:
                epsilon -= (initial_epsilon - final_epsilon) / epochs  #
↪   ❾

            print("Epoch {:04d}/{:d} | Loss {:.5f} | Score: {} |
↪   Epsilon={:.4f} (train={})".format(
                e + 1, epochs, loss, score, epsilon, is_training))

            if e % 100 == 0:
                self.agent.model.save(model_path, overwrite=True)

        self.agent.model.save(model_path, overwrite=True)
```

❶ observation_epochs と training_epochs を合計した分だけ、ゲームをプレイして学習させます。なお、OpenAI Gym の環境では、1 エポックはエージェントがライフをすべて失うまでになります。ライフは初期値が 3 で、失敗するごとに失われていくため、3 回失敗するまでが 1 エポックとなります。

❷ エポックの始まりに self.env.reset() で環境を初期化します（ゲームをスタート画面に戻すイメージです）。

❸ そして、ゲームが終了するまで（キャッチするか落とすまで）行動をとります。

❹ action は self.agent.act により決定され、observation_epochs 中は完全にランダム（epsilon=1）に行動します。
❺ self.env.step(action) により、行動の結果得られた報酬と、遷移した次の状態を取得します。
❻ 状態における行動、そこから得られた報酬と次の状態、という一連の結果は self.experience に蓄積されます。
❼ 蓄積された経験から self.get_batch によりバッチを作成し、self.agent.model.train_on_batch で学習を行います。
❽ エポックが終わったら、ログを書き込むとともに固定していた Q-network の重みを更新します（本来、この Q-network の重みを更新するタイミングは注意深く設定されるべきです）。
❾ そして、探索する確率である epsilon の値を徐々に下げていきます。

最後に、学習を実行する処理を実装します。

```
def main(render):
    env = gym.make("Catcher-v0")
    num_actions = env.action_space.n
    agent = Agent(num_actions)
    trainer = Trainer(env, agent, Adam(lr=1e-6))
    trainer.train(render=render)


if __name__ == "__main__":
    render = False if len(sys.argv) < 2 else True
    main(render)
```

gym.make("Catcher-v0") とすることで、ボールキャッチゲームの環境を作成することができます。他のゲームの環境もあるため、ぜひ試してみてください。

ソースコードは rl_network.py です。

以下のように実行することで学習中のゲーム動作を確認できます。

```
$ python rl_network.py True
```

実際に学習させた結果は図8-3のようになります。

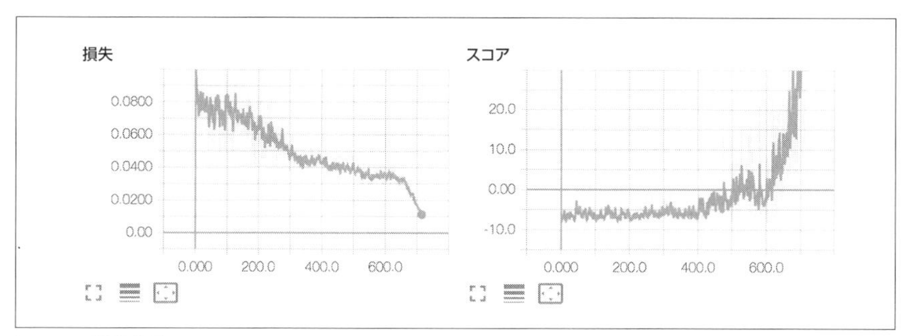

図8-3 学習結果

最初はマイナス、つまりボールを落としてばかりですが、後半になるにつれボールをキャッチできるほうが多くなっていることがわかるかと思います。

```
Epoch 0001/2100 | Loss 0.00000 | Score: -5.0 | Epsilon=0.1000
(train=False)
Epoch 0002/2100 | Loss 0.00000 | Score: -3.0 | Epsilon=0.0999
(train=False)
Epoch 0003/2100 | Loss 0.00000 | Score: -4.0 | Epsilon=0.0999
(train=False)
Epoch 0004/2100 | Loss 0.00000 | Score: -8.0 | Epsilon=0.0998
(train=False)
Epoch 0005/2100 | Loss 0.00000 | Score: -5.0 | Epsilon=0.0998
(train=False)
...
Epoch 0800/2100 | Loss 0.01602 | Score: 25.0 | Epsilon=0.0619
(train=True)
Epoch 0801/2100 | Loss 0.01682 | Score: 44.0 | Epsilon=0.0619
(train=True)
Epoch 0802/2100 | Loss 0.01683 | Score: 39.0 | Epsilon=0.0618
(train=True)
Epoch 0803/2100 | Loss 0.01553 | Score: 42.0 | Epsilon=0.0618
(train=True)
Epoch 0804/2100 | Loss 0.01519 | Score: 53.0 | Epsilon=0.0618
(train=True)
Epoch 0805/2100 | Loss 0.01495 | Score: 184.0 | Epsilon=0.0617
(train=True)
```

最後に、学習させたモデルで実際にゲームプレイをしてみましょう。まず、必要なモジュールをインポートします。学習する必要はないため、`optimizers` のインポートなどがなくなっています。

```
import os
import sys
from keras.models import Sequential
from keras.layers.core import Activation, Dense, Flatten
from keras.layers.convolutional import Conv2D
from keras.models import load_model
from PIL import Image
import numpy as np
import gym
from gym import wrappers
import gym_ple
```

次に、学習済みモデルを読み込んで行動するクラスを作成します。

```
class AgentProxy(object):
    INPUT_SHAPE = (80, 80, 4)

    def __init__(self, model_path):
        self.model = load_model(model_path)

    def evaluate(self, state):
        _state = np.expand_dims(state, axis=0)  # add batch size
↪  dimension
        return self.model.predict(_state)[0]

    def act(self, state):
        q = self.evaluate(state)
        a = np.argmax(q)
        return a
```

状況を観測するためのObserverは、先ほどとまったく同じ実装です。実際に実装を行う際は、別のファイルなどに切り出してコードを共通化するとよいでしょう。

```
class Observer(object):

    def __init__(self, input_shape):
        self.size = input_shape[:2]  # width x height
        self.num_frames = input_shape[2]  # number of frames
        self._frames = []

    def observe(self, state):
        g_state = Image.fromarray(state).convert("L")  # to gray scale
        g_state = g_state.resize(self.size)  # resize game screen to
↪  input size
        g_state = np.array(g_state).astype("float")
        g_state /= 255  # scale to 0~1
        if len(self._frames) == 0:
            # full fill the frame cache
```

```
            self._frames = [g_state] * self.num_frames
        else:
            self._frames.append(g_state)
            self._frames.pop(0)  # remove most old state

        input_state = np.array(self._frames)
        # change frame_num x width x height => width x height x
↪   frame_num
        input_state = np.transpose(input_state, (1, 2, 0))
        return input_state
```

ゲームをプレイするコードは、学習のコードとほぼ同じです。OpenAI Gym の wrappers.Monitor を使用することで、エージェントがゲームをプレイしている様子を録画することが可能です（❶）。

```
def play(epochs):
    model_file = "model/agent_network.h5"
    model_path = os.path.join(os.path.dirname(__file__), model_file)
    if not os.path.isfile(model_path):
        raise Exception(
            "Agent Network file does not exist (should store at
↪   {}).".format(model_file)
        )

    movie_dir = os.path.join(os.path.dirname(__file__), "movie")

    agent = AgentProxy(model_path)
    observer = Observer(agent.INPUT_SHAPE)

    env = gym.make("Catcher-v0")
    env = wrappers.Monitor(env, directory=movie_dir, force=True)  # ❶

    for e in range(epochs):
        rewards = []
        initial_state = env.reset()
        state = observer.observe(initial_state)
        game_over = False

        # let's play the game
        while not game_over:
            env.render()
            action = agent.act(state)
            next_state, reward, game_over, info = env.step(action)
            next_state = observer.observe(next_state)
            rewards.append(reward)
            state = next_state
```

```
            score = sum(rewards)
            print("Game: {}/{} | Score: {}".format(e, epochs, score))

        env.close()


    if __name__ == "__main__":
        epochs = 10 if len(sys.argv) < 2 else int(sys.argv[1])
        play(epochs)
```

ソースコードはplay_rl_network.pyです。

800エポックほど学習させた状況だと、以下のような結果になります。失敗することなく、長い間ボールをキャッチし続け得点できていることがわかるかと思います。

```
Game: 0/10 | Score: 42.0
Game: 1/10 | Score: 53.0
Game: 2/10 | Score: 38.0
Game: 3/10 | Score: 10.0
Game: 4/10 | Score: 30.0
Game: 5/10 | Score: 2.0
Game: 6/10 | Score: 3.0
Game: 7/10 | Score: 36.0
Game: 8/10 | Score: 33.0
Game: 9/10 | Score: 13.0
```

最初のQ関数の出力はランダムであり、報酬が得られる機会もそう多いものではありません。それにもかかわらず、ネットワークはゲームをプレイする方法をしっかりと学んでいます。

ボールキャッチゲームは非常にシンプルですが、深層強化学習をどのように実装するのかを学び、またより複雑なゲームに応用するための良い足がかりになります。Ben Lauは、さらに複雑なFlappyBirdというゲームに挑戦をしています（詳細については、Ben Lauの"Using Keras and Deep Q-network to Play FlappyBird", 2016やhttps://github.com/yanpanlau/Keras-FlappyBirdを参照してください）。Keras-RL（https://github.com/matthiasplappert/keras-rl）はKerasで実装した強化学習のアルゴリズムを集めたライブラリであり、参考になる実装例がたくさんあります。

DeepMindがDeep Q-networkを発表してから、その手法は改善が続けられています。たとえば、以下のような手法です。

- **Double Q-learning**(H. Van Hasselt、A. Guez、D. Silver："Deep Reinforcement Learning with Double Q-Learning", AAAI. 2016)
- **Prioritized Experience Replay** (T. Schaul："Prioritized Experience Replay", arXiv:1511.05952, 2015)
- **Dueling Network Architectures** (Z. Wang："Dueling Network Architectures for Deep Reinforcement Learning", arXiv:1511.06581, 2015)

Double Q-learning は 2 つのネットワークを使用する方法で、行動の選択とその評価を別々のネットワークで行うというものです。これにより、学習中に発生してしまう Q 値の過大評価という問題を軽減し、学習速度を上げるとともにより良い結果を得ることができます。Prioritized Experience Replay は、蓄積した経験の中から学習に役立つものを優先的に抽出するという手法です。Dueling Network Architectures は、Q 関数を「状況の評価」と「(その状況における) 行動の評価」に分解し、画面の認識部分は共用しつつも別個に価値評価を学習させるという手法です。

8.3 強化学習を取り巻く状況

2016 年 1 月、DeepMind は囲碁をプレイするニューラルネットワークのモデルである、AlphaGo のリリースを発表しました (詳細については、D. Silver の "Mastering the Game of Go with Deep Neural Networks and Tree Search", *Nature* 529.7587, pp.484-489, 2016 を参照してください)。囲碁は、人工知能にプレイさせるのはとても難しいと考えられていました。なぜなら、予測しなければならない展開の数が非常に多くなるためです。各局面での展開の数は平均して 10 の 170 乗にも上り、これはチェスの 10 の 50 乗よりはるかに多いです (詳細については、http://ai-depot.com/LogicGames/Go-Complexity.html を参照してください)。そのため、すべての展開について計算を行うことは現実的ではありませんでした。

DeepMind が発表を行った段階で、AlphaGo はすでにヨーロッパの囲碁のチャンピオンである Fan Hui に五番勝負で 5-0 で完勝するという成績を収めていました。これはコンピューターがプロ棋士に勝った初めての事例にもなりました。これに続き、2016 年 3 月には世界ランク 2 位の棋士である Lee Sedol に 4-1 で勝利を収めました。

AlphaGo には、いくつかの特筆すべき新しいアイデアが実装されています。ひとつ目は、卓越した人間の棋士同士の対局データを利用した教師あり学習と、自分自身のコピー同士の対局データを利用した強化学習の2つを組み合わせたという点です。

2つ目は、AlphaGoは**価値関数**（value network）と**方策関数**（policy network）を組み合わせているという点です。AlphaGoは次の手を打つ際に、どの手を打ったら勝率が高くなるかを計算します（これには**モンテカルロ法**という手法が使用されています）。この勝率を見積もるために、価値関数が利用されています。価値関数を利用することで、最後までシミュレーションを行う必要があるか否かを判断できます（人間のプレイヤーは最後まで読むことなくどの手を打ったらよいのかを判断していると思いますが、それと近しいものになります）。方策関数はそもそも探索を行うべき手を減らし、望みが高いもののみ計算するために利用されます。より詳細な解説については、AlphaGoについて解説したGoogleのブログ記事“AlphaGo: Mastering the ancient game of Go with Machine Learning”（https://research.googleblog.com/2016/01/alphago-mastering-ancient-game-of-go.html）を参照してください。なお、2017年10月にはこの2つに別れたネットワークをひとつに統合し、かつ教師データを使わず自分自身との対局のみで学習するAlphaGo Zeroが発表されました。AlphaGo Zeroの詳細についてはDeepMindのブログ記事（https://deepmind.com/blog/alphago-zero-learning-scratch/）をご確認ください。

AlphaGoがDeepMindの研究にとって大きな進展となった一方で、対象としているゲームはいまだお互いのプレイヤーがこれまでのゲーム履歴を把握した上でプレイする、いわゆる完全情報ゲームにすぎません。2017年の1月、カーネギーメロン大学の研究チームはLibratusという、ポーカーをプレイするAIを発表しました（詳細については、T. Revelの“AI Takes on Top Poker Players”, *New Scientist* 223.3109, pp.8, 2017を参照してください）。これと同時に、アルバータ大学、プラハ・カレル大学、チェコ工科大学の3大学が共同でDeep Stackという同じくポーカーをプレイするAIを発表しています（詳細については、M. Moravčíkの“DeepStack: Expert-Level Artificial Intelligence in No-Limit Poker”, arXiv:1701.01724, 2017を参照してください）。ポーカーは相手のカードがわからない状態でプレイする非完全情報ゲームであり、このため相手の手札を推定する必要があります。

Libratusはポーカー用に学習された戦略に基づいてプレイするのではなく、リスクと報酬をうまくバランスさせること（ゲーム理論で言うところの、ナッシュ均衡）を達成することを目指してプレイします。2017年の1月11日から31日にかけてLibratusは4人のトップポーカープレイヤーと対戦し、圧勝しています（詳細については、"Upping the Ante: Top Poker Pros Face Off vs. Artificial Intelligence", Carnegie Mellon University, January 2017 を参照してください)。

Deep Stack は、ランダムに生成されたポーカーの各局面を使用して強化学習をしています。こちらは 17 か国から集まった 33 人のプロポーカープレイヤーと勝負し、参加したプレイヤーよりも高い等級を獲得しています(詳細については、C. E. Perez の "The Uncanny Intuition of Deep Learning to Predict Human Behavior", Medium corporation, Intuition Machine, February 13, 2017 を参照してください)。ただ、Libratus でも Deep Stack でも強化学習は使用されていません。こうしたゲームへの強化学習の適用は、それが有効かも含めて今後検証されていくでしょう。

ここまで見てきたとおり、強化学習を取り巻く状況は非常にエキサイティングなものになっています。アーケードゲームをプレイすることから始まった深層強化学習の進歩は、より複雑なゲームで人間に勝つことに成功しました。さらに、相手の心を読む必要があるブラフゲームへの適用も検討されていくでしょう。その意味で、深層強化学習はまさに無限大の可能性を秘めていると言えます。

8.4 まとめ

本章では、強化学習の背後にある概念と、報酬に基づきアーケードゲームを攻略するネットワークを Keras で実装する方法を学びました。そこから、囲碁などの複雑なゲームで人間に勝利を収めた先進的な研究について見てきました。今回実装したゲームをプレイするネットワークは単純なものに思えるかもしれませんが、その仕組みは大量の学習データではなく自らの経験によって学ぶという、汎用人工知能の実現にもつながる第一歩です。

9章
総括

おめでとうございます！ 皆さんは本書の最後までたどり着きました。私たちがどれだけ多くのことを学んだのか、ここで少し振り返って見てみましょう。

ほとんどの読者の方は、Pythonおよび機械学習に関するある程度の知識を備えていたと思います。そこからさらに、ディープラーニングについて学び、Pythonを利用してそれを実装する力を身につけようとしていたのではないでしょうか。

まずはKerasのインストール方法、そして全結合層を利用したシンプルな多層パーセプトロンのモデルの構築から始めました。さらに、モデルの性能を上げるための多くのハイパーパラメータについて学びました。Kerasではデフォルトのパラメータとして多くの試行錯誤の結果得られた妥当な値が設定されていますが、今後チューニングの知識が役立つ機会は少なからずあるでしょう。

次に、**畳み込みネットワーク**（convolutional neural network：CNN）について学びました。CNNはもともと画像データに用いられていましたが、現在ではテキストや音声、動画といったさまざまなデータに対しても適用されています。KerasでこのCNNが簡単に実装できることはすでに学んだと思います。さらに、ゼロから学習させるのではなく、事前学習済みのモデルを使用して自分の用意した画像に対して適用させる転移学習/ファインチューニングの手法についても見てきました。

そこから、お互いに働きかける中で学習する一対のネットワークである**敵対的生成ネットワーク**（generative adversarial network：GAN）について学びました。GANはディープラーニング研究において先進的な領域のひとつであり、GANに関する多くの研究がなされています。

画像だけでなく、テキストについても見てきました。ここで学んだ単語の分散表現は、単語をベクトルで表現する方法として近年一般的な技術となっています。私たちはさまざまな単語分散表現を作成するアルゴリズムと、事前に学習された単語ベクトルの扱い方について学び、Keras と gensim を使った演習も行ってきました。

次に、**リカレントニューラルネットワーク**（recurrent neural network：RNN）について学びました。これはテキストや時系列データといった系列データを扱うのに適したモデルでした。私たちはここで RNN の欠点と、それを克服するための **LSTM**（long short-term memory）や **GRU**（gated recurrent unit）がどのように機能するのかについて学びました。そしてこれらを利用したいくつかのサンプルを学び、バッチ間で状態が維持される**ステートフル RNN**（stateful RNN）についても簡単に見てきました。

そのあと、これまでのモデルの型にはあまり合致しない、いくつかのモデルについて紹介しました。そのうちのひとつとして、ラベルなしのデータから特徴を表す潜在表現ベクトルを獲得するための**自己符号化器**（autoencoder）を実装しました。また、Keras の functional API を利用し、複数の入出力を持つモデルや、ネットワーク内で共通の処理コンポーネントを持つネットワークを構築しました。さらに、カスタムレイヤーなどで Keras の機能を拡張する方法についても学びました。

最後に、アーケードゲームをプレイするディープラーニングのモデルを、強化学習を利用して構築しました。これはいわゆる汎用人工知能への、小さな一歩となるものでした。構築したのはシンプルなゲームをプレイするモデルでしたが、そのあとに囲碁やポーカーといったより難しいレベルのゲームについて、人間より高いレベルでプレイしたといういくつかの事例を紹介しました。

皆さんにはもう、ディープラーニングの知識と Keras を用いて、さまざまな機械学習に関わる問題を解決する力が身についています。これは、今後ディープラーニングを実務で活用していく上では欠かすことのできないスキルです。

本書を通じ、皆さんがディープラーニングのエキスパートへと成長する道のりのお手伝いができ、嬉しく思います。

付録A GPUを考慮した開発環境の構築

大串 正矢●株式会社カブク

本付録は日本語版オリジナルの記事です。ディープラーニングの高速な計算にはGPUが不可欠です。本稿では、GPUを考慮した開発環境の構築について解説します。

A.1 TensorFlowとGPU

ディープラーニングでは行列演算を使用する機会が多く、行列演算の高速化には並列処理が不可欠です。

並列処理においてはグラフィック処理ユニット（graphical processing unit：GPU）はCPUに比べてコア数の多さ、メモリバンド幅の大きさからパフォーマンスが高いため高速な計算には不可欠になっています。

並列化したスレッドと共有メモリとの接続パスがボトルネックになるため、メモリバンド幅は大きいほうが効果的です。

本稿ではNVIDAが提供しているGPU（GeForce GTX 1080）をKeras（バックエンドがTensorFlow）で使用するために必要なライブラリのインストール方法について紹介します。

構築環境はUbuntu 16.04 LTSです。

A.2 具体的なインストール方法：ホスト

必要なパッケージをインストールします。

```
$ sudo apt-get install -y software-properties-common
$ sudo add-apt-repository ppa:graphics-drivers/ppa
$ sudo apt-get update
$ sudo apt-get install -y nvidia-390
$ sudo apt-get install -y build-essential
$ sudo apt-get update
$ sudo shutdown -r now
```

CUDA のライブラリのパスを通すために環境変数の設定をします。

```
$ export CUDA_HOME=/usr/local/cuda
$ export LD_LIBRARY_PATH=$LD_LIBRARY_PATH:${CUDA_HOME}/lib64
```

インストールする前にドライバーのバージョンを確認して、対応する CUDA バージョンを設定してください。対応するドライバーのバージョンは `nvidia-smi` で確認可能です。そして、ドライバーと CUDA のバージョンの対応については https://github.com/NVIDIA/nvidia-docker/wiki/CUDA#requirements で確認できます。

以下は `nvidia-smi` による確認例です。

```
$ nvidia-smi
Fri Mar 16 02:30:04 2018
+-----------------------------------------------------------------------------+
| NVIDIA-SMI 390.67                 Driver Version: 390.67                    |
|-------------------------------+----------------------+----------------------+
| GPU  Name        Persistence-M| Bus-Id        Disp.A | Volatile Uncorr. ECC |
| Fan  Temp  Perf  Pwr:Usage/Cap|         Memory-Usage | GPU-Util  Compute M. |
|===============================+======================+======================|
|   0  GeForce GTX 1080    Off  | 00000000:01:00.0 Off |                  N/A |
|  0%   37C    P0    41W / 180W |      0MiB /  8117MiB |      0%      Default |
+-------------------------------+----------------------+----------------------+

+-----------------------------------------------------------------------------+
| Processes:                                                       GPU Memory |
|  GPU       PID   Type   Process name                             Usage      |
|=============================================================================|
|  No running processes found                                                 |
+-----------------------------------------------------------------------------+
```

本稿執筆時点（2018 年 3 月）で TensorFlow のサイトでは CUDA 9.0 の利用を推奨しているため、ここでは CUDA 9.0 をインストールします。なお、CUDA および TensorFlow で推奨されるバージョンは随時更新されていくため、都度確認する必要があります。ただし CUDA 9.0 以降を利用する場合は、Ubuntu のバージョンは

16.04 以降になります。

https://developer.nvidia.com/cuda-downloads にアクセスすると環境を選択する画面が表示されます（図A-1）。インストールする OS や 64 ビット環境か 32 ビット環境か、Linux の場合はディストリビューション、バージョン、インストール方法をここで選択します。最後にインストール方法として、パッケージ管理を考慮して［deb（network)］を選択します。

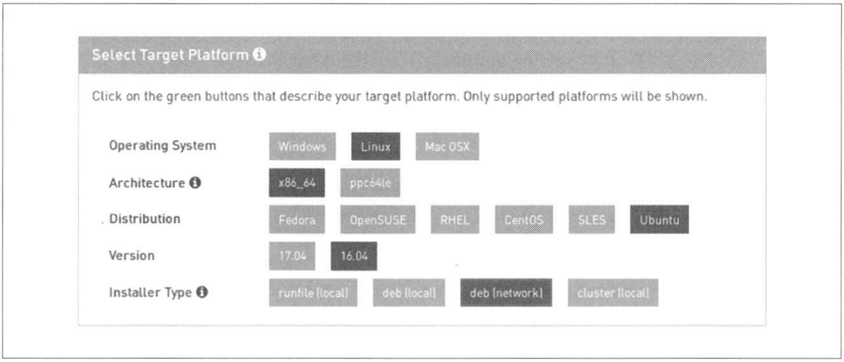

図A-1　CUDA ダウンロード画面 1

必要なパッケージをダウンロードする画面が表示されるので、それをダウンロードします（図A-2）。

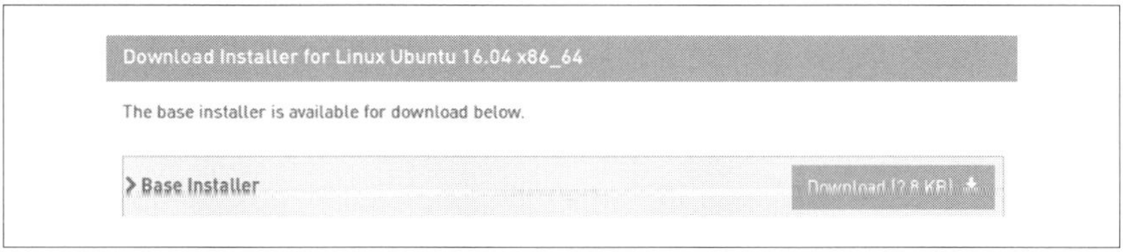

図A-2　CUDA ダウンロード画面 2

本稿では［deb（network)］を選択した場合のインストール方法を紹介します。cuda はバージョン指定してインストールしないと TensorFlow が動作しないので注意が必要です（2018 年 3 月時点）。

```
$ sudo dpkg -i cuda-repo-ubuntu1604_9.0.176-1_amd64.deb
```

```
$ sudo apt-key adv --fetch-keys \
  http://developer.download.nvidia.com/compute/cuda/repos/ubuntu1604/x86_64/7fa2af80.pub
$ sudo apt-get update
$ sudo apt-get install -y cuda-9.0
```

次にCUDAを使ったディープラーニング向けライブラリcuDNNをインストールします。cuDNNをダウンロードするには、NVIDIAに利用目的を申請し、承認される必要があります。ただし、経験的にこの申請は却下されることはほとんどありません。cuDNNをダウンロードするためのリンク先はhttps://developer.nvidia.com/rdp/form/cudnn-download-surveyです。

必要なメールアドレスとパスワードを入力します（図A-3）。

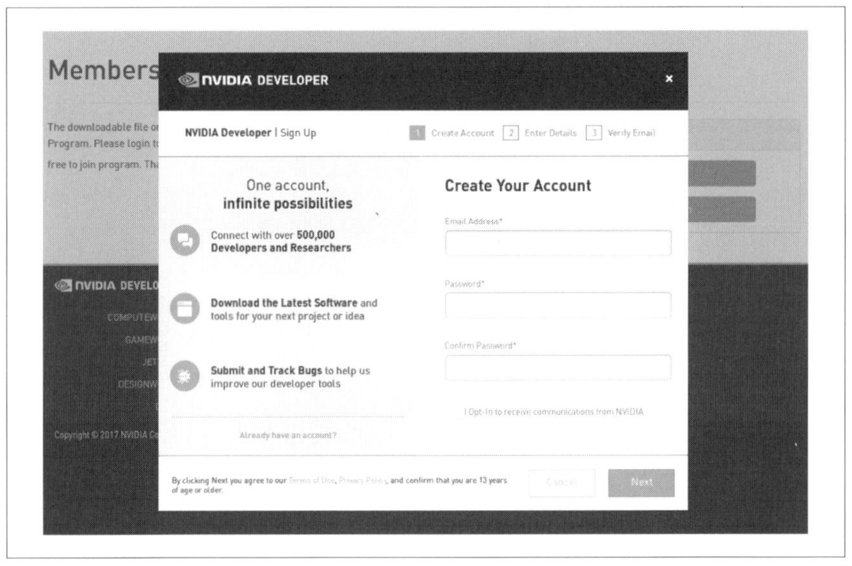

図A-3　NVIDIA Developer 登録画面1

次の遷移先画面で名前、所属先、使用用途などを記入します（図A-4）。

Members
NVIDIA DEVELOPER
NVIDIA Developer | Sign Up
Create Account　2 Enter Details　3 Verify Email
The downloadable file or
Program. Please login to
free to join program. Th
First Name*
Last Name*
Development Area(s) of Interest*
Accelerated Computing
Autonomous Machines
Deep Learning
Design & Visualization
Game Development
Self Driving Cars
Smart Cities
Virtual Reality
Organization*
Country*
Japan
Industry Segment*
- Select One -
NVIDIA DEVELO
COMPUTEW
GAMEW
JET
DESIGNW
Copyright © 2017 NVIDIA Co
Next

図 A-4　NVIDIA Developer 登録画面 2

メールアドレスの確認画面へ遷移します（図 A-5）。

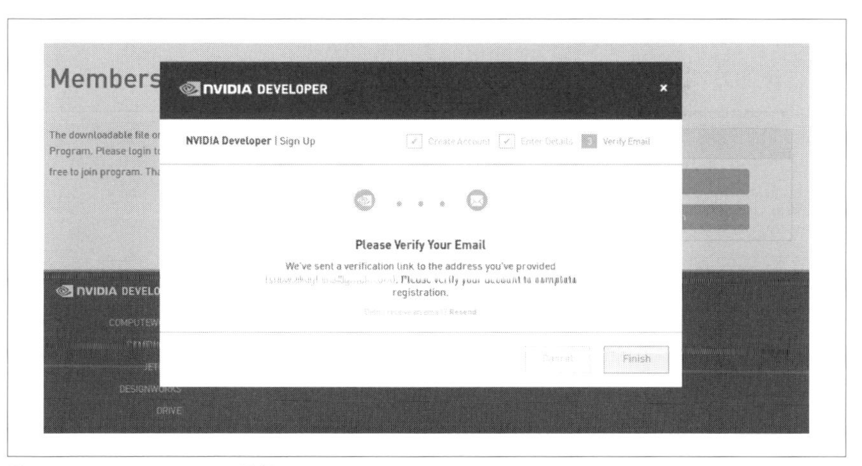

図 A-5　NVIDIA Developer 登録画面 3

NVIDIA から届いたメールでアドレスの確認を行います（図 A-6）。

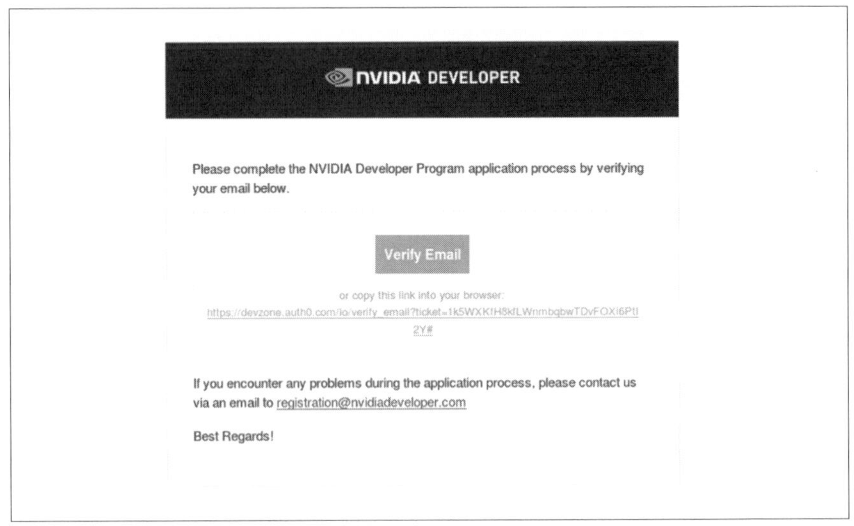

図 A-6　NVIDIA Developer 登録画面 4

メールに添付された画像をクリックすると、図 A-7～図 A-9 のように登録画面が変更され、cuDNN ライブラリのダウンロード画面まで遷移します。

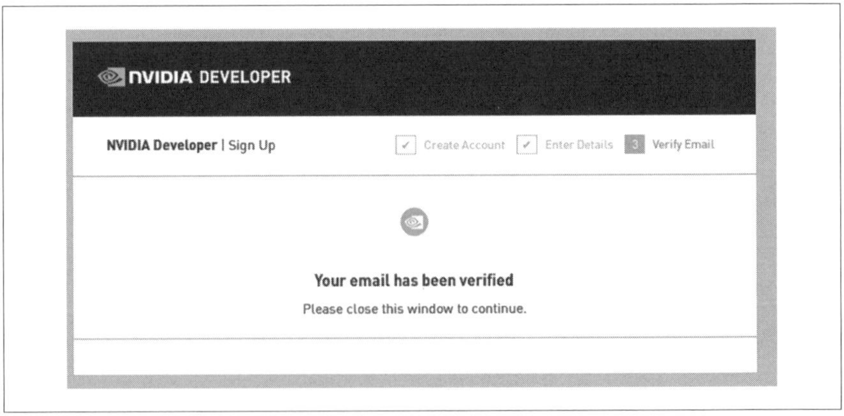

図 A-7　NVIDIA Developer 登録画面 5

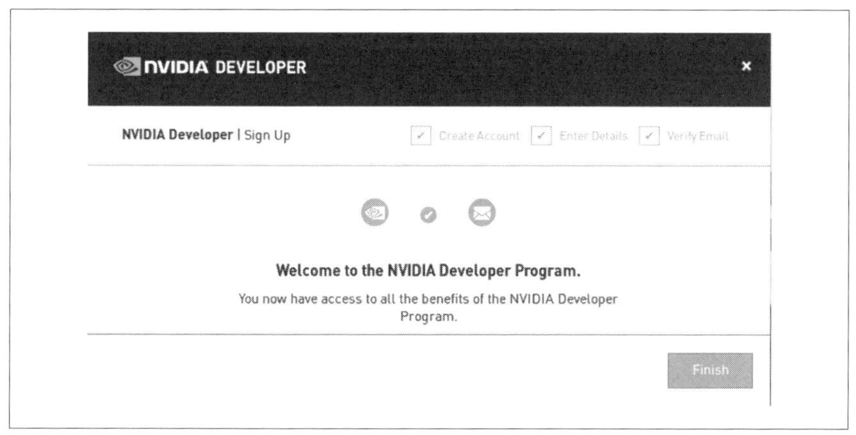

図A-8　NVIDIA Developer 登録画面 6

図A-9　cuDNN のインストール 1

［I Agree To the Term of the cuDNN Software License Agreement］をチェックするとダウンロード可能な cuDNN の一覧が表示されます。本稿執筆時点では**図A-10**のようなバージョンになります。今回は［Download cuDNN version 7.0.5 [Dec 5, 2017], for CUDA 9.0］を選択します。

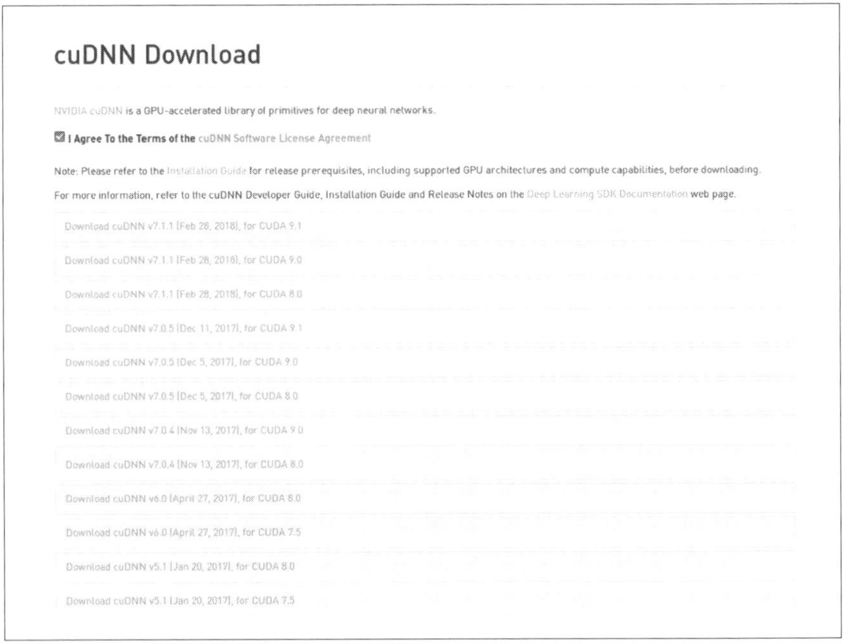

cuDNN Download

NVIDIA cuDNN is a GPU-accelerated library of primitives for deep neural networks.

I Agree To the Terms of the cuDNN Software License Agreement

Note: Please refer to the Installation Guide for release prerequisites, including supported GPU architectures and compute capabilities, before downloading.

For more information, refer to the cuDNN Developer Guide, Installation Guide and Release Notes on the Deep Learning SDK Documentation web page.

Download cuDNN v7.1.1 (Feb 28, 2018), for CUDA 9.1
Download cuDNN v7.1.1 (Feb 28, 2018), for CUDA 9.0
Download cuDNN v7.1.1 (Feb 28, 2018), for CUDA 8.0
Download cuDNN v7.0.5 (Dec 11, 2017), for CUDA 9.1
Download cuDNN v7.0.5 (Dec 5, 2017), for CUDA 9.0
Download cuDNN v7.0.5 (Dec 5, 2017), for CUDA 8.0
Download cuDNN v7.0.4 (Nov 13, 2017), for CUDA 9.0
Download cuDNN v7.0.4 (Nov 13, 2017), for CUDA 8.0
Download cuDNN v6.0 (April 27, 2017), for CUDA 8.0
Download cuDNN v6.0 (April 27, 2017), for CUDA 7.5
Download cuDNN v5.1 (Jan 20, 2017), for CUDA 8.0
Download cuDNN v5.1 (Jan 20, 2017), for CUDA 7.5

図 A-10　cuDNN のインストール 2

選択すると、どの OS を対象とするか、[Deb] 形式[†1]でダウンロードするかそれとも圧縮ファイルでダウンロードするかを選択する画面が表示されます。

†1　[Deb] 形式は Debian、Ubuntu など多くの Linux ディストリビューションで利用されるバイナリのパッケージです（https://ja.wikipedia.org/wiki/Deb_(ファイルフォーマット)）。

図A-11　cuDNN のインストール 3

今回は［cuDNN v7.0.5 Library for Linux］を選択してダウンロードします。

cuDNN ライブラリをダウンロードしたら、コマンドラインからインストールします。

```
$ tar xvzf cudnn-9.0-linux-x64-v7.tgz
$ sudo cp cuda/include/cudnn.h /usr/local/cuda/include
$ sudo cp cuda/lib64/libcudnn* /usr/local/cuda/lib64/
$ sudo chmod a+r /usr/local/cuda/lib64/libcudnn*
```

次に動作確認をします。TensorFlow では Python 仮想環境の切り分けに `virtualenv` の利用を推奨しているため、`virtualenv` で仮想環境を構築します。

Python 3 の環境構築に必要なパッケージをインストールします。

```
$ sudo apt-get install python3-pip python3-dev python-virtualenv
```

TensorFlow 動作確認のための仮想環境を構築します。

```
$ mkdir tensorflow
$ virtualenv --python=/usr/bin/python3 tensorflow
$ source tensorflow/bin/activate
```

動作に成功すれば次のようにプロンプトが変更されます。

```
(tensorflow) masayaogushi@masayaogushi-Z170-S01:~$
```

以降のプロンプトの結果表示では、単に「$ 」として示します。次に、GPU 版の

TensorFlow をインストールします。

```
$ pip install --upgrade tensorflow-gpu==1.8.0
```

では、Python を起動して、TensorFlow が正しくインストールされ、GPU を認識しているかを確認します。

```
$ python
Python 3.5.2 (default, Nov 23 2017, 16:37:01)
[GCC 5.4.0 20160609] on linux
Type "help", "copyright", "credits" or "license" for more information.
>>> import tensorflow as tf
```

TensorFlow を動作させてみます。

```
>>> s = tf.Session()
```

以下のように表示され、GPU のデバイスを認識していることを確認できます。

```
2018-05-13 16:45:07.605537: I
tensorflow/core/platform/cpu_feature_guard.cc:140] Your CPU supports
instructions that this TensorFlow binary was not compiled to use: AVX2
FMA
2018-05-13 16:45:07.691108: I
tensorflow/stream_executor/cuda/cuda_gpu_executor.cc:898] successful
NUMA node read from SysFS had negative value (-1), but there must be at
least one NUMA node, so returning NUMA node zero
2018-05-13 16:45:07.691570: I
tensorflow/core/common_runtime/gpu/gpu_device.cc:1356] Found device 0
with properties:
name: GeForce GTX 1080 major: 6 minor: 1 memoryClockRate(GHz): 1.7715
pciBusID: 0000:01:00.0
totalMemory: 7.92GiB freeMemory: 7.17GiB
2018-05-13 16:45:07.691588: I
tensorflow/core/common_runtime/gpu/gpu_device.cc:1435] Adding visible
gpu devices: 0
2018-05-13 16:45:07.869538: I
tensorflow/core/common_runtime/gpu/gpu_device.cc:923] Device
interconnect StreamExecutor with strength 1 edge matrix:
2018-05-13 16:45:07.869563: I
tensorflow/core/common_runtime/gpu/gpu_device.cc:929]      0
2018-05-13 16:45:07.869571: I
tensorflow/core/common_runtime/gpu/gpu_device.cc:942] 0:   N
2018-05-13 16:45:07.869778: I
tensorflow/core/common_runtime/gpu/gpu_device.cc:1053] Created
TensorFlow device (/job:localhost/replica:0/task:0/device:GPU:0 with
6924 MB memory) -> physical GPU (device: 0, name: GeForce GTX 1080, pci
```

```
bus id: 0000:01:00.0, compute capability: 6.1)
```

Kerasもインストールして動作を確認します。

```
$ pip install keras
```

Pythonを起動します。

```
$ python
Python 3.5.2 (default, Nov 23 2017, 16:37:01)
[GCC 5.4.0 20160609] on linux
Type "help", "copyright", "credits" or "license" for more information.
```

先ほどGPU動作を確認できたTensorFlowがバックエンドで動作していることが確認できます。

```
>>> import keras
Using TensorFlow backend.
```

A.3 具体的なインストール方法：Docker

GPUを利用する実行環境を構築するのは少々手間です。そこでDockerによるインストール方法を紹介します。Dockerはコンテナ型の仮想化技術で、アプリケーションの実行環境をホストOSや他のプロセスから分離します。Dockerであればホストの環境に影響しないため、依存ライブラリの互換性などを心配する必要がありません。ただ、GPUを使用する場合は、ホストOSにインストールされたCUDA Toolkitなどの CUDA関連ライブラリのバージョンに合わせたライブラリをDocker内にインストールして互換性を維持する必要があります。

Dockerのインストールが必要です。以下でdocker-ceのインストールの詳細が確認できます。

https://docs.docker.com/engine/installation/linux/docker-ce/ubuntu/#install-docker-ce-1

NVIDIAではホストのGPUドライバーをDockerにインストールせずにGPUを簡単に使用できるnvidia-dockerを提供しています。

https://github.com/NVIDIA/nvidia-docker

通常の Docker と nvidia-docker の違いを図 A-12 に示します。

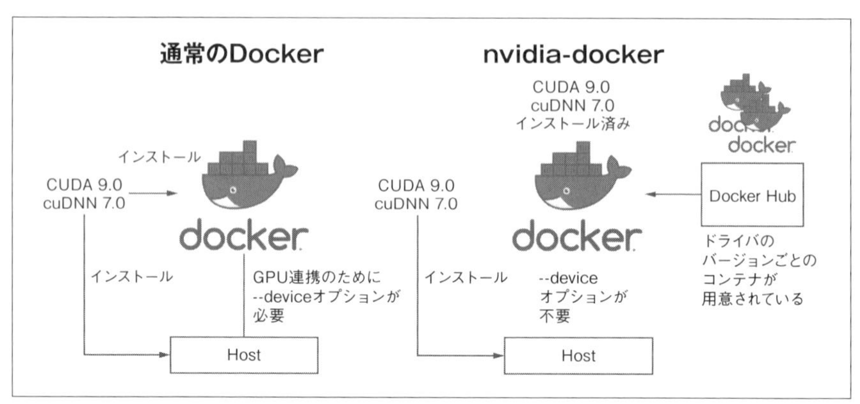

図 A-12　通常の Docker と nvidia-docker の違い

以下のコマンドでインストール可能です。

```
$ curl -s -L \
  https://nvidia.github.io/nvidia-docker/gpgkey | sudo apt-key add -
$ curl -s -L \
  https://nvidia.github.io/nvidia-docker/ubuntu16.04/amd64/nvidia-docker.list | \
  sudo tee /etc/apt/sources.list.d/nvidia-docker.list
$ sudo apt-get update
$ sudo apt-get install -y nvidia-docker2
$ sudo pkill -SIGHUP dockerd
```

nvidia-docker のバージョン 1 をすでにインストールしている場合は、以下のコマンドで消しておく必要があります。

```
$ docker volume ls -q -f driver=nvidia-docker | \
  xargs -r -I{} -n1 docker ps -q -a -f volume={} | \
  xargs -r docker rm -f
$ sudo apt-get purge -y nvidia-docker
```

また、作業前にバックアップを取っておきましょう。

先ほどインストールした CUDA と cuDNN に一致した Docker イメージを取得し

ます。

```
$ docker pull nvidia/cuda:9.0-cudnn7-devel
```

動作確認をします。

```
$ docker run --runtime=nvidia --rm nvidia/cuda:9.0-cudnn7-devel nvidia-smi
```

```
+-----------------------------------------------------------------------------+
| NVIDIA-SMI 390.67                 Driver Version: 390.67                    |
|-------------------------------+----------------------+----------------------+
| GPU  Name        Persistence-M| Bus-Id        Disp.A | Volatile Uncorr. ECC |
| Fan  Temp  Perf  Pwr:Usage/Cap|         Memory-Usage | GPU-Util  Compute M. |
|===============================+======================+======================|
|   0  GeForce GTX 1080    Off  | 00000000:01:00.0 Off |                  N/A |
|  0%   37C    P0    41W / 180W |      0MiB /  8117MiB |      0%      Default |
+-------------------------------+----------------------+----------------------+

+-----------------------------------------------------------------------------+
| Processes:                                                       GPU Memory |
|  GPU       PID   Type   Process name                             Usage      |
|=============================================================================|
|  No running processes found                                                 |
+-----------------------------------------------------------------------------+
```

Docker 環境に入って TensorFlow の動作を確認します。

```
$ docker run -it --runtime=nvidia --rm nvidia/cuda:9.0-cudnn7-devel bash
```

必要なパッケージをインストールします。ホストとは異なり、Docker の場合はアプリケーション用の環境であるため、virtualenv のインストールは必要ありません。

```
$ apt-get update
$ apt-get install -y python3-pip python3-dev
```

python3 と pip3 コマンドのパスのシンボリックリンクを貼って標準の python と pip コマンドに設定します。

```
$ ln -s /usr/bin/python3 /usr/bin/python
$ ln -s /usr/bin/pip3 /usr/bin/pip
```

以下のように TensorFlow をインストールします。

```
$ pip install --upgrade tensorflow-gpu==1.8.0
```

ホストと同様に動作を確認します。

```
$ python
...
>>> import tensorflow as tf
>>> s = tf.Session()
2018-05-13 07:50:45.664394: I
tensorflow/core/platform/cpu_feature_guard.cc:140] Your CPU supports
instructions that this TensorFlow binary was not compiled to use: AVX2
FMA
2018-05-13 07:50:45.740743: I
tensorflow/stream_executor/cuda/cuda_gpu_executor.cc:898] successful
NUMA node read from SysFS had negative value (-1), but there must be at
least one NUMA node, so returning NUMA node zero
2018-05-13 07:50:45.741261: I
tensorflow/core/common_runtime/gpu/gpu_device.cc:1356] Found device 0
with properties:
name: GeForce GTX 1080 major: 6 minor: 1 memoryClockRate(GHz): 1.7715
pciBusID: 0000:01:00.0
totalMemory: 7.92GiB freeMemory: 7.17GiB
2018-05-13 07:50:45.741287: I
tensorflow/core/common_runtime/gpu/gpu_device.cc:1435] Adding visible
gpu devices: 0
2018-05-13 07:50:45.955230: I
tensorflow/core/common_runtime/gpu/gpu_device.cc:923] Device
interconnect StreamExecutor with strength 1 edge matrix:
2018-05-13 07:50:45.955282: I
tensorflow/core/common_runtime/gpu/gpu_device.cc:929]      0
2018-05-13 07:50:45.955305: I
tensorflow/core/common_runtime/gpu/gpu_device.cc:942] 0:   N
2018-05-13 07:50:45.955476: I
tensorflow/core/common_runtime/gpu/gpu_device.cc:1053] Created
TensorFlow device (/job:localhost/replica:0/task:0/device:GPU:0 with
6918 MB memory) -> physical GPU (device: 0, name: GeForce GTX 1080, pci
bus id: 0000:01:00.0, compute capability: 6.1)
```

Keras もインストールして動作を確認します。

```
$ pip install keras
```

Python を起動します。

```
$ python
```

TensorFlow がバックエンドで動作していることが確認できます。

```
>>> import keras
Using TensorFlow backend.
```

上記の方法では、Dockerにアクセスするたびに環境構築が必要になります。そのような冗長な作業を避けるためにDockerファイルを使用して環境構築するのが一般的です。KerasではDockerファイルが提供されています。このDockerファイルを使用すると簡単に環境が構築できます。詳しい内容は以下を参照してください。

https://github.com/fchollet/keras/tree/master/docker

A.4 まとめ

本稿ではGPUの具体的なインストール方法をホスト環境からDockerまで紹介しました。本書で得られた知識を元にディープラーニングの学習を高速化して、さまざまなモデル作成の一助になれば幸いです。

索引

R

S

T

V

W

あ行

か行

さ行

た行

は行

ま行

ら行

わ行

● **著者紹介**

Antonio Gulli（アントニオ・グッリ）
検索エンジン、オンラインサービス、機械学習、情報検索、分析、クラウドコンピューティングの専門家。これまでヨーロッパの4つの異なる国で専門的な経験を積み、ヨーロッパとアメリカの6つの国でマネージャーを務めた。具体的には、出版業界（Elsevier）からポータルサイト（Ask.com）、通信業界（Tiscali）、ハイテク産業の研究開発部門（Microsoft、Google）といった複数の分野でCEO、GM、CTO、VP、ディレクター、サイトリーダーを務めた。

Sujit Pal（サジット・パル）
Elsevier Labsの技術研究部長。研究コンテンツとメタデータを中心としたインテリジェントシステムの構築に従事。主な関心事は情報検索、オントロジー、自然言語処理、機械学習、分散処理。現在、ディープラーニングモデルを使用して画像の分類と類似性に取り組んでいる。以前はコンシューマーヘルスケア業界でオントロジーセマンティック検索、コンテンツターゲット広告、EMRデータ処理プラットフォームの構築をサポートしていた。http://sujitpal.blogspot.jp/ にブログページ。

● **査読者紹介（原書）**

Nick McClure（ニック・マクルーア）
米国ワシントン州シアトルにあるPayScale社のシニアデータサイエンティスト。Zillow や Caesars Entertainment での勤務経験もある。モンタナ大学、セント・ベネディクト大学およびセント・ジョーンズ大学で応用数学の学位を取得。著書に『TensorFlow Machine Learning Cookbook』（Packt Publishing）がある。
分析、機械学習、人工知能のための学習、提唱に対して情熱を持っている。http://fromdata.org/ にブログページ。ツイッターアカウントは @nfmcclure

● **訳者紹介**

大串 正矢（おおぐし まさや）

株式会社カブク所属の機械学習エンジニア。業務では時系列データに対する異常検知に従事。奈良先端科学技術大学院大学で情報工学修士の学位を取得。InterSpeech 2013、PyCon JP 2016、EuroPython 2017 で発表経験あり。

久保 隆宏（くぼ たかひろ）

2006 年 TIS 株式会社入社。業務コンサルタントとしてキャリアをスタートし、主に化学系メーカーでの業務改善、システム構築・運用・保守までを一貫して手がける。その後より現場を助ける提案を行うことを目的に戦略技術センターへ異動。現在は「人のための要約」を目指し、少ない学習データによる要約の作成・図表化に取り組む。論文のまとめを共有する arXivTimes の運営など、技術の普及にも積極的に取り組む。

中山 光樹（なかやま ひろき）

2015 年 TIS 株式会社入社。入社後は、研究開発部門で自然言語処理の研究を担当。現在は、固有表現認識の研究に取り組む。

● **査読者紹介（日本語版）**

足立 昌彦（あだち まさひこ）

株式会社カブク CTO。Google Developer Expert（Machine Learning）。学習とはデータの所作。データが正しく形を成せば想いとなり、想いこそが実を結ぶのだ。千を超えるパラメータのやりとりとなって両者の間に無数の火花を生む。損失関数だけが、無慈悲の咆哮である。

直感 Deep Learning
——Python×Kerasでアイデアを形にするレシピ

2018年 8 月 8 日　初版第 1 刷発行
2019年 10月 9 日　初版第 4 刷発行

著　　者　Antonio Gulli（アントニオ・グッリ）、Sujit Pal（サジット・パル）
訳　　者　大串 正矢（おおぐし まさや）、久保 隆宏（くぼ たかひろ）、
　　　　　中山 光樹（なかやま ひろき）
発 行 人　ティム・オライリー
制　　作　株式会社トップスタジオ
印刷・製本　日経印刷株式会社
発 行 所　株式会社オライリー・ジャパン
　　　　　〒160-0002 東京都新宿区四谷坂町12番22号
　　　　　Tel　(03) 3356-5227
　　　　　Fax　(03) 3356-5263
　　　　　電子メール　japan@oreilly.co.jp
発 売 元　株式会社オーム社
　　　　　〒101-8460　東京都千代田区神田錦町3-1
　　　　　Tel　(03) 3233-0641（代表）
　　　　　Fax　(03) 3233-3440

Printed in Japan（ISBN978-4-87311-826-0）
乱丁本、落丁本はお取り替え致します。